果品质量安全标准手册

聂继云 等 主编

中国农业出版社
北京

第 一 主 编 简 介

聂继云，青岛农业大学教授、果树学博士、博士研究生导师，农业农村部果品质量安全风险评估实验室（青岛）主任，国家苹果产业技术体系质量安全与营养品质评价岗位科学家，农业农村部农产品质量安全专家组成员，中国食品法典专家咨询委员会委员，全国果品标准化技术委员会委员，农业农村部农产品营养标准专家委员会委员，*Journal of Integrative Agriculture*、《中国农业科学》、《园艺学报》等6刊编委，长期从事果品质量安全与标准研究，发表论文150余篇，主编著作18部，制定国家和农业行业标准50项，获省部级以上科技成果奖6项。

编　委　会

前言/PREFACE

我国是世界第一大果品生产国,果品种类丰富、规模大,为满足我国居民量大且多样化的消费需求提供了坚实保障。优质安全是果品生产经营者和消费者的共同目标,也是果业高质量发展的根本要求。好的果品既要质量好,还要安全有保障。果品质量高低需用产品标准来判断,果品安全与否则需用安全限量标准来衡量,也有一些产品标准会对果品安全作出了规定。产品标准和安全限量标准统称为质量安全标准。质量安全标准在果品生产、贸易、消费、监管中发挥着越来越重要的作用。根据《中华人民共和国标准化法》,我国标准有5类——国家标准、行业标准、地方标准、团体标准、企业标准。国家标准和行业标准是全国和全国某一行业统一的技术要求。在国家和行业标准层面,我国有关果品的质量安全标准现有223项。其中,产品标准216项,安全限量标准7项;国家标准82项,农业行业标准93项,国内贸易行业标准20项,林业行业标准15项,供销合作行业标准11项,粮食行业标准2项。发布时间跨度为1988—2023年;其中,2000年以前发布的有4项,2001—2010年发布的有109项,2011—2020年发布的有82项,2021年及其之后发布的有28项。

我国果品质量安全标准数量众多、时间跨度大,难以系统掌握和准确理解,极大地影响了其实施应用与作用发挥。有鉴于此,本书编者对其进行了系统的搜集整理和分析总结,编撰成《果品质量安全标准手册》一书,以飨读者。全书共分5章,"产品标准对水果的质量安全要求""产品标准对坚果的质量安全要求""产品标准对干果的质量安全要求""绿色食品标准对果品的质量安全要求""限量标准对果品的安全要求"。前4章均为产品标准对果品的质量安全要求,第5章为安全限量标准对果品中农药残留、污染物、真菌毒素、致病菌、放射性核素等的要求。鉴于不少果品产品标准均设定了具体的安全限量指标或以注日期方式引用安全限量标准,造成与我国相关现行安全限量标准不符、冲突、矛盾的问题,在书中相应的地方给出了应遵照执行的相关现行安全限量标准。值得注意的是，现行安全限量标准是强制性标准，必须遵守。为便于读者查询，列出了现行有效标准的目录（附表 1）和已经废止标准的目录（附表 2）。

本书内容全面、体系结构严谨，是果品生产者、经营者、消费者的必备工具书，可供果品生产经营、技术指导、安全监管、检验检测、科研教学等部门人员阅读参考。本书受国家苹果产业技术体系（CARS-27）、国家葡萄产业技术体系（CARS-29）、山东省重点研发计划（2022LZGCQY008）、国家农产品质量安全风险评估专项、青岛农业大学高层次人才基金等项目和全国果品标准化技术委员会的支持。因水平和时间有限，书中疏漏在所难免，还望读者多加批评指正。

聂继云

2023 年 12 月

目录 / CONTENTS

目 录

第一章
产品标准对水果的质量安全要求

　　我国现有水果产品标准 142 项，覆盖菠萝、草莓、番荔枝、番木瓜、番石榴、黄皮、柑橘、甘蔗、橄榄、红毛丹、火龙果、蓝莓、梨、李子、荔枝、莲雾、榴莲、龙眼、芒果、毛叶枣、猕猴桃、木菠萝、枇杷、苹果、葡萄、桑椹、沙棘、山楂、山竹、石榴、柿子、树莓、桃、西番莲、香蕉、杏、杨梅、杨桃、椰子、樱桃、枣、哈密瓜、西瓜等 40 余种水果。在这 142 项标准中，国家标准 48 项，农业行业标准 70 项，国内贸易行业标准 11 项，供销合作行业标准 9 项，林业行业标准 4 项；79 项标准于 21 世纪头 10 年发布实施，50 项标准于 21 世纪第 2 个 10 年发布实施，2021 年和 2022 年发布实施了 11 项，另有 2 项标准发布实施于 1988 年和 1992 年。水果产品标准对水果质量安全的要求主要集中在基本要求、等级、规格、理化指标、安全/卫生指标等。通常，水果等级规格标准没有安全/卫生指标和理化指标方面的要求。有的水果产品标准会将基本要求、理化指标、规格等放在"等级"部分。"安全/卫生指标"部分主要集中在农药残留和污染物上，有的水果产品标准会有微生物和食品添加剂方面的要求。值得注意的是，由于在安全卫生要求部分所引标准现已修订、所引标准被废止等原因，致使不少水果产品标准该部分失去效力，书中将采用最新的规定。

第一节 菠　　萝

一、农业行业标准《菠萝》（NY/T 450—2001）

2001 年 8 月 20 日发布，2001 年 11 月 1 日实施，适用于菠萝鲜果的质量评定和商贸活动。

1. 基本要求

各等级的菠萝除要符合各自等级的特定要求和安全卫生要求外，果实应是：

——完整的；

——新鲜的；

——完好的，产品没有影响其食用的损害或腐烂；

——几乎无可见异物；

——无黑心病；

——几乎无寄生物损害；

——无明显沾污物；

——无低温造成的损害；

——果实表面干燥；

——无异味；

——带果柄时，长度不超过 2 cm，且切口平整；

——发育充分，生长良好，无因滥用生长调节剂引起的不正常现象；

——结实，能经受运输和装卸。

2. 等级指标

感官指标见表 1-1，理化指标见表 1-2。

表 1-1 菠萝感官指标

项　　目		优　级	一　级	二　级
果形		果实端正，无影响外观的果瘤及瘤芽		果实较端正
果面		具有相似的品种、品牌特征，果眼发育良好。无裂口，果面洁净，无伤害。可有不影响外观和储藏质量的其他缺陷，但总面积不得超过果面总面积的 2%	具有相似的品种、品牌特征，果眼发育良好。无裂口，果面洁净。在不影响外观和储藏质量的前提下，可有轻微伤害，但总面积不能超过果面总面积的 4%。可有少量不明显的非细（真）菌和非毒害性的污染物，但总面积不超过果面总面积的 5%	具有相似的品种、品牌特征，果眼发育较好。无裂口，果面洁净。在不影响外观和储藏质量的前提下，可有轻度伤害，但总面积不能超过果面总面积的 6%。可有不明显的非细（真）菌和非毒害性的污染物，但总面积不得超过果面总面积的 10%
冠芽	有	单个，直形，长度为 10 cm 至果实长度的 1.5 倍	单个，允许稍有弯曲，长度为 10 cm 至果实长度的 1.5 倍	单个，允许稍有弯曲和个别双芽
	无	摘冠芽留下的伤口应愈合良好（可带有簇叶）。如为加工用果，冠芽可用刀具削去，但不能伤及果皮		
果肉		具有该品种/品牌特定的成熟度特征色泽和风味		
果柄		修整良好，切口干爽，无发霉或腐败现象，长度≤2 cm		
一致性		每箱产品（或一批散果）应来自相同产地，品种、品质和规格相同。优级果的颜色和成熟度应一致		

表 1-2 菠萝理化指标

项　目	优　级	一　级	二　级
可食率（无顶芽）（%）	≥62	≥58	≥55
可溶性固形物（%）	≥12	≥11	
可滴定酸度（%）	0.6～1.1		
可溶性总糖（%）	≥9		

注：果实成熟度应达到特定的要求，即从果实下部四分之一处为桔黄色发展到果实的一半为桔黄色。

3. 规格划分

见表 1-3。

表 1-3 菠萝规格划分

重量法		横径法	
规格	重量（g）	规格	横径（cm）
A	500～1 000	I	<10
B	1 001～1 200	II	10～11
C	1 201～1 500	III	>11～12
D	1 501～1 800	IV	>12
E	>1 800		

4. 卫生指标

应符合 GB 2762、GB 2763、GB 2763.1 的规定。

二、农业行业标准《菠萝等级规格》（NY/T 4237—2022）

2022 年 11 月 11 日发布，2023 年 3 月 1 日实施，适用于鲜食菠萝。

1. 基本要求

——同一品种或相似品种；

——果实发育完整，具有适于市场或储运要求的成熟度；

——果实新鲜完好，具有该品种成熟时所固有的色泽和风味；

——洁净，无可见异物，无明显的病虫害损伤；

——表面无异常水分，冷藏后取出形成的凝结水除外；

——包括冠芽在内的外观新鲜，当有冠芽时应无死叶或干叶；

——带果柄时，切口横向，平直并干净。

2. 等级划分

在符合基本要求的前提下，菠萝分为优等、一等和二等。各等级要求见表 1-4。

表 1-4 菠萝等级

等 级	果 面	冠 芽
优等	允许有不影响产品外观、质量和储藏的缺陷，但面积不应超过果面总面积的 1%	带冠芽时，单冠芽，长度不低于 10 cm，但不超过果长的 1.5 倍，冠芽与果实接合良好
一等	在不影响产品外观、质量和储藏前提下，允许轻微缺陷，但面积不应超过果面总面积的 3%	带冠芽时，单冠芽，长度不低于 10 cm，但不超过果长的 2 倍，冠芽与果实接合良好
二等	在不影响产品外观、质量和储藏前提下，允许轻度缺陷，但面积不应超过果面总面积的 5%	带冠芽时，单冠芽或个别双芽，允许轻微弯曲，冠芽与果实接合良好

3. 规格划分

见表 1-5。表 1-5 中，大型果品种包括无刺卡因、澳大利亚卡因、无眼菠萝、珍珠菠萝、台农 22 号（西瓜凤梨）等；中果型品种包括巴厘、台农 4 号（手撕凤梨）、台农 16 号（甜蜜蜜凤梨）、台农 17 号（金钻凤梨）、台农 20 号（牛奶凤梨）、菲律宾、金菠萝等；小果型品种包括台农 11 号（香水凤梨）、神湾菠萝、泰国小菠萝、Puket、Josapine、Perola 等；

未列的其他品种可根据品种特性参照近似品种的有关指标。

表 1－5　菠萝规格（单果重）

单位：kg

品种类别	大（L）		中（M）		小（S）	
	无冠芽	带冠芽	无冠芽	带冠芽	无冠芽	带冠芽
大果型品种	>2.0	>2.5	1.3～2.0	1.8～2.5	<1.3	<1.8
中果型品种	>1.2	>1.5	0.6～1.2	0.8～1.5	<0.6	<0.8
小果型品种	>0.8	>1.0	0.4～0.8	0.6～1.0	<0.4	<0.6

三、供销合作行业标准《鲜菠萝》（GH/T 1154—2021）

代替《鲜菠萝》（GH/T 1154—2017），2021 年 7 月 7 日发布，2021 年 10 月 1 日实施，适用于供消费者鲜食的卡因类、皇后类和杂交类种质的鲜菠萝，其他种质参考使用。

1. 基本要求

果实完整良好，发育正常，无果瘤或果瘤芽，果实形态特征参见表 1－6。具有本品种特有的风味，无异味。新鲜洁净、无腐烂。具有适于销售或储藏的成熟度。不带非正常外来水分。

表 1－6　菠萝主要种质、品种和果实形态特征

种质	品种	别名	平均果重（g）	果实形态特征
杂交类	台农 16 号	甜蜜蜜菠萝	1 300	果实呈长圆筒形或圆锥形，果眼浅，果皮呈橘黄色，果肉呈黄或淡黄色，肉质细嫩，无纤维，果心可食
	台农 18 号	金桂花菠萝	1 500	果实呈圆锥形，果皮呈黄色，果皮薄，果眼浅，果肉黄或金黄色，肉质致密，纤维粗细中等
	台农 20 号	牛奶菠萝	1 500	果实呈圆筒形，果皮灰黑色，果肉乳白色，纤维少，肉质极细，松软
	台农 19 号	蜜宝菠萝	1 600	果实呈圆筒形，果皮呈黄略带暗灰色，果皮薄，果眼数目多，果眼浅，果肉色黄或金，质地细密，纤维细
	台农 17 号	金钻菠萝	1 400	果实呈圆筒形，叶缘无刺，叶表面略呈红褐色，果皮呈黄色，果皮薄，果眼浅，果肉黄或深，纤维中，质细腻，果心稍大
	台农 6 号	苹果菠萝	1 300	果实呈圆球形，果皮薄，果皮呈浅黄色，果肉浅黄质密，纤维细，汁多，果心稍大
	MD－2	金菠萝	1 000～2 000	果实呈圆筒形，叶缘无刺，叶片细长表面光滑，果皮薄，果眼浅，果肉金黄，肉质细致，纤维适中
	台农 11 号	香水菠萝	1 000	果实呈长圆筒形，果皮呈金黄色，果肉特别香甜，有淡雅香水味，纤维细腻，汁多，入口化渣
	台农 4 号	手撕菠萝	1 200	果实呈圆锥形，近圆柱形，果皮呈淡黄色，果眼稍平，果肉金黄，肉质柔软而松脆

（续）

种质	品种	别名	平均果重（g）	果实形态特征
皇后类	神湾	金山种、新加坡种、黄毛里求斯	500～900	果实呈短圆筒形，果眼排列整齐，果眼深，果肉深黄，肉质爽脆，汁少，香味浓郁
	菲律宾	巴厘	1 000	果实呈圆筒形，果眼中等而突出，果眼较深；果肉金黄或深黄，肉质较致密，爽脆，汁多，纤维少
卡因类	无刺卡因	夏威夷、美国种、沙拉瓦、千里花	1 500～2 000	果实呈圆筒形或圆锥形，果皮薄，果眼浅，果肉淡黄或淡黄白，果汁多，纤维多

2. 等级指标

见表1-7。

表1-7　鲜菠萝等级指标

项　目		特　等	一　等	二　等
冠芽	有	单冠芽，长度不低于10 cm，但不超过果长的1.5倍，冠芽与果实接合良好	单冠芽，长度不低于10 cm，但不超过果长的2倍，冠芽与果实接合良好	单冠芽，冠芽与果实接合良好
	无	摘冠芽留下的伤口应愈合良好		
可溶性固形物（%）		≥14	≥14	≥12
可滴定酸（以柠檬酸计）（g/kg）		4～11		

3. 规格划分

见表1-8。

表1-8　鲜菠萝规格划分

规　格	单果重（g）
A	≤500
B	501～1 000
C	1 001～1 500
D	1 501～2 000
E	＞2 000

第二节　草　莓

一、农业行业标准《草莓》（NY/T 444—2001）

2001年6月1日发布，2001年10月1日实施，适用于鲜草莓的生产、运输、储藏和销售。

1. 产品分类

（1）中小果型品种　指一级序果平均单果重＜25 g 的品种，如红手套、特里拉、三星、丰香、宝交早生、鬼怒甘、明宝、戈雷拉、星都一号、星都二号、哈尼、玛丽亚等。

（2）大果型品种　指一级序果平均单果重≥25 g 的品种，如全明星、达赛莱克特、吐德拉、弗吉尼亚、安娜、埃尔桑塔、硕丰等。

2. 感官指标

感官指标见表 1-9。各主栽品种果实外观性状见表 1-10。

表 1-9　草莓感官指标

指　　标		特　　级	一　　级	二　　级	三　　级
外观品质基本要求		新鲜洁净，无异味。有本品种特有的香气，无不正常外来水分，带新鲜萼片，具有适于市场或储藏要求的成熟度			
果形及色泽		具有本品种特有的形态特征、颜色特征及光泽，且同一品种、同一等级不同果实之间形状、色泽均匀一致。各主栽品种的具体规定见表 1-10			
果实着色度		≥70%			
单果重 （g）	中小果型品种	≥20	≥15	≥10	≥6
	大果型品种	≥30	≥25	≥20	≥15
碰压伤		无明显碰压伤，无汁液浸出			
畸形果（%）		≤1	≤1	≤3	≤5

表 1-10　草莓主栽品种果实外观性状

品　种	果　形	果　色	品　　种	果　形	果　色
硕丰	圆锥形、短圆锥形	橙红	哈尼	圆锥形、短圆锥形	深红
安娜	圆锥形、长圆锥形	鲜红	星都一号	圆锥形	深红
达赛莱克特	长圆锥形	红	丰香	圆锥形	浅红
明宝	圆锥形	浅红	吐德拉	圆锥形	深红
埃尔桑塔	楔形、短圆锥形	鲜红（果尖不易着色）	戈雷拉	楔形	浅红（果尖不易着色）
全明星	圆锥形、楔形	红	宝交早生	圆锥形、楔形	红
星都二号	圆锥形	深红	鬼怒甘	圆锥形	鲜红
弗吉尼亚	楔形、圆锥形	鲜红（果尖不易着色）	红手套	圆锥形	鲜红
玛丽亚	圆锥形、短圆锥形	鲜红	三星	圆锥形	鲜红

3. 理化指标

见表 1-11。

表 1 - 11　草莓理化指标

指　标	允许值	品　　种
可溶性固形物（%）	≥9	丰香、硕丰、明宝
	≥8	星都一号、星都二号、达赛莱克特、宝交早生、哈尼、鬼怒甘、三星
	≥7	全明星、戈雷拉、弗吉尼亚、玛丽亚、安娜、埃尔桑塔、红手套
	≥6	吐德拉
总酸量（%）	1.3～1.6	星都一号、星都二号、玛丽亚、鬼怒甘
	1～1.3	硕丰、达赛莱克特、埃尔桑塔、全明星、哈尼、三星
	0.7～1	戈雷拉、弗吉尼亚、丰香、宝交早生、明宝、安娜、吐德拉、红手套
果实硬度（kg/cm²）	≥0.6	埃尔桑塔、全明星、安娜、哈尼、玛丽亚、鬼怒甘、弗吉尼亚、吐德拉、硕丰
	≥0.4	星都一号、宝交早生、达赛莱克特、戈雷拉、红手套、三星、星都二号
	≥0.2	丰香、明宝

注：未列入的其他品种，可根据品种特性参照表内近似品种的规定。

4. 卫生指标

应符合 GB 2762、GB 2763、GB 2763.1 的规定。

二、农业行业标准《草莓等级规格》（NY/T 1789—2009）

2009 年 12 月 22 日发布，2010 年 2 月 1 日实施，适用于鲜食草莓。

1. 基本要求

——完好；

——无腐烂和变质果实；

——洁净，无可见异物；

——外观新鲜；

——无严重机械损伤；

——无害虫和虫伤；

——具萼片，萼片和果梗新鲜、绿色；

——无异常外部水分；

——无异味；

——充分发育，成熟度满足运输和采后处理要求。

2. 等级划分

（1）特级　优质，具有本品种的特征，外观光亮，无泥土。除不影响产品整体外观、品质、保鲜及其在包装中摆放的非常轻微的表面缺陷外，不应有其他缺陷。

（2）一级　品质良好，具有本品种的色泽和果形特征，无泥土。允许不影响产品整体外观、品质、保鲜及其在包装中摆放的下列轻微缺陷：

——不明显的果形缺陷（但无肿胀或畸形）；

——未着色面积不超过果面的 1/10；

——轻微的表面压痕。

（3）二级　本等级包括不满足特级和一级要求，但满足基本要求的草莓。在保持品质、保鲜和摆放方面基本特征前提下，允许下列缺陷：

——果形缺陷；

——未着色面积不超过果面的 1/5；

——不会蔓延的、干的轻微擦伤；

——轻微的泥土痕迹。

3. 规格划分

见表 1-12。草莓品种类型及主栽品种参见表 1-13。

表 1-12　草莓规格划分

单位：g

规　格		大（L）	中（M）	小（S）
大型果	单果重	＞25	20～25	≥15
	同一包装中单果重差异	≤5	≤4	≤3
中型果	单果重	＞20	15～20	≥10
	同一包装中单果重差异	≤4	≤3	≤2
小型果	单果重	＞15	10～15	≥5
	同一包装中单果重差异	≤3	≤2	≤1

表 1-13　草莓品种类型及主栽品种

品种类型	平均单果重 m（g）	主栽品种
大型果	$m \geq 15$	春旭、达赛莱克特、大将军、丰香、弗吉尼亚、鬼怒甘、红太后、惠、静宝、美德莱特、全明星、赛娃、森嘎拉、硕丰、吐德拉、新明星、幸香、早美光、章姬等
中型果	$15 > m \geq 10$	宝交早生、春香、戈雷拉、枥乙女、明宝、明晶、明磊、申旭 1 号、硕露、星都 2 号等
小型果	$10 > m \geq 5$	红冈特兰德、梯旦、郁香、秋香等

第三节　番荔枝

我国制定有农业行业标准《番荔枝》（NY/T 950—2006）。该标准于 2006 年 1 月 26 日发布，2006 年 4 月 1 日实施，适用于鲜食的番荔枝，不适用于加工用的番荔枝。

1. 基本要求

所有级别的番荔枝，除各个级别的特殊要求和容许度范围外，应满足下列要求：

——果形完整；

——果实完好，无腐烂变质；

——清洁，不含肉眼可见的异物；

——无害虫，无虫害造成的损伤；

——无低温造成的冷害；

——无异常外部水分，但冷藏取出后形成的冷凝水除外；

——无异味；

——果柄长度不超过 1 cm。

2. 成熟度要求

（1）秘鲁番荔枝（*Annona cherimola* Mill.）采收时，果皮颜色呈淡绿色，果实表面鳞目突起，鳞沟不明显。

（2）普通番荔枝（*Annona squamosa* L.）采收时，果实表面鳞目明显，鳞沟颜色由淡绿变为黄色。

（3）阿蒂莫耶番荔枝（*Annona cherimola* Mill.×*Annona squamosa* L.）采收时，果实表面鳞目间的鳞沟颜色由淡绿变为黄色。

（4）刺番荔枝（*Annona muricata* L.）采收时，果皮颜色呈淡绿色，果实表面鳞目突起，鳞沟不明显。果皮颜色由暗绿变为淡绿，果皮表面有轻微的肉质突起，两突起间距大约15 mm。

3. 等级要求

见表 1-14。

表 1-14　番荔枝等级划分

等　　级	要　　求
优等	除刺番荔枝允许有轻微的果鳞擦伤外，应无其他质量缺陷
一等	除刺番荔枝允许有轻微的果鳞擦伤或轻微的裂果外，可有已愈合的机械伤等轻微的其他质量缺陷，但果皮的缺陷面积不超过整个果面的5%
二等	除刺番荔枝允许有轻微的果鳞擦伤、轻微的裂果及其他缺陷外，可有已愈合的机械伤等明显的其他质量缺陷，但果皮的缺陷面积不超过整个果面的15%

4. 规格划分

秘鲁番荔枝、普通番荔枝和阿蒂莫耶番荔枝按单果重划分为 4 种规格（表 1-15）。刺番荔枝按单果重划分为 8 种规格（表 1-16）。

表 1-15　秘鲁番荔枝、普通番荔枝和阿蒂莫耶番荔枝规格划分

规　　格	特　　大	大	中	小
单果重（g）	＞825	426～825	226～425	100～225

表 1-16　刺番荔枝规格划分

规格	1	2	3	4	5	6	7	8
单果重（g）	981～1 200	801～980	651～800	541～650	441～540	351～440	271～350	200～270

5. 卫生指标

应符合 GB 2762、GB 2763、GB 2763.1 的规定。

第四节 番 木 瓜

我国制定有农业行业标准《番木瓜》（NY/T 691—2018）。该标准代替了《番木瓜》（NY/T 691—2003），2018 年 12 月 19 日发布，2019 年 6 月 1 日实施，适用于番木瓜鲜果。

1. 基本要求

果实完整，无腐烂，无异物，无低温造成的损害，表面无凝水（冷藏后取出造成的凝结水除外），无异味，果柄切口无污染。

2. 等级划分

（1）一级 产品具有该品种特征，洁净度和一致性好，果肉、果皮颜色和成熟度一致。果皮基本无缺陷。

（2）二级 产品具有该品种特征，洁净度好，一致性较好，果肉、果皮颜色和成熟度一致。果皮允许轻微缺陷，但面积总和不得超过果皮总面积的 3%，并且不能伤及果肉。

3. 规格划分

见表 1-17。

表 1-17 番木瓜规格划分

规　　格	质量 m（g）
小	$m<700$
中	$700{\leqslant}m<1\,300$
大	$1\,300{\leqslant}m<1\,700$
特大	$m{\geqslant}1\,700$

4. 理化指标

见表 1-18。

表 1-18 番木瓜理化指标

项　目		一　　级	二　　级
可食率 X（%）		$X{\geqslant}85$	$80{\leqslant}X<85$
可溶性固形物 K（%）	穗中红 48	$K{\geqslant}11$	$10{\leqslant}K<11$
	优 8 号	$K{\geqslant}11$	$10{\leqslant}K<11$
	美中红	$K{\geqslant}12$	$11{\leqslant}K<12$
	台农 2 号	$K{\geqslant}12$	$11{\leqslant}K<12$
	红铃 2 号	$K{\geqslant}10$	$9{\leqslant}K<10$
	广蜜	$K{\geqslant}11$	$10{\leqslant}K<11$

注：表中数值为果实成熟度达到果肉软化时检测所得。未列入的品种，其相应项目指标可取该品种当地近 3 年平均值。

5. 卫生指标

应符合 GB 2762、GB 2763、GB 2763.1 的规定。

第五节 番 石 榴

我国制定有农业行业标准《番石榴》（NY/T 518—2002）。该标准于 2002 年 8 月 27 日发布，2002 年 12 月 1 日实施，适用于处理和包装后番石榴鲜果的质量评定和贸易，不适用于加工用的番石榴。

1. 基本要求

除各等级的特殊要求和容许度的规定外，番石榴应符合下列要求：

——果形完整；

——未软化；

——完好，无影响消费的腐烂变质；

——清洁，无可见异物；

——无碰伤；

——没有虫害影响到产品的外观；

——无病害产生的损伤；

——无异常外部水分，但冷藏取出后形成的冷凝水除外；

——无异味；

——发育和状况适宜运输和处理，抵达目的地时处于良好状况。

2. 等级划分

（1）优等 须具有优良的质量，具有该品种固有的特征。果形好，没有瑕疵，允许有不影响产品整体外观、质量和储存性的极轻微的表皮缺陷。

（2）一等 须具有优良的质量，具有该品种固有的特征。允许有下列不影响产品整体外观、质量和储存性的较轻微的表皮缺陷：

——形状和色泽上的轻微缺陷；

——轻微的表皮缺陷，碰伤及其他表面缺陷，如日灼伤、瑕疵、结疤等，斑痕面积不超过整个果面的 5%。

在任何情况下，缺陷都不能影响到果肉。

（3）二等 质量次于一等，但符合基本要求。允许有下列不影响产品整体外观、质量、储存性的轻微的表皮缺陷：

——果形和色泽方面的缺陷；

——表皮缺陷，碰伤及其他缺陷，如日灼伤、瑕疵，斑痕不超过整个果面的 10%。

在任何情况下，缺陷都不能影响到果肉。

3. 规格划分

规格（即大小）由果实重量或横切面最大直径表示，分为 9 种（表 1 - 19）。

表 1 - 19 番石榴果实大小分类指标

大小号	重量（g）	横径（mm）	大小号	重量（g）	横径（mm）	大小号	重量（g）	横径（mm）
1	>450	>100	4	201～250	76～85	7	61～100	43～53
2	351～450	96～100	5	151～200	66～75	8	35～60	30～42
3	251～350	86～95	6	101～150	54～65	9	<35	<30

4. 卫生指标

应符合 GB 2762、GB 2763、GB 2763.1 的规定。

第六节 柑 橘

一、国家标准《鲜柑橘》（GB/T 12947—2008）

代替《鲜柑橘》（GB/T 12947—1991），2008 年 8 月 7 日发布，2008 年 12 月 1 日实施，适用于甜橙类、宽皮柑橘类鲜果的生产、收购和销售。

1. 基本要求

果实达到适当成熟度采摘，成熟状况应与市场要求一致（采摘初期允许果实有绿色面积，其中甜橙类不超过果面的 1/3、宽皮柑橘类不超过果面的 1/2、早熟品种不超过果面的 7/10），必要时允许脱绿处理；合理采摘，果实完整新鲜；果面洁净；风味正常。

2. 等级指标

见表 1-20。

表 1-20 柑橘鲜果等级指标

项 目		优 等	一 等	二 等
果形		有该品种典型特征，果形端正、整齐	有该品种典型特征，果形端正、较整齐	有该品种典型特征，无明显畸形果
果面及缺陷		果面洁净，果皮光滑。无雹伤、日灼伤、干疤；允许单果有极轻微的油斑、网纹、病虫斑、药迹等缺陷。但单果斑点不超过 2 个，小果型品种每个斑点直径≤1 mm；其他果型品种每个斑点直径≤1.5 mm。无水肿、枯水和浮皮果	果面洁净，果皮较光滑。允许单果有较轻微的日灼伤、干疤、油斑、网纹、病虫斑、药迹等缺陷。但单果斑点不超过 4 个，小果型品种每个斑点直径≤1.5 mm；其他果型品种每个斑点直径≤2.5 mm。无水肿、枯水果，允许有极轻微浮皮果	果面较光洁。允许单果有轻微的雹伤、日灼伤、干疤、油斑、网纹、病虫斑、药迹等缺陷。但单果斑点不超过 6 个，小果型品种每个斑点直径≤2 mm；其他果型品种每个斑点直径≤3 mm。无水肿果，允许有轻微枯水果、浮皮果
色泽	红皮品种	橙红色或橘红色，着色均匀	浅橙红色或淡红色，着色均匀	淡橙黄色，着色较均匀
	黄皮品种	深橙黄色或橙黄色，着色均匀	淡橙黄色，着色均匀	淡黄色或黄绿色，着色较均匀

3. 理化指标

见表 1-21。

表 1-21 柑橘鲜果理化指标

项 目	优 等		一 等		二 等	
	甜橙类	宽皮橘类	甜橙类	宽皮橘类	甜橙类	宽皮橘类
可溶性固形物（%）	≥10.5	≥10	≥10	≥9.5	≥9.5	≥9
总酸量（%）	≤0.9	≤0.95	≤0.9	≤1	≤1	≤1
固酸比	≥11.6	≥10	≥11.1	≥9.5	≥9.5	≥9
可食率（%）	≥70	≥75	≥65	≥70	≥65	≥70

4. 规格划分

见表 1-22。

表 1-22　柑橘鲜果规格划分

品种类型		3L	2L	L	M	S	2S
甜橙类	脐橙、锦橙	85≤d<95	80≤d<85	75≤d<80	70≤d<75	65≤d<70	60≤d<65
	其他甜橙	80≤d<85	75≤d<80	70≤d<75	65≤d<70	60≤d<65	55≤d<60
宽皮柑橘类	椪柑类、橘橙类等	80≤d<85	75≤d<80	70≤d<75	65≤d<70	60≤d<65	55≤d<60
	温州蜜柑类、红橘、蕉柑、早橘等	75≤d<80	70≤d<75	65≤d<70	60≤d<65	55≤d<60	50≤d<55
	朱红橘、本地早、南丰蜜橘、沙糖橘等	65≤d<70	60≤d<65	55≤d<60	50≤d<55	40≤d<50	25≤d<40

注：d 为果实横径，单位为 mm。

5. 卫生指标

应符合 GB 2762、GB 2763、GB 2763.1 的规定。

二、农业行业标准《柑橘等级规格》（NY/T 1190—2006）

2006 年 12 月 6 日发布，2007 年 2 月 1 日实施，适用于柑橘鲜果外观质量分级、检验、包装。

1. 基本要求

根据对每个等级的规定和允许误差，应符合下列基本条件：

——果实完整、完好，无裂果、冻伤果；

——无刺伤、碰压伤，无擦伤或过大的愈合口；

——无腐烂、变质果，洁净，基本不含可见异物；

——基本无萎蔫、浮皮现象；

——无冷害、冻害，表面干燥，但冷藏取出后的表面结冰和冷凝现象除外；

——无异常气味或滋味；

——果实具有适于市场或储运要求的成熟度；

——允许对柑橘果实进行"脱绿"处理，但果形、果面色泽、果面缺陷应符合表 1-23 的要求，且使用方法应按国家有关规定执行。

2. 等级指标

见表 1-23。

表 1-23　柑橘等级指标

项　目	特　等	一　等	二　等
果形	具有该品种典型特征，果形一致，果蒂青绿完整平齐	具有该品种形状特征，果形较一致，果蒂完整平齐	具有该品种形状特征，无明显畸形，果蒂完整

（续）

项　目	特　等	一　等	二　等
果面色泽	具该品种典型色泽，完全均匀着色	具该品种典型色泽，75%以上果面均匀着色	具该品种典型色泽，35%以上果面较均匀着色
果面缺陷	果皮光滑；无雹伤、日灼伤、干疤；允许单果有极轻微的油斑、菌迹、药迹等缺陷。单果斑点不超过2个；柚类每个斑点直径≤2 mm，金柑、南丰蜜橘等小果型品种每个斑点直径≤1 mm，其他柑橘每个斑点直径≤1.5 mm。无水肿、枯水、浮皮果	果皮较光滑；无雹伤；允许单果有轻微日灼伤、干疤、油斑、菌迹、药迹等缺陷，单果斑点不超过4个；柚类每个斑点直径≤3 mm，金柑、南丰蜜橘等小果型品种每个斑点直径≤1.5 mm，其他柑橘每个斑点直径≤2.5 mm。无水肿、枯水果，允许有极轻微浮皮果	果皮较光洁，允许单果有轻微雹伤、日灼伤、干疤、油斑、菌迹、药迹等缺陷，单果斑点不超过6个；柚类每个斑点直径≤4 mm，金柑、南丰蜜橘等小果型品种每个斑点直径≤2 mm，其他柑橘每个斑点直径≤3 mm。无水肿果，允许有轻微枯水、浮皮果

3. 规格划分

见表 1-24。同一包装中最大果与最小果的横径差异应在同一规格尺寸范围内；按个数包装时，同一包装中最大果与最小果的横径差异应在相邻两个规格尺寸范围内，但最大差异值应在表 1-25 所列的范围内。

表 1-24　柑橘规格划分

品种类型		规　格					
		2L	L	M	S	2S	等外果
甜橙类	脐橙、锦橙	85≤d≤95	80≤d<85	75≤d<80	70≤d<75	65≤d<70	d<65 或 d>95
	其他甜橙	80≤d≤85	75≤d<80	70≤d<75	65≤d<70	55≤d<65	d<55 或 d>85
宽皮柑橘类和橘橙类	椪柑类、橘橙类等	75≤d≤85	70≤d<75	65≤d<70	60≤d<65	55≤d<60	d<55 或 d>85
	温州蜜柑类、红橘、蕉柑、早橘、椪橘等	75≤d≤80	65≤d<75	60≤d<65	55≤d<60	50≤d<55	d<50 或 d>80
	朱红橘、本地早、南丰蜜橘、沙糖橘、年橘、马水橘等	65≤d≤70	60≤d<65	50≤d<60	40≤d<50	25≤d<40	d<25 或 d>70
柠檬莱檬类		70≤d≤80	63≤d<70	56≤d<63	50≤d<56	45≤d<50	d<45 或 d>80
葡萄柚及橘柚类		90≤d≤105	85≤d<90	80≤d<85	75≤d<80	65≤d<75	d<65 或 d>105
柚		155≤d≤185	145≤d<155	135≤d<145	120≤d<135	100≤d<120	d<100 或 d>185
金柑类		30≤d≤35	25≤d<30	20≤d<25	15≤d<20	10≤d<15	d<10 或 d>35

注：d 为果实横径，单位为 mm。

表 1－25　同一包装单果最大差异规定

品种类型		规　格	同一包装中果实横径的最大差异（mm）
甜橙类	脐橙、锦橙	2L	11
		L～M	9
		S～2S	7
	其他甜橙	2L	10
		L～M	8
		S～2S	6
宽皮柑橘类和橘橙类	椪柑类、橘橙类等	2L	9
		L～M	8
		S～2S	7
	温州蜜柑类、红橘、蕉柑、早橘、椪橘等	2L	7
		L～M	6
		S～2S	5
	朱红橘、本地早、南丰蜜橘、沙糖橘、年橘、马水橘等	2L	6
		L～M	5
		S～2S	4
柠檬莱檬类		2L～2S	7
葡萄柚及橘柚类		2L	15
		L～M	11
		S～2S	9
柚		2L	18
		L～M	15
		S～2S	12
金柑类		2L	5
		L～M	4
		S～2S	3

三、国内贸易行业标准《柑橘类果品流通规范》（SB/T 11028—2013）

2013 年 6 月 14 日发布，2014 年 3 月 1 日实施，适用于宽皮柑橘、柚、甜橙等柑橘鲜果的流通，其他柑橘类鲜果的流通可参照执行。

1. 基本要求

达到该品种作为商品所需的成熟度，具有该品种固有的色泽和形状。果体完整，果实色泽鲜艳，果皮平滑，无腐烂、病虫害、病斑、异味和明显的机械损伤。

2. 等级指标

感官指标见表 1－26。理化指标见表 1－27。

表 1-26 柑橘类鲜果感官指标

项目	一级	二级	三级
果形	有该品种典型特征，果形端正、整齐	有该品种典型特征，果形端正、较整齐	有该品种典型特征，无明显畸形果
果面及缺陷	果面洁净，果皮光滑，无腐烂、病斑，无未愈合的机械伤口，无虫孔、介壳虫。允许单果有极轻微的油斑、伤疤、干疤、药迹等缺陷。宽皮柑橘和甜橙的单果斑点不超过2个，小果型品种每个斑点直径≤1 mm；其他果型品种每个斑点直径≤1.5 mm。柚子单果斑点最大面积≤0.25 cm²，斑点合计不超过5个，合计面积不超过总面积的5%。柚子无裂果。宽皮柑橘和甜橙果蒂无褐变	果面洁净，果皮较光滑，无腐烂、病斑，无未愈合的机械伤口，无虫孔、介壳虫。允许有轻微的油斑、伤疤、干疤、药迹等缺陷。宽皮柑橘和甜橙的单果斑点不超过4个，小果型品种每个斑点直径≤1.5 mm；其他果型品种每个斑点直径≤2.5 mm。柚子单果斑点最大面积≤0.8 cm²，斑点合计不超过15个，合计面积不超过总面积的10%。柚子无裂果。宽皮柑橘和甜橙果蒂无褐变	果面较光洁，果皮较光滑，无腐烂、病斑，无未愈合的机械伤口，无虫孔、介壳虫。允许单果有少量日灼伤、干疤、油斑、病虫斑、药迹等缺陷。宽皮柑橘和甜橙的单果斑点不超过6个，小果型品种每个斑点直径≤2 mm；其他果型品种每个斑点直径≤3 mm。柚子单果斑点最大面积≤2 cm²，斑点合计不超过30个，合计面积不超过总面积的15%。柚子无裂果。宽皮柑橘和甜橙果蒂无褐变
色泽 红皮品种	橙红色或橘红色，着色均匀。无锈壁虱危害的古铜色和煤烟病危害的黑色	浅橙红色或淡红色，着色均匀。无锈壁虱危害的古铜色和煤烟病危害的黑色	淡橙红色，着色均匀。无锈壁虱危害的古铜色和煤烟病危害的黑色
色泽 黄皮品种	深橙黄色或橙黄色，着色均匀。无锈壁虱危害的古铜色、煤烟病危害的黑色	淡橙黄色，着色均匀。无锈壁虱危害的古铜色、煤烟病危害的黑色	淡黄色或黄绿色，着色较均匀。无锈壁虱危害的古铜色、煤烟病危害的黑色
风味及质地	具有该品种特有风味，甜橙和柚风味浓，酸甜可口，宽皮橘类甜度高，沙囊多汁、组织紧密，无水肿、枯水、浮皮和异味	具有该品种特有风味，甜橙和柚风味较浓，酸甜可口，宽皮橘类甜度较高，沙囊多汁、组织较紧密，无水肿、枯水和异味。宽皮橘允许有极轻微浮皮	具有该品种特有风味，甜橙和柚风味较浓，酸甜可口，宽皮橘类甜度较高，沙囊汁液较多、组织较紧密，无水肿和异味。储藏后期果实允许极轻微的枯水、浮皮和酒精味

注：一级、二级果外观指标低于相应级别的果实不超过5%，不允许有隔级果。三级果外观指标低于该级别的果实不超过10%，不允许有未达到基本要求的果实。

表 1-27 柑橘类鲜果理化指标

项目	一级			二级			三级		
	甜橙	宽皮橘	柚	甜橙	宽皮橘	柚	甜橙	宽皮橘	柚
可溶性固形物（%）	≥10.5	≥10	≥11	≥10	≥9.5	≥10	≥9.5	≥9	≥9
总酸量（%）	≤0.9	≤0.95	≤0.9	≤0.9	≤1	≤1	≤1	≤1	≤1.1
固酸比	≥11.6	≥10	≥12.2	≥11.1	≥9.5	≥10	≥9.5	≥9	≥8.1
可食率（%）	≥70	≥75	≥50	≥65	≥70	≥45	≥65	≥70	≥43

3. 规格划分

见表1-28。S级别果实最高等级为二级，2S级别果实最高等级为三级。其他大小和重量的柑橘只要等级指标和理化指标同时达到相应等级，均可判为该等级。一级果的横径或重量规格中的邻级果不超过5%。二级和三级的横径或重量规格中的邻级果不超过10%。

表1-28　柑橘类鲜果规格划分

品种类型		规格					
		3L	2L	L	M	S	2S
甜橙类	脐橙、锦橙	$85{\leqslant}d{<}95$	$80{\leqslant}d{<}85$	$75{\leqslant}d{<}80$	$70{\leqslant}d{<}75$	$65{\leqslant}d{<}70$	$60{\leqslant}d{<}65$
	其他甜橙	$80{\leqslant}d{<}85$	$75{\leqslant}d{<}80$	$70{\leqslant}d{<}75$	$65{\leqslant}d{<}70$	$60{\leqslant}d{<}65$	$55{\leqslant}d{<}60$
宽皮柑橘类	椪柑类、橘橙类等	$80{\leqslant}d{<}85$	$75{\leqslant}d{<}80$	$70{\leqslant}d{<}75$	$65{\leqslant}d{<}70$	$60{\leqslant}d{<}65$	$55{\leqslant}d{<}60$
	温州蜜柑类、红橘、蕉柑、早橘等	$75{\leqslant}d{<}80$	$70{\leqslant}d{<}75$	$65{\leqslant}d{<}70$	$60{\leqslant}d{<}65$	$55{\leqslant}d{<}60$	$50{\leqslant}d{<}55$
	朱红橘、本地早、南丰蜜橘、沙糖橘等	$65{\leqslant}d{<}70$	$60{\leqslant}d{<}65$	$55{\leqslant}d{<}60$	$50{\leqslant}d{<}55$	$40{\leqslant}d{<}50$	$25{\leqslant}d{<}40$
柚	玉环柚、琯溪蜜柚、梁平柚、垫江白柚	$2\,100{\leqslant}m{<}2\,400$	$1\,800{\leqslant}m{<}2\,100$	$1\,500{\leqslant}m{<}1\,800$	$1\,200{\leqslant}m{<}1\,500$	$900{\leqslant}m{<}1\,200$	$600{\leqslant}m{<}900$
	沙田柚、五布柚、丰都红心柚、香柚	$1\,750{\leqslant}m{<}2000$	$1\,500{\leqslant}m{<}1\,750$	$1\,250{\leqslant}m{<}1\,500$	$1\,000{\leqslant}m{<}1\,250$	$750{\leqslant}m{<}1\,000$	$500{\leqslant}m{<}750$

注：d为果实横径，单位为mm。m为果实重量，单位为g。

4. 卫生指标

应符合GB 2762、GB 2763、GB 2763.1的规定。

四、农业行业标准《宽皮柑橘》（NY/T 961—2006）

2006年1月26日发布，2006年4月1日实施，适用于温州蜜柑、椪柑（芦柑）、红橘、蕉柑、本地早、南丰蜜橘、沙糖橘、椪橘、早橘、橘橙、橘柚杂种等宽皮柑橘鲜果质量的分级、包装和检验。

1. 基本要求

果实完整、完好，无擦伤或过大的愈合口。无腐烂、变质果。清洁，基本不含可见异物。基本无萎蔫、浮皮、枯水现象。无冷害、冻害。表面干燥，但冷藏取出后的表面结冰和冷凝现象除外。无异常气味和滋味。果实发育充分，具有适于市场或储运要求的成熟度，精细采摘。内在品质应符合表1-29的规定。

表1-29　宽皮柑橘内在品质要求

品种类型	果汁含量（%）	可溶性固形物（%）	固酸比
温州蜜柑、红橘、椪橘、早橘	≥45	≥8	≥8
椪柑、蕉柑	≥45	≥9	≥10
本地早、沙糖橘、南丰蜜橘	≥40	≥10	≥12
橘橙、橘柚类（如清见、不知火、天草等）	≥40	≥9	≥8

2. 感官指标

见表1-30。

表1-30　宽皮柑橘感官指标

项　目	特　级	一　级	二　级
果形	具有该品种典型特征，果形一致，果蒂青绿完整平齐	具有该品种形状特征，果形较一致，果蒂完整平齐	具有该品种类似特征，无明显畸形，果蒂完整
色泽	充分着色，鲜艳	着色良好，鲜艳	具有该品种典型特征，着色正常
一般缺陷	果面洁净，果皮光滑；无刺伤、碰压伤、磨伤、雹伤、日灼伤、干疤；允许在果面不显著的地方有极轻微果锈、油斑、菌迹、药迹等缺陷。单果斑点不超过2个，每个斑点直径≤1.5 mm	果面洁净，果皮较光滑；无刺伤、碰压伤、磨伤、雹伤；允许单个果有轻微日灼伤、干疤、果锈、油斑、菌迹、药迹等缺陷。单果斑点不超过5个，每个斑点直径≤2.5 mm	果面较光洁。允许单个果有轻微刺伤、碰压伤、磨伤、雹伤、日灼伤、干疤、果锈、油斑、菌迹、药迹等缺陷。单果斑点不超过6个，每个斑点直径≤3 mm
严重缺陷	不允许有浮皮、裂果、冻伤、腐烂、水肿、枯水等一切变质象征的果	不允许有裂果、冻伤、腐烂、水肿等变质象征的果，允许有轻微浮皮、枯水等果	不允许有裂果、冻伤、腐烂果，允许有轻微浮皮、水肿、枯水等果，但不能影响食用性

3. 规格划分

果实最小横径应符合表1-31的规定。规格划分见表1-32。

表1-31　宽皮柑橘最小横径要求

品种类型	代表品种	最小横径（mm）
大果型品种	清见、不知火、天草、椪柑	55
中果型品种	温州蜜柑、红橘、椪橘、早橘	45
小果型品种	本地早、蕉柑	35
微果型品种	沙糖橘、南丰蜜橘	30

表1-32　宽皮柑橘规格划分

种　类		微果（SS）	小果（S）	中果（M）	大果（L）	特大果（LL）
果实横径（mm）	大果型品种	55～60	>60～65	>65～70	>70～80	>80～85
	中果型品种	45～50	>50～55	>55～60	>60～65	>65～75
	小果型品种	35～40	>40～45	>45～50	>50～55	>55～60
	微果型品种	30～35	>35～40	>40～45	>45～50	>50

4. 卫生指标

应符合GB 2762、GB 2763、GB 2763.1的规定。

五、农业行业标准《加工用宽皮柑橘》（NY/T 2655—2014）

2014年10月17日发布，2015年1月1日实施，适用于加工用宽皮柑橘的生产、储运与购销。

1. 品种要求

以温州蜜柑、本地早、红橘、早橘、椪柑等为主，易剥皮的杂柑类品种亦可选用。橘片罐头加工用品种果型的大小、囊瓣形状及均匀性、色泽、汁胞紧密度、质地等加工适宜性良好，以无核或少核、囊瓣半圆形为宜。

2. 感官要求

见表1-33。

表1-33　加工用宽皮柑橘感官要求

项　目	要　求
完好度	果实新鲜，具所选品种固有的色泽。果实完好，无腐烂果、虫蛀果、冻伤果、揭蒂果和伤及果肉的损伤果。无浮皮等现象
成熟度	橘片罐头加工用果实，果面着色宜为70％以上。汁胞加工用果实，果面着色宜为60％以上。橘汁加工用果实，果面着色宜为80％以上
果形	具所选品种固有的形状，橘片罐头加工用原料不得有畸形果
清洁度	果实表面洁净，采前落地果不宜用于橘片罐头加工

3. 理化指标

（1）大小分级　橘片罐头加工用果实的大小分级宜符合表1-34的规定。

表1-34　橘片罐头加工用果实大小分级

项　目	一　级	二　级	三　级
果实横径 d（mm）	65＞d≥55	55＞d≥45 70＞d≥65	45＞d≥35 75＞d≥70

（2）内在品质　见表1-35。

表1-35　加工用宽皮柑橘内在品质要求

项　目	要　求
可溶性固形物	橘片罐头加工用果实可溶性固形物≥8.5％。汁胞加工用果实可溶性固形物≥8％。橘汁加工用果实可溶性固形物≥9％
可滴定酸	橘片罐头、橘汁加工用果实可滴定酸含量≤1％。汁胞加工用果实可滴定酸含量≤1.2％
核（种子）	橘片罐头加工用果实以无核或少核为宜。汁胞和橘汁加工用果实平均核（种子）数≤5粒为宜
汁胞	饱满，无异味，无粒化现象
出汁率	橘汁加工用果实出汁率≥50％
苦味	橘汁加工用果实无明显后苦味

4. 卫生指标

应符合GB 2762、GB 2763、GB 2763.1的规定。

六、国家标准《地理标志产品　黄岩蜜桔*》（GB/T 19697—2008）

代替《原产地域产品　黄岩蜜桔》（GB 19697—2005），2008 年 6 月 25 日发布，2008 年 10 月 1 日实施，适用于国家质量监督检验检疫行政主管部门根据《地理标志产品保护规定》批准保护的黄岩蜜桔。

1. 等级要求

各级果实应完整新鲜、果面洁净、风味纯正，香甜可口，并符合表 1 - 36 的规定。

表 1 - 36　地理标志产品黄岩蜜桔等级要求

等　级	要　　　求
优级	果形端正、果面光洁，果实完全着色，果蒂完整，剪口平滑，斑疤最大的不得超过 3 mm，斑疤总计不超过果皮总面积的 3%。不得有机械伤。无腐烂果。串级果不超过 10%，不得有隔级果
一级	果形端正、果面光洁，果实 90% 以上着色，果蒂完整，剪口平滑，斑疤最大的不得超过 4 mm，斑疤总计不超过果皮总面积的 5%。不得有机械伤。无腐烂果。串级果不超过 10%，不得有隔级果
二级	果形端正、果面尚光洁，果实 80% 以上着色，果蒂完整，剪口平滑，斑疤最大的不得超过 5 mm，斑疤总计不超过果皮总面积的 10%。机械伤不超过 5%。无腐烂果。串级果不超过 10%，不得有隔级果

2. 理化指标

见表 1 - 37。

表 1 - 37　地理标志产品黄岩蜜桔理化指标

项　　目	可食率（%）	可溶性固形物（%）	总酸（以柠檬酸计）（%）
指标	≥70	≥11.5	≤1

3. 规格划分

见表 1 - 38。同一箱果实大小差异不能超过 10 mm。

表 1 - 38　地理标志产品黄岩蜜桔规格划分

品　　种	规　　格		
	S	M	L
本地早	45≤d<50	50≤d<60	60≤d<65
早桔	50≤d<55	55≤d<65	65≤d<70
椪桔	55≤d<60	60≤d<70	70≤d<80
乳桔	30≤d<40	—	40≤d<50
宫川温州蜜柑	50≤d<60	60≤d<70	70≤d<75

注：d 为果实横径，单位为 mm。

4. 卫生指标

应符合 GB 2762、GB 2763、GB 2763.1 的规定。

---

* 现行推荐用"橘"，但出于尊重标准原文，便于查找使用标准，本书仍采用"桔"。后续涉及的"无子西瓜"中的"子"、"桑椹"中的"椹"等，均采用标准原文的用字。——编者

七、国家标准《地理标志产品　南丰蜜桔》（GB/T 19051—2008）

代替《原产地域产品　南丰蜜桔》（GB 19051—2003），2008 年 6 月 3 日发布，2008 年 12 月 1 日实施，适用于国家质量监督检验检疫行政主管部门根据《地理标志产品保护规定》批准保护的南丰蜜桔。

1. 基本要求

完整新鲜、果面洁净。果实扁圆形、橙色或橙黄色，果顶平圆、微凹，果实横径 30～50 mm，果皮香味浓，皮薄，少核或无核，酸甜适口，肉质柔嫩。

2. 等级要求

见表 1－39。

表 1－39　地理标志产品南丰蜜桔等级要求

等　级	要　　求
优级	果实均匀、端正，果面光洁，充分着色，疮痂病斑最大的不得超过 3 mm，斑疤总计不超过果皮总面积的 3%。不得有机械伤和其他伤害。到达目的地轻微枯水果不超过 1%
一级	果实均匀、端正，果面光洁，良好着色，疮痂病斑最大的不得超过 4 mm。斑疤总计不超过果皮总面积的 5%。不得有机械伤和其他伤害。到达目的地枯水果不超过 3%
二级	果实均匀、端正，果面尚光洁，基本着色，疮痂病斑最大的不得超过 5 mm。斑疤总计不超过果皮总面积的 10%。不得有严重的机械伤和其他伤害。到达目的地枯水果不超过 5%

3. 理化指标

见表 1－40。

表 1－40　地理标志产品南丰蜜桔理化指标

项　　目	可食率（%）	可溶性固形物（%）	总酸（以柠檬酸计）（%）
指标	≥70	≥10.5	≤1

4. 规格划分

见表 1－41。同一箱果实大小差异不能超过 10 mm。

表 1－41　地理标志产品南丰蜜桔规格划分

规　格	S	L
果实横径 d（mm）	30≤d<40	40≤d≤50

5. 卫生指标

应符合 GB 2762、GB 2763、GB 2763.1 的规定。

八、国家标准《地理标志产品　瓯柑》（GB/T 22442—2008）

2008 年 10 月 22 日发布，2009 年 1 月 1 日实施，适用于国家质量监督检验检疫行政主管部门根据《地理标志产品保护规定》批准保护的瓯柑。

1. 等级指标

见表 1－42。

表 1 - 42　地理标志产品瓯柑等级指标

项　目	一　级	二　级
基本要求	具有本品种特有的性状，酸甜适度，微苦，无异味。果蒂完整。不得有枯水、浮皮、机械伤和腐烂果	
果实横径（mm）	60～80	≥50
果形	果形端正，形状一致，果肩或果基允许有轻微倾斜	果形基本端正，果肩或果基允许有轻度倾斜
色泽	果皮金黄色至橙黄色，光滑	果皮黄色至橙黄色，光滑
果面	果面光洁，病虫斑、药迹、机械伤、日灼伤等一切非正常斑迹、附着物，其分布面积合并计算不超过果皮总面积的7%	果面尚光洁，病虫斑、药迹、机械伤、日灼伤等一切非正常斑迹、附着物，其分布面积合并计算不超过果皮总面积的15%

2. 理化指标

见表 1 - 43。

表 1 - 43　地理标志产品瓯柑理化指标

项　目	可溶性固形物（%）	总酸含量（%）	可食率（%）
指标	≥11	≤1	≥65

3. 卫生指标

应符合 GB 2762、GB 2763、GB 2763.1 的规定。

九、国家标准《地理标志产品　寻乌蜜桔》（GB/T 22439—2008）

2008 年 10 月 22 日发布，2009 年 1 月 1 日实施，适用于国家质量监督检验检疫行政主管部门根据《地理标志产品保护规定》批准保护的寻乌蜜桔。

1. 感官指标

见表 1 - 44。

表 1 - 44　地理标志产品寻乌蜜桔感官指标

等级	一　等			二　等			三　等		
	特早熟	早熟	中熟	特早熟	早熟	中熟	特早熟	早熟	中熟
果形	果形端正，扁圆形或高扁圆形，无畸形果			果形较端正，扁圆形或高扁圆形，无畸形果			果形较端正，扁圆形或高扁圆形，无畸形果		
色泽	果面浅绿色，有光泽，色泽均匀	果面橙黄，70%以上果面均匀着色，有光泽	橙黄至橙红，80%以上果面均匀着色，有光泽	果面浅绿色，有光泽，色泽较均匀	果面橙黄，60%以上果面均匀着色，有光泽	橙黄至橙红，70%以上果面均匀着色，有光泽	果面浅绿色，有光泽，色泽较均匀	果面橙黄，50%以上果面均匀着色	果面橙黄，60%以上果面均匀着色
果面	果面光洁，无日灼伤、伤疤、刺伤、虫伤、压伤和腐烂果。不得有检疫性病虫果。擦伤、碰伤、斑点及其他附着物累计面积≤1%			果面光洁，无日灼伤、伤疤、刺伤、虫伤、压伤和腐烂果。不得有检疫性病虫果。擦伤、碰压伤、斑点及其他附着物计面积≤5%			果面光洁，无日灼伤、伤疤、刺伤、虫伤、压伤和腐烂果。不得有检疫性病虫果。擦伤、碰压伤、斑点及其他附着物累计面积≤10%		

2. 理化指标

见表 1 - 45。

表 1 - 45　地理标志产品寻乌蜜桔理化指标

品　　系	可溶性固形物（%）	可滴定酸（以柠檬酸计）（%）	可食率（%）
特早熟	≥9		≥80
早熟	≥10	≤0.9	≥75
中熟	≥11		≥75

3. 规格划分

见表 1 - 46。

表 1 - 46　地理标志产品寻乌蜜桔规格划分

规　　格	果实横径（mm）		
	特早熟	早熟	中熟
L	6.6～7.5	6.6～7.5	7～8
M	6～6.5	6～6.5	6～6.9
S	5.5～5.9	5.5～5.9	5.5～5.9

4. 卫生指标

应符合 GB 2762、GB 2763、GB 2763.1 的规定。

十、国家标准《地理标志产品　永春芦柑》（GB/T 20559—2006）

2006 年 9 月 18 日发布，2007 年 2 月 1 日实施，适用于国家质量监督检验检疫行政主管部门根据《地理标志产品保护规定》批准保护的永春芦柑。

1. 感官指标

见表 1 - 47。

表 1 - 47　地理标志产品永春芦柑感官指标

项　　目	一　　等	二　　等
基本要求	果实完整、新鲜，具芦柑品种特征，无异常滋味和气味。不得有枯水、水肿和萎蔫现象。不得有未愈合的损伤、裂口，不得有腐烂果和显示腐烂迹象的果	
果形	果形扁圆形或高扁圆形，整齐均匀，无畸形果	
色泽	果皮橙黄色或深橙色，自然着色面积不少于 80%	果皮橙黄色或深橙色，自然着色面积不少于 60%
果皮缺陷	机械伤、病虫斑、日灼伤和一切非正常的斑迹、附着物，其分布面积合并计算，不超过果皮总面积的 10%	机械伤、病虫斑、日灼伤和一切非正常的斑迹、附着物，其分布面积合并计算，不超过果皮总面积的 15%

2. 理化指标

见表 1 - 48。

表 1－48　地理标志产品永春芦柑理化指标

项　目	一　等	二　等
可溶性固形物（％）	≥11.0	≥10.5
总酸（％）	≤0.8	≤1.0
可食率（％）	≥70	≥65

3. 规格划分

见表 1－49。

表 1－49　地理标志产品永春芦柑规格划分

规　格	L（特级）	M（一级）	S（二级）
果实横径 d（mm）	80<d≤90	70<d≤80	60<d≤70

4. 卫生指标

应符合 GB 2762、GB 2763、GB 2763.1 的规定。

十一、农业行业标准《椪柑》（NY/T 589—2002）

2002 年 11 月 5 日发布，2002 年 12 月 20 日实施，适用于椪柑（又称芦柑）鲜果。

1. 等级指标

应符合表 1－50 的规定。

表 1－50　椪柑等级指标

项　目	特　级	一　级	二　级
果形	果形端正，扁圆形或高桩扁圆形，具有本品种固有特征，无明显果颈和梨形果		
色泽	深橙色至浅橙色		
果面	果面光洁。不得有机械伤、检疫性病虫、深疤、日灼伤、裂果、萎蔫果、浮皮果。非检疫性病虫斑、伤斑及一切附着物合并计算其面积不超过果皮总面积的 10％		
果实横径 d（mm）	70≤d≤85	65≤d<70	60≤d<65

注：同一级果实中含邻级果的个数不得超过 5％，不得有隔级果。

2. 理化指标

可溶性固形物不少于 10.5％。可食率不少于 70％。

3. 卫生指标

符合 GB 2762、GB 2763、GB 2763.1 的规定。

十二、农业行业标准《沙糖橘》（NY/T 869—2004）

2005 年 1 月 4 日发布，2005 年 2 月 1 日实施，适用于沙糖橘鲜果。

1. 基本要求

无机械伤、虫伤，以及腐烂果、枯水、褐斑、水肿、冻伤、日灼伤等病变和其他呈腐烂的病果。无植物检疫病虫害。

2. 等级指标

感官指标见表 1-51。理化指标见表 1-52。

表 1-51　沙糖橘感官指标

项　目	一　级	二　级	三　级
果形	扁圆形、果顶微凹、果底平、形状一致	扁圆形、果顶微凹、果底平、形状较一致	扁圆形、果顶微凹、果底平、果形尚端正、无明显畸形
果蒂	果蒂完整、鲜绿色	95%的果实果蒂完整	90%的果实果蒂完整
色泽	橘红色	浅橘红色	浅橘红色
果面	果面洁净、油胞稍凸、密度中等，果皮光滑；无裂口、深疤、硬疤、网纹、锈螨危害斑、青斑、溃疡病斑、煤烟菌迹、药迹、蚧点及其他附着物的数量，单果斑点不超过 2 个，每个斑点直径≤2 mm	果面洁净、油胞稍凸、密度中等，果皮光滑；无裂口、深疤、硬疤；痕斑、网纹、枝叶磨伤、砂皮、青斑、油斑病斑、煤烟菌迹、药迹、蚧点及其他附着物的数量，单果斑点不超过 4 个，每个斑点直径≤3 mm	果面洁净、油胞稍凸、密度中等，果皮光滑；无裂口、深疤、硬疤；痕斑、网纹、枝叶磨伤、砂皮、青斑、油斑病斑、煤烟菌迹、药迹、蚧点及其他附着物的数量，单果斑点不超过 6 个，每个斑点直径≤3 mm
果实横径（mm）	>45~50	>40~45 >50~55	35~40 >55~60

表 1-52　沙糖橘理化指标

项　目	一　级	二　级	三　级
可溶性固形物（%）	≥12	≥11	≥10
柠檬酸（%）	≤0.35	≤0.4	≤0.5
固酸比	≥34	≥27	≥20
可食率（%）	≥75	≥70	≥65

3. 卫生指标

应符合 GB 2762、GB 2763、GB 2763.1 的规定。

十三、农业行业标准《制汁甜橙》(NY/T 2276—2012)

2012 年 12 月 24 日发布，2013 年 3 月 1 日实施，适用于制汁甜橙的生产指导与购销。

1. 品种要求

出汁率、果汁色泽和风味等加工适应性良好。宜选用哈姆林甜橙、早金甜橙、渝早橙、锦橙、特洛维塔甜橙、大红甜橙、夏橙等品种。

2. 感官要求

果实完整、新鲜，具该品种成熟果实固有的色泽、风味和香气等特征，无异常气味或明显苦涩味等味道。无腐烂果、虫蛀果、冻伤果和伤及果肉的损伤果。无枯水和水肿现象。果实直径应在榨汁机榨杯大小范围内，宜为 35 mm～100 mm。

3. 理化指标

见表 1-53。

表 1-53 制汁甜橙理化指标

项 目	指 标
出汁率	以≥40％为宜
可溶性固形物	浓缩橙汁加工用甜橙以≥8％为宜，非浓缩橙汁加工用甜橙以≥10％为宜
固酸比	以 11.5～23 为宜

4. 等级划分

见表 1-54。

表 1-54 制汁甜橙等级划分

项 目	特 级	一 级	二 级	三 级
出汁率 J（％）	$J \geqslant 54$	$54 > J \geqslant 51$	$51 > J \geqslant 45$	$45 > J \geqslant 40$
可溶性固形物 T（％）	$T \geqslant 11$	$11 > T \geqslant 10$	$10 > T \geqslant 9$	$9 > T \geqslant 8$

5. 卫生指标

应符合 GB 2762、GB 2763、GB 2763.1 的规定。

十四、农业行业标准《红江橙》（NY/T 453—2020）

代替《鲜红江橙》（NY/T 453—2001），2020 年 11 月 12 日发布，2021 年 4 月 1 日实施，适用于鲜红江橙的生产、收购和销售。

1. 基本要求

红江橙果实达到适当成熟度时采摘，果实应新鲜饱满，无萎蔫现象；果蒂完好，果柄剪口与果肩齐平；果面洁净，色泽橙黄色；果肉橙红色，果汁丰富；酸甜适中，无异味；不应有浮皮、枯水现象。

2. 等级指标

（1）外观指标 见表 1-55。

表 1-55 鲜红江橙外观指标

项 目	特 级	优 级	普 级
果形	具该品种典型特征，果形端正、整齐	具该品种典型特征，果形端正、较整齐	具该品种典型特征，无明显畸形果
色泽	橙黄色，色泽鲜艳，着色一致	橙黄色，色泽良好，着色均匀	橙黄色、着色良好或淡黄色，允许带黄绿色，但不应大于果面总面积的 25％

（续）

项 目	特 级	优 级	普 级
洁净度	果面洁净、果皮光滑	果面洁净、果皮较光滑	果面洁净，允许果皮轻度粗糙
果实横径 d(mm)	$67{\leqslant}d{<}75$	$63{\leqslant}d{<}67$	$58{\leqslant}d{<}63$
缺陷	表皮不应有病疤，允许有其他疤痕1～2个；表皮各类疤痕面积不超过果皮总面积的5%；不应有虫体附着	表皮允许有2个以下非检疫性病害病疤，单个病疤最长直径小于2 mm；表皮各类疤痕面积合并小于果皮总面积的10%；不应有虫体附着	表皮允许有2个以下非检疫性病害病疤，单个病疤最长直径小于3 mm；表皮各类疤痕面积合并小于果皮总面积的20%；不应有虫体附着
	不应有损伤、褐色油斑、枯水、水肿、内裂等一切变质和有腐烂表征的果		

注：果形端正指果形指数约为1。在海南中南部热带地区，红江橙成熟时果皮可能呈绿色。

（2）理化指标 见表1-56。

表1-56 鲜红江橙理化指标

项 目	特 级	优 级	普 级
可溶性固形物（%）	$\geqslant$12.5	$\geqslant$12.0	$\geqslant$11.0
总酸量（%）	0.3～0.7		
固酸比	>15∶1		
果汁率（%）	$\geqslant$55	$\geqslant$50	$\geqslant$45
可食率（%）	$\geqslant$75	$\geqslant$70	$\geqslant$65

3. 卫生指标

应符合 GB 2762、GB 2763、GB 2763.1 的规定。

十五、农业行业标准《锦橙》（NY/T 697—2003）

2003 年 12 月 1 日发布，2004 年 3 月 1 日实施，适用于锦橙鲜果。

1. 基本要求

同一品种或相似品种，果形呈椭圆形，果蒂完整、平齐，果实形状整齐。果面清洁，果实新鲜饱满，无萎蔫现象。肉质细嫩化渣，种子平均数小于 8 粒，风味正常。无腐果、裂果、重伤果。

2. 感官指标

见表1-57。

表1-57 锦橙感官指标

项 目	优 等	一 等	二 等
果形	果形端正	果形较端正	果形尚端正、无严重影响外观的畸形
色泽	橙红色或橙色，色泽均匀	橙红色或橙色，色泽较均匀	橙红色、橙色或橙黄色

（续）

项 目	优 等	一 等	二 等
果面	果面光洁，无机械伤、日灼伤、锈壁虱危害斑，其他斑疤及药迹等附着物的面积合并计算≤0.5 cm²。最大斑块直径≤0.2 cm。	果面较光洁，无未愈合的机械伤，其他斑疤及药迹等附着物的面积合并计算≤1.5 cm²	无未愈合的机械伤，其他斑疤及药迹等附着物的面积合并计算≤3 cm²

3. 理化指标

见表 1-58。

表 1-58　锦橙理化指标

项 目	可溶性固形物（％）	固酸比
指标	≥9.5	≥8∶1

4. 规格划分

见表 1-59。

表 1-59　锦橙规格划分

规格	LL	L	M	S	SS
果实横径 d（mm）	75≤d≤80	70≤d<75	65≤d<70	60≤d<65	55≤d<60

5. 卫生指标

应符合 GB 2762、GB 2763、GB 2763.1 的规定。

十六、国家标准《地理标志产品　琼中绿橙》（GB/T 22440—2008）

2008 年 10 月 22 日发布，2009 年 1 月 1 日实施，适用于国家质量监督检验检疫行政主管部门根据《地理标志产品保护规定》批准保护的琼中绿橙。

1. 感官指标

见表 1-60。

表 1-60　地理标志产品琼中绿橙感官指标

项 目	特 等	一 等	二 等
基本要求	具有本品种特有的性状，无异味。不得有枯水、水肿、内裂和腐烂		
果形	近圆形，端正	近圆形，较端正	近圆形，较端正，无明显畸形
色泽	绿色至黄绿色，着色均匀	黄绿色，着色较均匀	绿黄色，黄色面积不超过果面总面积的50%
果肉	橙色，果汁多，化渣，味甜，甜酸适口		
果面	光滑、洁净，无病虫斑、褐色油斑、机械伤、药迹等附着物	光滑、较洁净，病虫斑、褐色油斑、机械伤、药迹等附着物面积合并计算不超过果皮总面积的5%	较光滑、较洁净，病虫斑、褐色油斑、机械伤、药迹等附着物面积合并计算不超过果皮总面积的10%

2. 理化指标

见表 1-61。

表 1-61 地理标志产品琼中绿橙理化指标

项 目	可食率（%）	可溶性固形物（%）	总酸量（%）
指标	≥75	≥10	≤0.4

3. 规格划分

见表 1-62。

表 1-62 地理标志产品琼中绿橙规格划分

规 格	L	M	S
果实横径 d(mm)	75≤d≤85	65≤d<75	60≤d<65

4. 卫生指标

应符合 GB 2762、GB 2763、GB 2763.1 的规定。

十七、国家标准《脐橙》（GB/T 21488—2008）

2008 年 2 月 15 日发布，2008 年 8 月 1 日实施，适用于脐橙果实的生产、收购和销售。

1. 等级指标

见表 1-63。

表 1-63 脐橙等级指标

项 目		特 等	一 等	二 等
感官指标	果形	果形端庄，具有该品种（系）典型特征，形状趋于一致	果形端庄，具有该品种（系）果形特征，形状较一致	果形正常，具有该品种（系）特征，无明显畸形
	色泽	着色良好，色泽整齐，具有该品种（系）成熟时固有色泽，着色率≥90%	着色良好、均匀，具有该品种（系）成熟时固有色泽，着色率≥80%	
	果面	果面洁净，极少有伤疤、病虫斑和药迹等，斑痕合并面积≤1 cm²，最大单个斑点面积≤0.3 cm²，果皮光亮，果蒂平滑	果面洁净，可有轻微斑痕，斑痕合并面积≤2 cm²，最大单个斑点面积≤0.5 cm²	果面洁净，可有少量斑痕，斑痕合并面积≤3 cm²，最大单个斑点面积≤1 cm²
	赤道部果皮厚度（mm）	≤6	≤6	≤7
	风味	具该品种（系）固有风味和内质特征，无粒化枯水、水肿、异味等非正常风味	具该品种（系）风味和内质特征，无明显粒化枯水，无水肿，无异味	
理化指标	可溶性固形物（%）	≥11	≥10	≥9
	固酸比	≥10	≥9	≥8.5
	可食率（%）		≥70	

2. 规格划分

见表 1-64。

表 1-64　脐橙规格划分

规　格	4 L	3 L	2 L	L	M	S
横径 d（mm）	90≤d＜100	85≤d＜90	80≤d＜85	75≤d＜80	70≤d＜75	60≤d＜70

3. 卫生指标

应符合 GB 2762、GB 2763、GB 2763.1 的规定。

十八、国家标准《地理标志产品　赣南脐橙》（GB/T 20355—2006）

2006 年 5 月 25 日发布，2006 年 10 月 1 日实施，适用于国家质量监督检验检疫行政主管部门根据《地理标志产品保护规定》批准保护的赣南脐橙。

1. 感官指标

见表 1-65。

表 1-65　地理标志产品赣南脐橙感官指标

等　级	品　种	规　格	果　形	色　泽	光洁度
特级	纽荷尔、奈维林娜等（果形短椭圆形至椭圆形）	7.5～8.5	椭圆形，无畸形果	橙红，色泽均匀，着色率 90% 以上	果面光洁，无日灼伤、伤疤、裂口、刺伤、虫伤、擦伤、碰压伤和腐烂果。无检疫性病虫果。油斑、药斑等其他附着物面积不超过 5%
	朋娜、清家、华脐、奉节 72-1 等（果形圆球形或扁圆形）	7.5～8.5	圆球形，无畸形果，脐≤10 mm	橙黄至橙红，色泽均匀，着色率 90% 以上	
一级	纽荷尔、奈维林娜等（果形短椭圆形至椭圆形）	7.5～8.5	椭圆形，无畸形果	橙红，色泽均匀，着色率 85% 以上	果面光洁，无日灼伤、伤疤、裂口、刺伤、虫伤、擦伤、碰压伤和腐烂果。无检疫性病虫果。油斑、药斑等其他附着物面积不超过 10%
	朋娜、清家、华脐、奉节 72-1 等（果形圆球形或扁圆形）	7.5～8.5	圆球形，无畸形果，脐≤10 mm	橙黄至橙红，色泽均匀，着色率 85% 以上	
二级	纽荷尔、奈维林娜等（果形短椭圆形至椭圆形）	7.0～9.5	椭圆形，无畸形果	橙红，着色均匀，着色率 80% 以上	果面光洁，无日灼伤、伤疤、裂口、刺伤、虫伤、擦伤、碰压伤和腐烂果。无检疫性病虫果。油斑、药斑等其他附着物面积不超过 15%
	朋娜、清家、华脐、奉节 72-1 等（果形圆球形或扁圆形）	7.0～9.5	圆球形或扁圆形，无畸形果，脐≤15 mm	橙至橙红，着色均匀，着色率 80% 以上	
三级	纽荷尔、奈维林娜等（果形短椭圆形至椭圆形）	6.5～9.5	椭圆形，无严重影响外观的畸形果	橙至橙红，着色尚好，着色率 80% 以上	果面光洁，无日灼伤、伤疤、裂口、刺伤、虫伤、擦伤、碰压伤和腐烂果。无检疫性病虫果。油斑、药斑等其他附着物面积不超过 15%
	朋娜、清家、华脐、奉节 72-1 等（果形圆球形或扁圆形）	6.0～9.5	圆球形，无严重影响外观的畸形果，脐≤20 mm	橙至橙红，着色尚好，着色率 80% 以上	

注：规格指标为果实横径，单位为 cm。

2. 理化指标

见表 1-66。

表 1-66 地理标志产品赣南脐橙理化指标

项 目	可溶性固形物（%）	总酸（以柠檬酸计）（%）	可食率（%）
指标	≥10	≥0.9	≥70

3. 卫生指标

应符合 GB 2762、GB 2763、GB 2763.1 的规定。

十九、农业行业标准《常山胡柚》（NY/T 587—2002）

2002 年 11 月 5 日发布，2002 年 12 月 20 日实施，适用于常山胡柚鲜果的生产与市场销售。

1. 感官指标

见表 1-67。

表 1-67 常山胡柚感官指标

项 目	特 级	一 级	二 级
果径（mm）	100～85	≥80	≥70
果形	果形端正，具有本品种固有特征		
色泽	橙黄色		
果面	果面光洁，无溃疡病病斑，无影响果面美观的机械伤、日灼伤、病变伤及介壳虫、锈壁虱危害斑，上述危害斑与风伤、煤烟病菌迹、药迹等一切附着物，合并计算其面积不超过果皮总面积的 10%		

2. 理化指标

可溶性固形物≥9%。可食率≥55%。

3. 卫生指标

应符合 GB 2762、GB 2763、GB 2763.1 的规定。

二十、国家标准《地理标志产品　常山胡柚》（GB/T 19332—2008）

代替《原产地域产品　常山胡柚》（GB 19332—2003），2008 年 6 月 25 日发布，2008 年 10 月 1 日实施，适用于国家质量监督检验检疫行政主管部门根据《地理标志产品保护规定》批准保护的常山胡柚。

1. 感官指标

见表 1-68。

表 1-68 地理标志产品常山胡柚感官指标

项 目	特 级	一 级	二 级
果径（mm）	85～95	75～95	65～105
果形	扁圆或球形，具有本品种固有的特征		
风味	甜酸适度、清凉爽口、微苦		

(续)

项　目	特　级	一　级	二　级
色泽	橙黄色或黄色		
果面	果面洁净，果皮光滑；无刺伤、碰压伤、日灼伤、干疤；允许在果面不显著位置有极轻微油斑、菌迹、药迹、风斑等缺陷	果面洁净，果皮较光滑；无刺伤、碰压伤，允许单个果有轻微日灼伤、干疤、油斑、菌迹、药迹、风斑等缺陷	果面光洁，无溃疡病斑，无明显影响果面美观的机械伤、日灼伤、病虫危害斑、风斑、煤烟病菌迹、药迹等缺陷

2. 理化指标

见表 1-69。

表 1-69　地理标志产品常山胡柚理化指标

项　目	特　级	一　级	二　级
可溶性固形物（%）	≥11	≥10.5	≥10
可滴定酸（%）	≤1.1	≤1.2	≤1.2

3. 卫生指标

应符合 GB 2762、GB 2763、GB 2763.1 的规定。

二十一、农业行业标准《垫江白柚》(NY/T 698—2003)

2003 年 12 月 1 日发布，2004 年 3 月 1 日实施，适用于垫江白柚鲜果。

1. 基本要求

同一品种或相似品种，果实呈卵圆形，顶端圆，微具环纹，果形端正，果面黄色，果肉黄白色。果实新鲜饱满，无萎蔫现象。具有该品种成熟后固有的香气和正常风味，多汁化渣。无腐果、重伤果。

2. 感官指标

见表 1-70。

表 1-70　垫江白柚感官指标

项　目	优　等	合　格
果面	果面洁净，无日灼伤和未愈合的机械伤，干疤、油斑、介壳虫危害斑、锈壁虱危害斑和煤烟病菌污染等一切附着物的合并面积不超过果面总面积的 3%，其中最大斑面积≤0.25 cm²	果面较洁净，无未愈合的机械伤，日灼伤、干疤、油斑、介壳虫危害斑、锈壁虱危害斑和煤烟病菌污染等一切附着物的合并面积不得超过果面总面积的 5%，其中最大斑面积≤2 cm²

3. 理化指标

见表 1-71。

表 1-71　垫江白柚理化指标

项　目	可溶性固形物（%）	固酸比	可食率（%）
指标	≥9	≥8	≥43

4. 规格划分

见表 1 - 72。

表 1 - 72　垫江白柚规格划分

规　　格	LL	L	M	S
质量 m（g）	$1\,400{\leqslant}m{\leqslant}1\,600$	$1\,200{\leqslant}m{<}1\,400$	$1\,000{\leqslant}m{<}1\,200$	$800{\leqslant}m{<}1\,000$

5. 卫生指标

应符合 GB 2762、GB 2763、GB 2763.1 的规定。

二十二、农业行业标准《丰都红心柚》（NY/T 1271—2007）

2007 年 4 月 17 日发布，2007 年 7 月 1 日实施，适用于丰都红心柚鲜果。

1. 基本要求

果实新鲜饱满，果面洁净。具有成熟丰都红心柚的基本特征。

2. 感官指标

见表 1 - 73。

表 1 - 73　丰都红心柚感官指标

项　　目	一　　等	二　　等
果形	果实近圆柱形或倒卵圆形，果形端正，整齐度高	果实近圆柱形或倒卵圆形，果形较端正，整齐度较高
色泽	果面金黄色，着色良好	果面金黄色或黄色，着色较好
果面	果面光滑清洁，无未愈合的机械伤。干疤、油斑、病虫害斑等斑点数不多于 10 个，单个斑最大面积$<0.8\ cm^2$	果面较光滑清洁，无未愈合的机械伤。干疤、油斑、病虫害斑等斑点数不多于 30 个，单个斑最大面积$<2\ cm^2$

3. 规格划分

见表 1 - 74。

表 1 - 74　丰都红心柚规格划分

规　　格	大（L）	中（M）	小（S）
质量（g）	$1\,501{\sim}2\,000$	$1\,001{\sim}1\,500$	$700{\sim}1\,000$

二十三、国家标准《琯溪蜜柚》（GB/T 27633—2011）

2011 年 12 月 30 日发布，2012 年 4 月 1 日实施，适用于鲜食琯溪蜜柚。

1. 基本要求

具有本品种的固有特征，绿黄色，无萎蔫、裂果，无黄斑病斑，无粗大油胞，无溃疡病斑和深疤。

2. 等级指标

见表 1 - 75。

表 1-75　琯溪蜜柚等级指标

项 目	特　等				一　等				二　等			
	特级	一级	二级	三级	特级	一级	二级	三级	特级	一级	二级	三级
单果重（g）	1 400～1 700	>1 700～2 000	1 100～<1 400	>2 000 或<1 100	1 400～1 700	>1 700～2 000	1 100～<1 400	>2 000 或<1 100	1 400～1 700	>1 700～2 000	1 100～<1 400	>2 000 或<1 100
果形	果形端正				果形尚端正，但不得有畸形果							
色泽	色泽均匀，采收时允许有黄绿色，但不超过果面的30%				色泽均匀，采收时允许有黄绿色，但不超过果面的50%				色泽较均匀，采收时允许有黄绿色，但不超过果面的70%			
果面	果面光滑洁净，允许有极轻微的表面缺陷				果面光滑洁净，病虫害等造成的附着物合并计算，其面积不超过果面的10%，但这些缺陷不能影响果实的果肉				果面光滑尚洁净，病虫害等造成的附着物合并计算，其面积不超过果面的15%，但这些缺陷不能影响果实的果肉			
风味	整果有香气，果肉酸甜适度											

3. 理化指标

见表 1-76。

表 1-76　琯溪蜜柚理化指标

项　目	可溶性固形物（%）	可食率（%）	果皮厚度（cm）	总酸度（%）
指标	≥10	≥60	≤1.5	≤1.1

4. 卫生指标

应符合 GB 2762、GB 2763、GB 2763.1 的规定。

二十四、农业行业标准《梁平柚》（NY/T 699—2003）

2003 年 12 月 1 日发布，2004 年 3 月 1 日实施，适用于梁平柚鲜果。

1. 基本要求

同一品种或相似品种，果实呈扁圆形，平顶，果形端正，果面金黄色。果面洁净，果实新鲜饱满，无萎蔫现象。具有该品种成熟后固有的香气和正常风味，细嫩化渣，微带苦麻味。无腐果、重伤果。

2. 感官指标

见表 1-77。

表 1-77　梁平柚感官指标

项　目	优　等	合　格
果面	果面光滑，无日灼伤和未愈合的机械伤，干疤、油斑、介壳虫危害斑、锈壁虱危害斑和煤烟病菌污染等一切附着物的合并面积不超过果面总面积的3%，其中最大斑面积≤0.25 cm²	果面较光滑，日灼伤、干疤、油斑、介壳虫危害斑、锈壁虱危害斑和煤烟病菌污染等一切附着物的合并面积不超过果面总面积的5%，其中最大斑面积≤2 cm²

3. 理化指标

见表 1-78。

表 1 - 78　梁平柚理化指标

项　　目	可溶性固形物（%）	固酸比	可食率（%）
指标	≥9	≥15	≥55

4. 规格划分

见表 1 - 79。

表 1 - 79　梁平柚规格划分

规　　格	LL	L	M	S
质量 m（g）	1 200≤m≤1 400	1 000≤m<1 200	800≤m<1 000	600≤m<800

5. 卫生指标

应符合 GB 2762、GB 2763、GB 2763.1 的规定。

二十五、供销合作行业标准《红肉蜜柚质量等级》（GH/T 1363—2021）

2021 年 12 月 24 日发布，2022 年 3 月 1 日实施，适用于红肉蜜柚的质量分级。

1. 基本要求

具有品种典型特征，不得有畸形、裂果，无腐败，无冷害、冻害，无异味。

2. 等级指标

红肉蜜柚鲜果按感官和质量指标分为特级、一级、二级和三级，见表 1 - 80。

表 1 - 80　红肉蜜柚等级指标

规格	特级	一级	二级	三级
单果重 m（g）	1 250≤m<1 750	1 750≤m<2 250	750≤m<1 250	2 250≤m 或 m<750
果形	果形端正，近梨形，无泡皮	允许非畸形葫芦头，允许轻微泡皮	允许非畸形葫芦头，允许轻微泡皮	
色泽	果面黄色，色泽均匀，青头面积不超过果面的 10%	色泽均匀，青头面积不超过果面的 30%	色泽较均匀，青头面积不超过果面的 50%	
果面	果面光滑洁净，允许有极轻微的表面缺陷，其中干疤、病虫害斑等不超过 3 个	果面光滑洁净，不得有严重表面缺陷，其中干疤、病虫害斑等不超过 10 个，单个斑最大面积小于 0.8 cm²	果面光滑尚洁净，不得有严重表面缺陷，其中干疤、病虫害斑等不超过 30 个，单个斑最大面积小于 2 cm²	
果肉	果粒饱满，水分充足，无木质化	果粒饱满，略有松散，木质化不超过果肉的 1/8	果粒尚饱满，略有松散，木质化不超过果肉的 1/5	
颜色	呈粉红色至深红色	呈淡粉色至深红色	呈橙黄色至深红色	
风味	整果有柚子典型香气，果肉酸甜适度			

3. 理化指标

见表 1 - 81。

表 1 - 81　红肉蜜柚等级指标

项目	指标
可溶性固形物（%）	≥9
可食率（%）	≥60
果皮厚度（cm）	≤1.5

二十六、农业行业标准《沙田柚》（NY/T 868—2004）

2005 年 1 月 4 日发布，2005 年 2 月 1 日实施，适用于沙田柚鲜果。

1. 基本要求

果实成熟，适时采收。着色程度、品质、风味等指标符合各等级果实的最低要求。

2. 等级指标

见表 1 - 82。

表 1 - 82　沙田柚等级指标

项目	一　等			二　等		
	特级	一级	二级	特级	一级	二级
单果重（g）	≥1 300	1 100～1 299	900～1 099	≥1 300	1 100～1 299	900～1 099
果形	果实呈梨形或近梨形，果顶中心微凹，有印环，似古铜钱状，俗称"金钱底"，无畸形			果实呈梨形或近梨形，果顶中心微凹，常有印环或放射沟纹，无畸形		
色泽	着色良好			着色较好		
果面	果面光滑，新鲜饱满，果面清洁			果面尚光滑，新鲜饱满，果面较清洁		
缺陷	无机械伤。无影响外观的旧伤痕及病虫斑，其分布面积合并计算不超过单个果皮总面积的 8%，无腐烂果			无新的机械伤。无影响外观的旧伤痕及病虫斑，其分布面积合并计算不超过单个果皮总面积的 15%，无腐烂果		
果形指数	≥1.1					
风味	清甜、质脆化渣、无异味					

3. 理化指标

见表 1 - 83。

表 1 - 83　沙田柚理化指标

项目	可溶性固形物（%）	可滴定酸（%）	固酸比	可食率（%）
指标	≥11	≤0.5	≥22	≥40

4. 卫生指标

应符合 GB 2762、GB 2763、GB 2763.1 的规定。

二十七、农业行业标准《五布柚》（NY/T 1270—2007）

2007 年 4 月 17 日发布，2007 年 7 月 1 日实施，适用于五布柚鲜果。

1. 基本要求

果实新鲜饱满，果面洁净。具有成熟五布柚的基本特征。

2. 感官指标

见表 1 - 84。

表 1 - 84　五布柚感官指标

项　　目	一　　等	二　　等
果形	果实阔卵圆形或扁圆锥形，果形端正，整齐度高	果实阔卵圆形或扁圆锥形，果形较端正，整齐度较高
色泽	果面着色良好	果面着色较好
果面	果面光滑清洁，无未愈合的机械伤。干疤、油斑、病虫害斑等斑点数不多于 10 个，单个斑最大面积＜0.8 cm²	果面较光滑清洁，无未愈合的机械伤。干疤、油斑、病虫害斑等斑点数不多于 30 个，单个斑最大面积＜2 cm²

3. 规格划分

见表 1 - 85。

表 1 - 85　五布柚规格划分

规格	大（L）	中（M）	小（S）
质量（mg）	1 501～2000	1 001～1 500	750～1 000

二十八、农业行业标准《香柚》（NY/T 1265—2007）

2007 年 4 月 17 日发布，2007 年 7 月 1 日实施，适用于香柚鲜果。

1. 基本要求

果实新鲜饱满，果面清洁，无检疫性病虫害，无严重的机械伤及其他斑块。风味正常，具有香柚的固有特征、风味和香气。

2. 感官指标

见表 1 - 86。

表 1 - 86　香柚感官指标

项　　目	特　　级	一　　级	二　　级
果形	具有香柚典型特征，果形端正，整齐	具有香柚典型特征，果形端正，较整齐	具有香柚典型特征，果形较端正
色泽	黄色，着色均匀	黄色或浅黄色，着色均匀	黄色或绿黄色，着色较均匀

(续)

项　目	特　级	一　级	二　级
果面	果面光滑清洁。无未愈合的机械伤。干疤、病虫害斑等合计不超过5个	果面光滑清洁。无未愈合的机械伤。干疤、病虫害斑等合计不超过15个	果面较光滑清洁。无未愈合的机械伤。干疤、病虫害斑等合计不超过30个

3. 规格划分

见表1-87。

表1-87　香柚规格划分

规　格	L	M	S
单果重 m（g）	$1\,250{\leqslant}m{\leqslant}1\,500$	$1\,000{\leqslant}m{<}1\,250$	$750{\leqslant}m{<}1\,000$

二十九、农业行业标准《玉环柚（楚门文旦）鲜果》（NY/T 588—2002）

代替《玉环柚（楚门文旦）鲜果》（NY 153—1989），2002年11月5日发布，2002年12月20日实施，适用于玉环柚鲜果的分等、分级。

1. 基本要求

应具有该品种成熟后固有的色泽、香气和正常气味。

2. 感官指标

见表1-88。

表1-88　玉环柚（楚门文旦）感官指标

项　目	Ⅰ等	Ⅱ等
果形	果形端正，扁圆形或高扁圆形，果脐微凹，果肩有轻度倾斜	果形尚端正，扁圆形或高扁圆形，果脐微凹或平，果肩有轻度倾斜，但无严重影响外观的畸形果
色泽	橙黄色或黄色，采收时允许有黄绿色，其着色部分应大于果面总面积的二分之一	黄色或浅黄色，采收时允许有浅黄绿色，其着色部分应大于果面总面积的三分之一
果面	果面光滑洁净，无萎蔫、裂果，无溃疡病斑和深疤、介壳虫、锈壁虱危害斑点、煤烟病菌污染、药迹、泥土等，一切附着物合并计算，其面积不得超过果面总面积的10%。无未愈合的机械伤、日灼伤。允许不影响外观的疏网纹	果面光滑洁净，无萎蔫、裂果，无溃疡病斑和病变深疤、介壳虫、锈壁虱危害斑、煤烟病菌污染、药迹、泥土等，一切附着物合并计算，其面积不得超过果面总面积的20%。无未愈合的机械伤、日灼伤。允许不严重影响外观的风伤和疏网纹
风味	整果有香气，果肉甜酸适度	

3. 理化指标

可溶性固形物不低于10%。可食率不低于50%。

4. 规格划分

见表1-89。

表 1 - 89　玉环柚（楚门文旦）规格划分

规　　格	3 L	2 L	L	M	S
质量（g）	1 750～2 000	1 500～1 749	1 250～1 499	1 000～1 249	750～999

5. 卫生指标

应符合 GB 2762、GB 2763、GB 2763.1 的规定。

三十、国家标准《金桔》（GB/T 33470—2016）

2016 年 12 月 30 日发布，2017 年 7 月 1 日实施，适用于金弹中的金桔鲜果（含滑皮金桔）。

1. 基本要求

具有金桔特有芳香、皮薄、质脆、酸甜适口、化渣等品种固有的特征和风味。具有适于市场流通、销售或储藏要求的成熟度。果实保持完整。新鲜洁净。不带非正常的外来水分。

2. 感官指标

见表 1 - 90。

表 1 - 90　金桔感官指标

项　目	特　级	一　级	二　级	三　级	四　级
清洁度	果面清洁，即果皮受泥尘、药迹等污染的面积不得超过 5%		果面较清洁，即果皮受泥尘、药迹等污染的面积不得超过 20%		
色泽	呈橙色、橙黄色、黄色或金黄色，着色面积达 90%以上		呈黄色或浅黄色，着色面积达 80%以上		
果形	端正，椭圆形、卵状椭圆形、近球形，形状整齐		大部分基本端正，无明显畸形		
表面质量缺陷	病虫斑面积合计不超过总面积的 3%，不得有机械伤等一切变质和腐烂或有腐烂症状的果实		病虫斑面积合计不超过总面积的 5%，不得有机械伤等一切变质和腐烂或有腐烂症状的果实		

3. 理化指标

见表 1 - 91。

表 1 - 91　金桔可溶性固形物含量

金桔种类	特　级	一　级	二　级	三　级	四　级
金桔鲜果	≥15%	13%～<15%		11%～<13%	
滑皮金桔鲜果	≥20%	16%～<20%		13%～<16%	

4. 规格划分

见表 1 - 92。

表 1-92　金桔规格划分

金桔种类	单果重（g）				
	特级	一级	二级	三级	四级
金桔	23～30	20～<23	17～<20	>14～<17	≤14
滑皮金桔	20～25	17～<20	14～<17	11～<14	8～<11

5. 卫生指标

应符合 GB 2762、GB 2763、GB 2763.1 的规定。

三十一、国家标准《地理标志产品　尤溪金柑》（GB/T 22738—2008）

2008 年 12 月 28 日发布，2009 年 6 月 1 日实施，适用于国家质量监督检验检疫行政主管部门根据《地理标志产品保护规定》批准保护的尤溪金柑。

1. 感官指标

见表 1-93。

表 1-93　地理标志产品尤溪金柑感官指标

项　目	一　等	二　等
果形	椭圆形或倒卵形，果形端正，较均匀	椭圆形或倒卵形，果形较端正，基本均匀
色泽	橙黄色，着色均匀，具该品种成熟果实特征色泽	黄色至橙黄色，着色较均匀，具该品种成熟果实特征色泽
果面	光洁，无萎蔫、裂果，果面无明显斑点	较光洁，无萎蔫、裂果，果面明显斑点面积不超过果面总面积的 3%
风味	果皮厚脆，略带金柑固有的辛辣味；酸甜可口，有香气，无异味	

2. 理化指标

见表 1-94。

表 1-94　地理标志产品尤溪金柑理化指标

项　目	可溶性固形物（%）	总酸（%）	固酸比
指标	≥11	≤1	≥11

3. 规格划分

见表 1-95。

表 1-95　地理标志产品尤溪金柑规格划分

规　格	特　级	一　级	二　级
单果重 m（g）	$m \geq 22$	$22 > m \geq 18$	$18 > m \geq 14$

4. 卫生指标

应符合 GB 2762、GB 2763、GB 2763.1 的规定。

三十二、国家标准《柠檬》（GB/T 29370—2012）

2012 年 12 月 31 日发布，2013 年 7 月 13 日实施，适用于柠檬鲜果。

1. 基本要求

果实具有适于市场或储运要求的成熟度。果实完好、果面洁净，无异味。无严重的机械损伤或过大的愈合口。无腐烂、变质果，无裂果、冻伤果。果面干燥，但冷藏取出后的表面结冰和冷凝现象除外。

2. 等级指标

感官指标见表 1-96。理化指标见表 1-97。

表 1-96　柠檬感官指标

项　目	优等果	一等果	二等果
果形	具有该品种典型特征，果形端正、整齐	具有该品种典型特征，果形端正、较一致	具有该品种典型特征，果形较端正、无明显畸形果
果面	果面光滑。无日灼伤、干疤、病虫斑等缺陷；无萎蔫；单果斑点直径≤1 mm，斑点不超过 2 个	果面较光滑。允许有轻微的日灼伤、干疤、病虫斑、机械伤等缺陷；基本无萎蔫；单果斑点直径≤1.5 mm，斑点不超过 4 个	果面较光滑。允许有轻微的日灼伤、干疤、病虫斑、机械伤等缺陷；基本无萎蔫；单果斑点直径≤2 mm，斑点不超过 6 个
色泽	该品成熟期固有色泽，均匀一致		

表 1-97　柠檬理化指标

项　目	优等果	一等果	二等果
可溶性固形物（%）	≥7	≥6	≥6
总酸含量（g/100 mL）	≥4.5	≥4	≥4
果汁率（%）	≥30	≥25	≥25

3. 规格划分

见表 1-98。

表 1-98　柠檬规格划分

规　格	3 L	2 L	L	M	S	2S
果实横径 d（mm）	75≤d<80	70≤d<75	65≤d<70	55≤d<65	50≤d<55	45≤d<50

4. 卫生指标

应符合 GB 2762、GB 2763、GB 2763.1 的规定。

第七节　甘　蔗

我国制定有农业行业标准《甘蔗等级规格》（NY/T 3271—2018）。该标准于 2018 年 7 月 27 日发布，2018 年 12 月 1 日实施，适用于鲜食甘蔗等级规格的划分，不适用于糖料甘蔗。

1. 基本要求

洁净，无夹杂物；完好；外观新鲜，硬实，无脱水、皱缩；无异味；无腐烂和变质；无冻害、水浸和蒲心；无病变和虫害症状。

2. 等级指标

感官指标见表 1-99，理化指标见表 1-100。

表 1-99 甘蔗感官指标

项 目	特 级	一 级	二 级
外观	同一品种，具该品种固有色泽；直立；均匀；表皮完整、光滑；无气生根	同一品种，具该品种固有色泽；较直立；较均匀；表皮较完整、光滑；无明显气生根	同一品种，与该品种固有色泽无明显差异；基本端正；基本均匀；表皮基本完整、光滑；允许有少量气生根
口感	皮薄易拨；口感松脆；清甜可口；有果香味；蔗渣少	皮稍硬；口感清脆；较清甜可口；食后有蔗渣，嚼后成团	皮稍硬；口感较硬；有甘蔗固有甜味；食后蔗渣较碎
缺陷	无虫蛀节；无水裂；无机械损伤	无明显的虫蛀节；无明显水裂；无明显的机械损伤	允许有轻微的虫蚀；允许有轻微的水裂；允许有轻微的机械损伤

表 1-100 甘蔗理化指标

项 目	特 级	一 级	二 级
节间长度（cm）	>11	10～11	9～<10
茎径（cm）	4～4.5	3.5～<4	3～<3.5
糖锤度*（%）	>14	13～14	12～<13

* 蔗汁中可溶性固形物的含量。

3. 规格划分

见表 1-101。

表 1-101 甘蔗规格划分

规 格	单茎质量（kg）
大（L）	>3.5
中（M）	2.0～3.5
小（S）	<2.0

第八节 橄 榄

我国制定有林业行业标准《油橄榄》（LY/T 1532—2021），代替《油橄榄鲜果》（LY/T 1532—1999），2021 年 6 月 30 日发布，2022 年 1 月 1 日实施，适用于油橄榄的采收和加工。

1. 油用品种鲜果

油橄榄油用品种鲜果分级指标见表 1-102。

表 1-102　油橄榄油用品种鲜果分级指标

干果（基）含油率（%）	一级	二级	三级	残次果（%）	腐烂果	杂质（%）
>40	$4\geqslant MI>2$	$MI>4$	$MI\leqslant 2$	≤1	无	0
35～40	$4\geqslant MI>2$	$MI>4$	$MI\leqslant 2$	≤1	无	0
30～34	$4\geqslant MI>2$	$MI>4$	$MI\leqslant 2$	≤1	无	≤1

注：MI 为果实成熟指标。

2. 果用品种鲜果

用于制作果用青橄榄的鲜果色泽为黄绿色，果实硬或稍硬。用于制作果用黑橄榄的鲜果色泽为红黑色、紫黑色、深紫色或黑色，果实稍软。果用品种鲜果分级指标见表 1-103。

表 1-103　油橄榄果用品种鲜果分级指标

果实分级		平均单果重（g）	平均果肉率（%）	残次果（%）	杂质（%）	腐烂果
等级	名称					
1	特大果型	>6	≥85	0	0	无
2	大果型	5～6	≥85	0	0	无
3	中等果型	3～4	≥80	≤1	≤1	无
4	小果型	2	≥75	≤1	≤1	无

第九节　鲜 枸 杞

我国制定有供销合作行业标准《鲜枸杞》（GH/T 1302—2020）。该标准于 2020 年 12 月 7 日发布，2021 年 3 月 1 日实施，适用于红枸杞鲜果的收购与销售。

1. 基本要求

果粒呈鲜红或橙黄色。果实微甜、多汁、无异味。无杂质和无食用价值果粒。

2. 等级指标

见表 1-104。

表 1-104　鲜枸杞等级指标

项　目		特　等	一　等	二　等
外观要求	果面缺陷	长椭圆形、矩圆形或近球形，表面无皱缩，顶端无凹陷	长椭圆形、矩圆形或近球形，表面有少许皱缩，顶端无凹陷	长椭圆形、矩圆形或近球形，表面有少许皱缩，顶端允许出现轻微凹陷
	果梗	果梗完整	果梗完整	允许有少量果粒梗缺失
	成熟度	不允许有未熟果和过熟果	允许有不超过 1% 未熟果和过熟果	允许有不超过 2% 未熟果和过熟果

（续）

项　目		特　等	一　等	二　等
理化要求	百粒重（g）	≥80	≥65	≥50
	可溶性固形物（%）	≥15	≥15	≥15
	枸杞多糖（%）	≥0.7	≥0.7	≥0.7

第十节　红　毛　丹

我国制定有农业行业标准《红毛丹》（NY/T 485—2002）。该标准于2002年1月4日发布，2002年2月1日实施，适用于红色果类和黄色果类的红毛丹鲜果的质量评定和贸易。

1. 基本要求

果实达到适当成熟度采摘。品种纯正，果实新鲜。具有该品种成熟时固有的色泽、正常的风味及品质。外观洁净，不得沾染泥土或被其他外物污染。

2. 等级指标

见表1-105。

表1-105　红毛丹等级指标

项　目	优　等	一　等	二　等
果形	具该品种特征，大小均匀一致	具该品种类似特征，形状较一致	具该品种类似特征，大小比较一致，无明显畸形果
色泽	着色良好，刺毛鲜艳、完整	着色较好，刺毛较完整	着色较好，刺毛基本完整
果肉	肉质新鲜，口感爽滑、甜脆，风味正常，厚度均匀，弹性好	肉质新鲜，口感爽滑、甜脆，风味正常，厚度均匀，弹性好	肉质新鲜，口感爽滑、脆，风味正常，厚度均匀，弹性好
穗梗	穗梗长≤3 cm，无空果穗枝，无不合格果枝	穗梗长≤3 cm，无空果穗枝	穗梗长≤3 cm，无空果穗枝
病虫害及缺陷	无病虫害，允许有极轻微缺陷，但不影响果实外观和内在品质	无病虫害，允许有较轻微缺陷，但不影响果实外观和内在品质	无病虫害，允许有轻微缺陷，但不影响果实内在品质

3. 理化指标

见表1-106。

表1-106　红毛丹理化指标

项　目		优　等	一　等	二　等
千克果数	大果型（个）	≤21	≤24	≤28
	中果型（个）	≤25	≤28	≤32
	小果型（个）	≤32	≤36	≤39
可溶性固形物（%）		≥14		
可食率（%）		黄色果类≥55；红色果类≥40		

4. 卫生要求

应符合 GB 2762、GB 2763、GB 2763.1 的规定。

第十一节　黄　　皮

我国制定有农业行业标准《黄皮》（NY/T 692—2020）。该标准代替《黄皮》（NY/T 692—2003），2020 年 11 月 12 日发布，2021 年 4 月 1 日实施，适用于黄皮鲜果生产、检验和销售。

1. 感官指标

见表 1 - 107。

表 1 - 107　黄皮感官指标

项　目	优　级	一　级	二　级
成熟度	发育正常，具有该品种成熟时固有的外观特征		
果穗整齐度	果粒大小一致、分布均匀，紧凑，无空果枝	果粒大小一致、分布均匀，紧凑，无空果枝	果粒大小一致、分布均匀，较紧凑，无空果枝
色泽风味	果实新鲜，具有该品种成熟果固有的色泽，风味正常		
缺陷果及夹杂物	无缺陷果及夹杂物	无腐烂果，缺陷果及夹杂物不大于总果质量的 3%	无腐烂果，缺陷果及夹杂物不大于总果质量的 8%

2. 理化指标

见表 1 - 108。

表 1 - 108　黄皮理化指标

项目	可食率（%）	可溶性固形物（%）
指标	≥40	≥11

2. 规格划分

见表 1 - 109。

表 1 - 109　黄皮规格划分

规　　格	千克果数（个）
大	≤100
中	101～170
小	171～250

4. 卫生指标

应符合 GB 2762、GB 2763、GB 2763.1 的规定。

第十二节 火龙果

一、农业行业标准《火龙果等级规格》（NY/T 3601—2020）

2020年3月20日发布，2020年7月1日实施，适用于火龙果的等级规格划分。

1. 基本要求
——达到该品种作为商品所需的成熟度，具有该品种固有的形状、色泽、风味和口感；
——果体完整，果皮和叶状鳞片颜色鲜明，无机械损伤、腐烂和病虫害；
——剪截后的果柄长度不超过果肩，果面无污染。

2. 感官指标
见表1-110。

表1-110 火龙果感官指标

项　目	优　等	一　等	二　等
外观	果实饱满，果皮光滑紧实，叶状鳞片新鲜	果实饱满，果皮光滑紧实，叶状鳞片较新鲜	果实较饱满，果皮光滑，叶状鳞片轻微黄化
色泽	果皮和叶状鳞片具有该品种特有的颜色，均匀，有光泽	果皮和叶状鳞片具有该品种特有的颜色，稍有光泽	果皮和叶状鳞片具有该品种特有的颜色，光泽不明显
缺陷	果形无缺陷，果皮和叶状鳞片无机械损伤和斑痕。果顶盖口无或仅有轻微皱缩或裂口	果形有轻微缺陷，果皮和叶状鳞片有缺陷，但面积总和不应超过总面积的5%。果顶盖口出现明显皱缩或轻微裂口	果形有缺陷，果皮和叶状鳞片有缺陷，但面积总和不应超过总面积的10%。果顶盖口出现明显皱缩或明显裂口

3. 规格划分
见表1-111。

表1-111 火龙果规格划分

品　类	单果重（g）			
	特大（XL）	大（L）	中（M）	小（S）
红皮白肉	>500	401～500	300～400	<300
红皮红肉	>450	351～450	250～350	<250
同一包装中最大果与最小果质量差异	≤50	≤40	≤30	≤20

二、国内贸易行业标准《火龙果流通规范》（SB/T 10884—2012）

2013年1月4日发布，2013年7月1日实施，适用于白肉火龙果流通的经营和管理，其他品种火龙果的流通参照执行。

1. 基本要求
达到该品种作为商品所需的成熟度，具有该品种固有的色泽、香味、口感和形状。果体完整、果皮和叶状鳞片颜色鲜明，无机械损伤、腐烂、病虫害和畸形，无异味。果柄剪截后的长度不超过果肩，切口平整无污染。

2. 等级指标

见表 1 - 112。

表 1 - 112　白肉火龙果等级指标

项　目	一　级	二　级	三　级
成熟度	发育充分，果实饱满，果皮结实，肉质叶状鳞片肥厚新鲜。果顶盖口出现皱缩或轻微裂口	发育较充分，果实较饱满，果皮较结实，肉质叶状鳞片肥厚。果顶盖口出现明显皱缩或裂口	发育较充分，果实较饱满，果皮变软，肉质叶状鳞片轻微黄化、萎蔫。果顶盖口出现明显皱缩或明显裂口
新鲜度	果皮和叶状鳞片有光泽；果肉细脆多汁	果皮和叶状鳞片稍有光泽；果肉较细	果皮和叶状鳞片光泽不明显；果肉偏软
完整度	果形和颜色无缺陷；果皮和叶状鳞片无机械损伤和斑痕	果形和颜色有轻微缺陷；果皮和叶状鳞片有缺陷，但面积总和不超过总面积的 5%，且不影响果肉	果形和颜色有缺陷；果皮和叶状鳞片有缺陷，但面积总和不超过总面积的 10%，且不影响果肉
均匀度	果形端正，颜色、大小均匀，同一包装中单果重量差异≤5%	果形较端正，颜色、大小较均匀，同一包装中单果重量差异≤10%	大小较均匀，同一包装中单果重量差异≤15%

3. 卫生指标

应符合 GB 2762、GB 2763、GB 2763.1 的规定。

第十三节　蓝　　莓

一、国家标准《蓝莓》(GB/T 27658—2011)

2011 年 12 月 30 日发布，2012 年 4 月 1 日实施，适用于鲜食蓝莓。

1. 基本要求

具有本品种固有的特征和风味。具有适应市场销售或储存要求的成熟度。果实保持完整良好。新鲜洁净，无异味。无非正常的外来水分。无病虫果。

2. 等级指标

见表 1 - 113。

表 1 - 113　蓝莓等级指标

指　标	优　等	一　等	二　等
果粉	完整	完整	不作要求
果蒂撕裂	无	≤1%	≤2%
果形	具有本品种应有的特征，无缺陷	具有本品种应有的特征，允许有轻微缺陷	具有本品种应有的特征，允许有缺陷，不得有畸形果
成熟度	不允许有未熟果和过熟果	允许有不超过 1% 的未熟果和过熟果	允许有不超过 2% 的未熟果和过熟果

3. 卫生指标

应符合 GB 2762、GB 2763、GB 2763.1 的规定。

二、农业行业标准《农产品等级规格 蓝莓》（NY/T 3033—2016）

2016 年 12 月 23 日发布，2017 年 4 月 1 日实施，适用于鲜食蓝莓的等级规格划分。

1. 基本要求

——具有适于市场销售或储存要求的成熟度；

——同一品种，果实完好，无异味；

——无机械损伤或过大的愈合口，无日灼伤、病虫斑等缺陷；

——无畸形、腐烂果和变质果，无裂果和冻伤果；

——果面清洁、干燥；

——无可见异物。

2. 等级指标

见表 1-114。

表 1-114 蓝莓等级指标

指 标	特 级	一 级	二 级
果粉	完整	完整	—
果蒂撕裂	无	≤1%	≤2%
果形	具有该品种典型特征，无缺陷	具有该品种典型特征，允许有轻微缺陷	具有该品种典型特征，允许有轻微缺陷
成熟度	无过熟果和未熟果	允许有不超过 1% 的过熟果和未熟果	允许有不超过 2% 的过熟果和未熟果

3. 规格划分

见表 1-115。

表 1-115 蓝莓规格划分

规 格	特大（XL）	大（L）	中（M）	小（S）
果实横径 d（mm）	$d \geqslant 18$	$15 \leqslant d < 18$	$12 \leqslant d < 15$	$10 \leqslant d < 12$

三、供销合作行业标准《冷冻蓝莓》（GH/T 1229—2018）

2018 年 6 月 20 日发布，2018 年 10 月 1 日实施，适用于单体速冻蓝莓，其他冷冻蓝莓可参考该标准。

1. 感官指标

见表 1-116。

表 1 - 116 冷冻蓝莓感官指标

项　目	优　等	一　等	二　等
基本要求	大小均匀，具有成熟蓝莓固有的气味和滋味，无异味，无肉眼可见外来杂质，无黏连、结块		
组织状态	果形饱满，裂果率和变形率≤5%	果形饱满，裂果率和变形率≤10%	果形饱满，裂果率和变形率≤15%
色泽	具有该品种固有的色泽，蓝黑色，青果率和红果率≤2%	具有该品种固有的色泽，蓝黑色，青果率和红果率≤5%	具有该品种固有的色泽，蓝黑色到紫红色，青果率和红果率≤10%
杂质（个/kg）	果柄、叶片、花等内源性杂质≤5	果柄、叶片、花等内源性杂质≤15	果柄、叶片、花等内源性杂质≤30

2. 安全指标

应符合 GB 2762、GB 2763、GB 2763.1 的规定。

3. 微生物指标

应符合 GB 29921 和 NY/T 2983 的规定。

第十四节　梨

一、国家标准《鲜梨》（GB/T 10650—2008）

代替《鲜梨》（GB/T 10650—1989），2008 年 8 月 7 日发布，2008 年 12 月 1 日实施，适用于鸭梨、雪花梨、酥梨、长把梨、大香水梨、茌梨、苹果梨、早酥梨、大冬果梨、巴梨、晚三吉梨、秋白梨、南果梨、库尔勒香梨、新世纪梨、黄金梨、丰水梨、爱宕梨、新高梨等主要鲜梨品种的商品收购。其他未列入的品种可参照执行。

1. 等级指标

见表 1 - 117。

表 1 - 117 鲜梨等级指标

指　标	优　等	一　等	二　等
基本要求	具有本品种固有的特征和风味；具有适于市场销售或储藏要求的成熟度；果实完整良好；新鲜洁净，无异味和非正常风味；无外来水分		
果形	果形端正，具有本品种固有的特征	果形正常，允许有轻微缺陷，具有本品种应有的特征	果形允许有缺陷，但仍保持本品种应有的特征，不得有偏缺过大的畸形果
色泽	具有本品种成熟时应有的色泽	具有本品种成熟时应有的色泽	具有本品种应有的色泽，允许色泽较差
果梗	果梗完整（不包括商品化处理造成的果梗缺损）	果梗完整（不包括商品化处理造成的果梗缺损）	允许果梗轻微损伤
大小整齐度	果实横径差异＜5 mm		

(续)

指　标		优　等	一　等	二　等
果面缺陷	刺伤、破皮划伤	无	无	无
	碰压伤	无	无	允许轻微碰压伤，总面积≤0.5 cm²，其中最大处面积≤0.3 cm²；伤处不得变褐，对果肉无明显伤害
	磨伤（枝磨、叶磨）	无	无	允许不严重影响果实外观的轻微磨伤，总面积≤1 cm²
	水锈、药斑	允许轻微薄层，总面积不超过果面的1/20	允许轻微薄层，总面积不超过果面的1/10	允许轻微薄层，总面积不超过果面的1/5
	日灼伤	无	允许轻微的日灼伤，总面积≤0.5 cm²。但不得有伤部果肉变软	允许轻微的日灼伤，总面积≤1 cm²。但不得有伤部果肉变软
	雹伤	无	无	允许轻微者2处，每处面积≤1 cm²
	虫伤	无	允许干枯虫伤2处，总面积≤0.2 cm²	干枯虫伤处数不限，总面积≤1 cm²
	病害	无	无	无
	虫果	无	无	无

注：果面缺陷，优等不超过1项，一等不超过2项，二等不超过3项。

2. 理化指标

见表1-118。

表1-118　鲜梨理化指标

品　种	果实硬度（kg/cm²）	可溶性固形物（%）
鸭梨	4～5.5	≥10
酥梨	4～5.5	≥11
茌梨	6.5～9	≥11
雪花梨	7～9	≥11
香水梨	6～7.5	≥12
长把梨	7～9	≥10.5
秋白梨	11～12	≥11.2
新世纪梨	5.5～7	≥11.5
库尔勒香梨	5.5～7.5	≥11.5
黄金梨	5～8	≥12
丰水梨	4～6.5	≥12
爱宕梨	6～9	≥11.5
新高梨	5.5～7.5	≥11.5

3. 卫生指标

应符合 GB 2762、GB 2763、GB 2763.1 的规定。

二、农业行业标准《巴梨》(NY/T 865—2004)

2005 年 1 月 4 日发布，2005 年 2 月 1 日实施，适用于鲜巴梨。

1. 等级指标

见表 1-119。

表 1-119 巴梨等级指标

指　标		特　等	一　等	二　等
基本要求		具有果实成熟时应有的品种特征，新鲜洁净，无异味，果梗完整	具有果实成熟时应有的品种特征，新鲜洁净，无异味，果梗完整	允许果形稍有缺陷，无畸形果
果面缺陷	碰压伤	无	无	允许轻微压伤，总面积＜0.5 cm²
	刺伤	无	无	无
	擦伤	允许轻微擦伤，总面积＜0.5 cm²	允许轻微擦伤，总面积＜1 cm²	允许轻微擦伤，总面积＜2 cm²
	日灼伤	无	无	允许轻微日灼伤，总面积＜0.5 cm²
	雹伤	无	无	允许轻微雹伤，总面积＜0.5 cm²
	果锈	允许轻微果锈，总面积＜0.5 cm²	允许轻微果锈，总面积＜1 cm²	允许轻微果锈，总面积＜2 cm²
	药斑	无	允许轻微药斑，总面积＜0.5 cm²	允许轻微药斑，总面积＜1 cm²
	虫伤	无	允许干枯虫伤，总面积＜0.1 cm²	允许干枯虫伤，总面积＜0.5 cm²
	病果	无	无	无
	虫果	无	无	无
单果重（g）		≥260	≥220	≥180
容许度		果面缺陷不超过 1 项，允许按重量计算有 2%的果面缺陷不合格品（应达到一等果要求）	果面缺陷不超过 2 项，允许按重量计算有 5%的果面缺陷不合格品（应达到二等果要求）	果面缺陷不超过 3 项，允许按重量计算有 8%的果面缺陷不合格品

2. 理化指标

见表 1-120。

表 1-120 巴梨理化指标

项　目	可溶性固形物（%）	总酸（%）	固酸比
指标	≥12	≤0.25	≥48

3. 卫生指标

应符合 GB 2762、GB 2763、GB 2763.1 的规定。

三、农业行业标准《砀山酥梨》（NY/T 1191—2006）

2006 年 12 月 6 日发布，2007 年 2 月 1 日实施，适用于砀山酥梨的生产和流通。

1. 等级指标

见表 1-121。

表 1-121　砀山酥梨等级指标

项　目		特　级	一　级	二　级
基本要求		完整良好，无不正常的外部水分，无异嗅和异味，果面清洁，发育正常，具有储存或市场要求的成熟度		
果形		果形端正，近圆形或马蹄形，具有本品种应有的特征	果形端正，近圆形或马蹄形，允许有轻微缺陷，具有本品种应有的特征	果形近圆形或马蹄形，允许有轻微缺陷，仍保持本品种应有的特征，不得有偏缺过大的畸形果
色泽		成熟时黄绿色，储藏后转为金黄色		
单果重（g）		250～350	200～<250 或>350	165～<200
果面缺陷	碰压伤	无	允许轻微碰压伤，总面积≤1 cm²，不得变褐	允许轻微碰压伤，总面积≤2 cm²，不得变褐
	刺伤	无	无	无
	磨伤	无	允许轻微磨伤，总面积≤2 cm²	允许轻微磨伤，总面积≤3 cm²
	水锈、药斑	无	小于 1.5 cm²	小于 2 cm²
	日灼伤	无	无	无
	雹伤	无	允许轻微雹伤，总面积≤0.3 cm²	允许轻微雹伤，总面积≤0.5 cm²
	虫伤	无	允许干枯虫伤，总面积≤0.2 cm²	允许干枯虫伤，总面积≤0.5 cm²
	病害	无	无	无
	食心虫	无	无	无

注：果面缺陷，一级不超过 1 项，二级不超过 2 项。

2. 理化指标

见表 1-122。

表 1-122　砀山酥梨理化指标

项　目	特　级	一　级	二　级
可溶性固形物（%）	≥12	≥11.5	≥11
总酸（%）	≤0.1		
果实硬度（kg/cm²）	3.5～4.5（果实采摘期）		

四、农业行业标准《黄花梨》（NY/T 1077—2006）

2006 年 7 月 10 日发布，2006 年 10 月 1 日实施，适用于黄花梨鲜果。

1. 等级指标

见表 1-123。

表 1-123　黄花梨等级指标

指　　标		特　　等	一　　等	二　　等
基本要求		充分发育，成熟，果实完整良好，新鲜洁净，无异味、不正常水分、刺伤、虫果和病害，果梗留存		
果形		果形端正，具有本品种固有的圆锥形形状		
色泽		具有成熟时应有的褐黄色色泽，套袋果为浅黄色，且均匀一致		
果面缺陷		果面洁净，不允许有刺伤、病害斑、虫害斑，以及无下列缺陷	果面洁净，不允许有刺伤、病害斑、虫害斑，下列缺陷不得超过 2 项	果面较洁净，不允许有刺伤、病害斑、虫害斑，下列缺陷不得超过 3 项
	碰压伤	无	无	允许轻微碰压伤，总面积≤0.5 cm²
	磨伤	无	允许轻微磨伤，总面积≤0.5 cm²	允许轻微磨伤，总面积≤1 cm²
	日灼伤	无	无	允许轻微日灼伤，总面积≤1 cm²，但不得有肿泡、裂开或果肉变软
	雹伤	无	无	允许轻微雹伤，总面积≤0.5 cm²
	药斑	无	无	允许轻微、薄层，总面积≤0.5 cm²
	水锈	无	允许轻微水锈，总面积≤1 cm²	允许轻微水锈，总面积≤2 cm²
单果重（g）		≥300	≥260	≥230

注：同一等级果实中，邻级果的个数不得超过 5%，不得有隔级果。

2. 理化指标

可溶性固形物，特等不小于 12%，一等和二等均不小于 11.5%。

五、农业行业标准《库尔勒香梨》（NY/T 585—2002）

2002 年 11 月 5 日发布，2002 年 12 月 20 日实施，适用于库尔勒香梨的质量判定和商品贸易。

1. 基本要求

库尔勒香梨一般为纺锤形或卵圆形，纵径平均 6.5 cm，横径平均 5.7 cm。萼洼凹或凸，萼片脱落或宿存。果梗平均长 3.7 cm，近果部膨大呈半肉质化。果面平滑或有纵向浅沟，蜡质较厚。成熟时果面底色黄绿，在一般条件下储存后可变黄，部分果实阳面带有片状或条形红晕。果点小而密、红褐色。果皮较薄，果肉乳白色，质细嫩酥脆，汁液极多，风味甜，有芳香，近果心处微酸。石细胞中少、坚硬。果心中大，靠近萼端。

2. 等级指标

见表 1-124。

表 1-124 库尔勒香梨等级指标

指 标	特 级	一 级	二 级
单果重（g）	120～160	100～<120	80～<100
果形	突顶果不超过 10%，无粗皮果、畸形果	突顶果不超过 20%，粗皮果不超过 5%，无畸形果	允许突顶果，粗皮果不超过 20%，畸形果不超过 15%
果梗	完整	完整	允许轻微损伤，但保留长度 ≥1.5 cm
色泽	黄绿或带片（条）红晕	黄绿或带片（条）红晕	允许有一定偏差
洁净度	果面洁净	允许少量污斑，总面积 ≤1 cm²	允许少量污斑，总面积≤2 cm²
缺陷果	无	无碰压伤、刺划伤、日灼伤、虫害；允许轻微磨伤，单果面积不超过 1 cm²，个数≤3%；允许轻微雹伤一处，单果面积 ≤0.5 cm²	无碰压伤、刺划伤；允许轻微磨伤，单果面积≤2 cm²，个数≤5%；允许轻微雹伤 2 处，单果面积≤2 cm²；允许轻微日灼伤，单果面积≤2 cm²，伤部果肉不得变软；允许干枯虫伤一处，面积≤0.1 cm²，深度≤0.1 cm
果实去皮硬度（kg/cm²）	5～6.9	5～6.9	4～8
可溶性固形物（%）	≥12.5	≥12	≥11
可滴定酸（%）	≤0.09	≤0.09	≤0.1
固酸比	≥140	≥130	≥120

3. 卫生指标

应符合 GB 2762、GB 2763、GB 2763.1 的规定。

六、国家标准《地理标志产品　库尔勒香梨》（GB/T 19859—2005）

2005 年 9 月 3 日发布，2006 年 1 月 1 日实施，适用于国家质量监督检验检疫行政主管部门根据《地理标志产品保护规定》批准保护的库尔勒香梨。

1. 等级指标

见表 1-125。

表 1-125 地理标志产品库尔勒香梨等级指标

项 目	特 级	一 级	二 级
品质基本要求	具有本产品的典型特征。果形端正，果面光洁，果实新鲜，无病虫害和机械损伤		
果梗	完整	完整	允许轻微损伤，保留长度≤1 cm
果面疤痕	不允许	允许轻微 2 处，单果面积≤0.8 cm²	允许轻微 3 处，单果面积≤1.8 cm²
单果重 m（g）	120≤m<150	100≤m<120	80≤m<100

2. 理化指标

见表 1 - 126。

表 1 - 126　地理标志产品库尔勒香梨理化指标

项　　目	可溶性固形物（%）	总酸（%）	果实硬度（kg/cm²）
指标	≥11.5	≤0.1	4.6～7.6

3. 卫生指标

应符合 GB 2762、GB 2763、GB 2763.1 的规定。

七、农业行业标准《莱阳梨》(NY/T 955—2006)

2006 年 1 月 26 日发布，2006 年 4 月 1 日实施，适用于莱阳茌梨（简称莱阳梨）的商品果实。

1. 感官指标

绿色至黄绿色。掐花萼果呈倒卵形，萼洼深陷有锈斑，果皮表面光亮，果点明显，果梗周围或一侧凸起，果梗稍斜或直。肉质细嫩，汁液多，石细胞少，清脆可口。

2. 等级指标

见表 1 - 127。

表 1 - 127　莱阳梨等级指标

项　　目		一　　等	二　　等	三　　等
基本要求		完整良好，新鲜洁净，无不正常的外部水分，无异味，发育正常，果形端正，果肉乳白至淡乳黄色，具有储存或市场要求的成熟度和自然色泽，无划、刺等机械损伤及病害和食心虫危害，果梗完整或剪除		
果实横径（mm）		≥90	≥85	≥80
果面缺陷	压伤	无	允许面积≤0.5 cm² 一处，不变褐	允许轻微 2 处，总面积≤1 cm²，不变褐
	磨伤	无	允许轻微磨伤，面积不超过果面的 1/12	允许轻微磨伤，面积不超过果面的 1/8
	水锈、药斑	无	允许轻微薄层，总面积不超过果面 1/12	允许轻微薄层，总面积不超过果面的 1/8
	日灼伤	无	允许呈桃红色或微发白的轻微日灼伤，总面积≤1 cm²	
	雹伤	无	允许轻微雹伤 1 处，面积≤0.5 cm²	
	虫伤	无	允许干枯虫伤 2 处，总面积≤0.2 cm²	
果实理化指标	硬度（kg/cm²）	7～9		
	可溶性固形物（%）	≥12	≥10	
	总糖量（%）	≥7		
	总酸量（%）	≤0.1		

3. 卫生指标

应符合 GB 2762、GB 2763、GB 2763.1 的规定。

八、农业行业标准《南果梨》（NY/T 1076—2006）

2006 年 7 月 10 日发布，2006 年 10 月 1 日实施，适用于南果梨的收购、储存、运输与销售。

1. 等级指标

见表 1-128。

表 1-128　南果梨等级指标

项　　目		特　级	一　级	二　级
基本要求		果实充分发育、成熟，完整良好，新鲜洁净，无异味，无不正常外来水分，无刺伤、虫果和病害，果梗完整		
果形		果形端正，具有本品种应有的特征	果形比较端正，具有本品种应有的特征	可稍有缺陷，仍保持本品种应有的特征，无畸形果
单果重（g）		≥65	≥55	≥55
色泽		具有本品种成熟时应有的色泽	具有本品种成熟时应有的色泽	具有本品种成熟时应有的色泽，允许色泽稍差
果面缺陷	碰压伤	无	无	允许轻微碰压伤，总面积≤0.2 cm²，不得变褐
	磨伤	无	允许轻微磨伤，总面积≤0.2 cm²	允许轻微磨伤，总面积≤0.5 cm²
	果锈	无	允许轻微果锈，总面积≤0.2 cm²	允许轻微果锈，总面积≤0.5 cm²
	水锈	无	允许轻微薄层水锈，总面积≤0.2 cm²	允许轻微薄层水锈，总面积≤0.5 cm²
	日灼伤	无	无	允许桃红色或稍微发白的日灼伤，总面积≤0.2 cm²
	雹伤	无	无	允许轻微雹伤1处，面积≤0.2 cm²
	虫伤	无	无	允许轻微虫伤1处，面积≤0.2 cm²
	药害	无	允许轻微薄层，总面积≤0.2 cm²	允许轻微薄层，总面积≤0.2 cm²
	病害	无	无	无
	食心虫害	无	无	无

注：果面缺陷，一级不超过 2 项，二级不超过 3 项。

2. 理化指标

可溶性固形物≥15%。总酸量（可滴定酸）介于 0.5%～0.6%。

3. 卫生指标

应符合 GB 2762、GB 2763、GB 2763.1 的规定。

九、国家标准《地理标志产品　鞍山南果梨》（GB/T 19958—2005）

2005 年 11 月 17 日发布，2006 年 3 月 1 日实施，适用于国家质量监督检验检疫行政主管部门根据《地理标志产品保护规定》批准保护的鞍山南果梨。

1. 等级指标

见表 1-129。

表 1-129　地理标志产品鞍山南果梨等级指标

项　目		优　等	一　等	二　等
果形		果形端正，近似圆形或椭圆形	果形比较端正	果形比较端正，允许稍有缺陷
果色		果面底色为黄绿色或黄色，带红晕	果面底色为黄绿色或黄色，略带红晕	果面底色为黄绿色或黄色
果梗		完整	带果梗	带果梗
单果重（g）		80～110	≥60	≥50
果面缺陷	机械损伤	无	允许机械损伤 1 处，面积≤0.2 cm²	允许机械损伤 1 处，面积≤0.5 cm²
	磨伤	无	允许轻微磨伤 1 处，面积≤0.5 cm²	允许轻微磨伤 2 处，总面积≤2 cm²
	雹伤	无	无	允许轻微雹伤，总面积≤0.2 cm²
	果锈	无	无	允许果锈，总面积≤1 cm²
	水锈	无	无	允许水锈，总面积≤1 cm²
	日灼伤	无	无	无
	药斑	无	无	允许药斑，总面积≤0.5 cm²
	病虫害	无	无	无

注：果面缺陷，一等允许出现 2 项，二等允许出现 3 项。

2. 理化指标

见表 1-130。

表 1-130　地理标志产品鞍山南果梨理化指标

项　目	可溶性固形物（%）	总酸（%）	果实硬度（kg/cm²）
指标	≥11	≤0.44	≥15

3. 卫生指标

应符合 GB 2762、GB 2763、GB 2763.1 的规定。

十、农业行业标准《鸭梨》（NY/T 1078—2006）

2006 年 7 月 10 日发布，2006 年 10 月 1 日实施，适用于鸭梨。

1. 等级指标

见表 1 - 131。

表 1 - 131　鸭梨等级指标

指　　标		特　　级	一　　级	二　　级
质量要求		充分发育，成熟，果实完整良好，新鲜洁净，无异味，无不正常外来水分、刺伤、虫果和病害，果梗完整		
色泽		具有本品种成熟时应有的色泽		
单果重（g）		≥250	≥200	≥180
果形		端正	比较端正	可有缺陷，但不得有畸形果
果面缺陷	碰压伤	无	无	允许轻微碰压伤，面积≤0.5 cm²
	磨伤	无	允许轻微磨伤，总面积≤1 cm²	允许轻微磨伤，总面积≤2 cm²
	果锈	无	允许轻微果锈，总面积≤1 cm²	允许果锈，总面积≤2 cm²
	水锈	无	允许轻微薄层，总面积≤1 cm²	允许薄层，总面积≤2 cm²
	药害	无	允许轻微薄层，总面积≤0.5 cm²	允许轻微薄层，总面积≤1 cm²
	日灼伤	无	无	允许轻微日灼伤，总面积≤1 cm²
	雹伤	无	无	允许轻微雹伤，总面积≤0.4 cm²
	虫伤	无	无	允许干枯虫伤，总面积≤0.5 cm²
	食心虫	无	无	无

注：果面缺陷，一级不超过 2 项，二级不超过 3 项。

2. 理化指标

果实硬度在 4 kg/cm² ～ 5.5 kg/cm²。可溶性固形物含量，特级 ≥11.5%，一级 ≥ 10.5%，二级 ≥10%。总酸 ≤0.17%。

十一、国内贸易行业标准《预包装鲜梨流通规范》（SB/T 10891—2012）

2013 年 1 月 4 日发布，2013 年 7 月 1 日实施，适用于鸭梨、砀山梨、香梨、早酥梨、丰水梨、黄金梨、新高梨、水晶梨等预包装鲜梨的经营和管理，其他品种预包装鲜梨的流通可参照执行。

1. 基本要求

具有本品种固有的果形、硬度、色泽、风味等特征。具有适于市场销售的食用成熟度。果实完整良好，新鲜洁净，无异嗅和异味，无不正常的外来水分。

2. 等级指标

见表 1 - 132。

表 1 - 132　预包装鲜梨等级指标

项　　目	一　　级	二　　级	三　　级
新鲜度	色泽自然鲜亮，表皮无皱缩，果梗新鲜	色泽自然鲜亮，表皮无皱缩，果梗新鲜	色泽较好，表皮可有轻微皱缩，果梗较新鲜

（续）

项 目	一 级	二 级	三 级
完整度	果形端正，果面光滑，无果锈*、果面缺陷	果形完好，果面光滑，无果锈*；单个果实果面缺陷总面积≤0.25 cm²，果面缺陷数不超过2个；同一预包装中有果面缺陷的鲜梨个数不超过10%	果形完整，可有轻微畸形，果面较光滑，允许有轻微果锈*；单个果实果面缺陷总面积≤1 cm²，且伤处不变色；同一预包装中有果面缺陷的鲜梨个数不超过10%
均匀度	颜色、果形、大小均匀、一致，同一包装中单果重差异≤5%	颜色、果形、大小较均匀，同一包装中单果重差异≤10%	颜色、果形、大小尚均匀，同一包装中单果重差异≤15%
单果重（g）	主要品种鲜梨的单果重应符合表1-133的规定		

* 果锈为其品种特征的梨不受此限，但应符合其品种特性。

表 1-133 预包装鲜梨单果重等级划分

单位：克

品种	一级	二级	三级	品种	一级	二级	三级	品种	一级	二级	三级
丰水梨	≥500	≥400	≥300	茌梨	≥290	≥240	≥190	秋白梨	≥170	≥140	≥110
早酥梨	≥400	≥300	≥200	巴梨	≥260	≥220	≥180	新水梨	≥160	≥130	≥100
鸭梨	≥220	≥180	≥140	大冬果梨	≥260	≥220	≥180	新世纪梨	≥450	≥350	≥250
香梨	≥120	≥110	≥90	红香酥梨	≥260	≥220	≥180	锦香梨	≥160	≥130	≥100
苹果梨	≥270	≥230	≥190	黄金梨	≥500	≥400	≥300	京白梨	≥140	≥120	≥100
酥梨	≥300	≥250	≥200	水晶梨	≥400	≥350	≥300	大南果梨	≥140	≥120	≥100
苍溪雪梨	≥550	≥460	≥370	雪花梨	≥250	≥210	≥170	长把梨	≥130	≥110	≥90
金花梨	≥460	≥380	≥300	八月红梨	≥260	≥220	≥180	安梨	≥130	≥110	≥90
晚三吉梨	≥500	≥400	≥300	幸水梨	≥230	≥190	≥150	大香水梨	≥120	≥100	≥80
锦丰梨	≥340	≥280	≥220	菊水梨	≥200	≥170	≥140	南果梨	≥70	≥60	≥50
五九香梨	≥320	≥270	≥220	黄花梨	≥190	≥160	≥130	新高梨	≥600	≥500	≥400

3. 卫生指标

应符合 GB 2762、GB 2763、GB 2763.1 的规定。我国法律、法规和规章另有规定的，应符合其规定。

十二、农业行业标准《加工用梨》（NY/T 3289—2018）

2018 年 7 月 27 日发布，2018 年 12 月 1 日实施，适用于制罐、制汁、制干、制脯、制膏的加工用梨。

1. 基本要求

基本成熟或成熟，完整良好，新鲜洁净，无霉烂、异味和病虫害。

2. 制罐用梨

符合基本要求的规定。其他要求见表 1-134 和表 1-135。

表 1－134　制罐用梨要求

项　　目	指　　标
外形	无畸形果
果肉色泽	白色或黄色，均匀一致
果肉质地	致密、耐煮制、加工过程中无明显褐变或浑浊现象
成熟度	符合加工要求，耐储性好
果心大小	≤1/3
石细胞含量（%）	≤0.2

表 1－135　制罐用梨规格

规　　格	果实横径（mm）
大	75～80
中	65～<75
小	55～<65

注：小于 55 mm 和大于 80 mm 的果实可用于加工碎块或碎丁梨罐头。

3. 制汁用梨

符合基本要求的规定。加工过程中无明显褐变现象，出汁率≥70%。

4. 制干用梨

符合基本要求的规定。果形端正，果实横径≥50 mm，果心大小≤1/3，石细胞含量≤0.2%，肉质致密，加工过程中无明显褐变现象。

5. 制脯用梨

符合基本要求的规定。果心大小≤1/3，石细胞含量≤0.2%，肉质致密、坚实、耐煮制。

6. 制膏用梨

符合基本要求的规定。

7. 卫生指标

应符合 GB 2762、GB 2763、GB 2763.1 的规定。

第十五节　李

一、供销合作行业标准《李　等级规格》（GH/T 1358—2021）

2021 年 12 月 24 日发布，2022 年 3 月 1 日实施，适用于鲜食李的等级规格划分。

1. 基本要求

发育正常、完整良好、无异味。具有本品种成熟时特有的色、香、味。新鲜、洁净、无机械伤、腐烂、药害、病害和虫害。无非正常外来水分，温度变化造成的轻微凝结水除外。保留果柄和保持果粉（适用时）。

2. 等级指标

在符合基本要求的前提下，李果实分为特级、一级和二级 3 个等级，见表 1-136。李主要品种最低可溶性固形物含量参见该标准的附录 A。

表 1-136 鲜李等级指标

指 标		特 级	一 级	二 级
果形		端正	比较端正	可有缺陷，但不可畸形
果面缺陷	磨伤	无	无	允许轻微擦伤一处，面积小于 0.4 cm²
	日灼伤	无	无	允许轻微日灼伤，面积小于 0.4 cm²
	雹伤	无	无	允许轻微雹伤，面积小于 0.2 cm²
	碰压伤	无	无	允许碰压伤一处，面积小于 0.2 cm²
	裂果	无	无	允许轻微裂果，面积小于 0.4 cm²
	虫伤	无	无	允许干枯虫伤，面积小于 0.1 cm²
	病伤	无	无	允许病伤，面积小于 0.1 cm²

注：二级果允许不超过 2 项果面缺陷，果面缺陷的总面积，在中规格果（M）以上，不超过 0.8 cm²；在小规格果（S）以下，不超过 0.4 cm²。

3. 规格指标

李果实分为大（L）、中（M）、小（S）3 个规格，见表 1-137。

表 1-137 李果实规格

规 格	特 级	一 级	二 级
大（L）	≥190	≥170	≥150
中（M）	≥110	≥90	≥70
小（S）	≥30	≥25	≥20

二、农业行业标准《鲜李》(NY/T 839—2004)

2004 年 8 月 25 日发布，2004 年 9 月 1 日实施，适用于鲜李。

1. 等级指标

见表 1-138。

表 1-138 鲜李等级指标

指 标	特 等	一 等	二 等
基本要求	果实基本发育成熟，新鲜洁净，无异味、不正常外来水分、刺伤、药害、病害。具有适于市场或储存要求的成熟度		
色泽	具有本品种成熟时应有的色泽		
果形	端正	比较端正	可有缺陷，但不得畸形

（续）

指 标		特 等	一 等	二 等
可溶性固形物 （%）	早熟果	≥12.5	12.4～11	10.9～9
	中熟果	≥13	12.9～11.5	11.4～10
	晚熟果	≥14	13.9～12	11.9～9.5
果面缺陷	磨伤	无	无	允许面积<0.5 cm² 轻微磨擦伤1处
	日灼伤	无	无	允许轻微日灼伤，面积≤0.4 cm²
	雹伤	无	无	允许轻微雹伤，面积≤0.2 cm²
	碰压伤	无	无	允许面积<0.5 cm² 碰压伤1处
	裂果	无	无	允许轻微裂果，面积<0.5 cm²
	虫伤	无	无	允许干枯虫伤，面积≤0.1 cm²
	病伤	无	无	允许病伤，面积≤0.1 cm²

注：果实含酸量不低于0.7%。二等果果面缺陷不得超过2项。果实发育期<90 d的为早熟品种。果实发育期在91 d～100 d的为中熟品种。果实发育期≥101 d的为晚熟品种。

2. 理化指标

见表1-139。入库储藏的果实理化指标参照二级果标准。

表 1-139 鲜李理化指标

品 种	特 级			一 级			二 级		
	可溶性固 形物 （%）	总酸量 （%）	固酸比	可溶性固 形物 （%）	总酸量 （%）	固酸比	可溶性固 形物 （%）	总酸量 （%）	固酸比
大石早生	≥12.5	≤1.40	≥8.9	≥11.5	≤1.50	≥7.7	≥11.0	≤1.55	≥7.1
长李15号	≥14.0	≤1.00	≥14.1	≥13.0	≤1.05	≥12.4	≥13.0	≤1.10	≥11.8
美丽李	≥12.5	≤1.10	≥11.4	≥11.5	≤1.15	≥10.0	≥11.5	≤1.20	≥9.6
美国大李	≥10.5	≤1.00	≥10.5	≥9.5	≤1.10	≥8.6	≥9.0	≤1.10	≥8.2
五香李	≥11.5	≤0.90	≥12.8	≥10.5	≤1.00	≥10.5	≥10.0	≤1.00	≥10.0
香蕉李	≥11.0	≤1.00	≥11.0	≥10.0	≤1.05	≥9.5	≥10.0	≤1.10	≥9.1
昌乐牛心李	≥12.0	≤1.15	≥10.4	≥11.5	≤1.20	≥9.6	≥11.0	≤1.20	≥9.2
绥李3号	≥12.5	≤1.45	≥8.6	≥11.5	≤1.55	≥7.4	≥11.0	≤1.60	≥6.9
奎丰	≥20.5	≤0.70	≥29.3	≥20.0	≤0.75	≥26.7	≥19.0	≤0.80	≥23.8
黑琥珀	≥11.0	≤1.70	≥6.5	≥10.0	≤1.80	≥5.6	≥10.0	≤1.80	≥5.6
红心李	≥10.0	≤0.70	≥14.3	≥9.0	≤0.80	≥11.3	≥9.0	≤0.80	≥11.3
秋李	≥14.0	≤1.15	≥12.2	≥13.0	≤1.25	≥10.4	≥12.0	≤1.30	≥9.2
海城苹果李	≥11.5	≤1.00	≥11.5	≥10.5	≤1.05	≥10.0	≥10.0	≤1.10	≥9.1
绥棱李	≥13.0	≤1.15	≥11.3	≥12.0	≤1.25	≥9.6	≥12.0	≤1.30	≥9.2
黑宝石	≥11.5	≤0.80	≥14.4	≥10.5	≤0.85	≥12.4	≥10.0	≤0.90	≥11.1

（续）

品　种	特　级			一　级			二　级		
	可溶性固形物（%）	总酸量（%）	固酸比	可溶性固形物（%）	总酸量（%）	固酸比	可溶性固形物（%）	总酸量（%）	固酸比
澳大利亚14号	≥13.5	≤0.90	≥15.0	≥12.5	≤1.00	≥12.5	≥12.5	≤1.00	≥12.5
龙园秋李	≥13.0	≤0.95	≥13.7	≥12.0	≤1.05	≥11.4	≥12.0	≤1.10	≥10.9
玉皇李	≥12.0	≤0.95	≥12.7	≥11.0	≤1.03	≥10.7	≥11.0	≤1.10	≥10.0
朱砂李	≥11.0	≤0.80	≥13.8	≥10.0	≤0.85	≥11.8	≥10.0	≤0.85	≥11.8
油棕	≥14.0	≤1.70	≥8.2	≥13.0	≤1.80	≥7.2	≥13.0	≤1.80	≥7.2
青脆李	≥11.5	≤1.45	≥7.9	≥10.0	≤1.55	≥6.5	≥10.0	≤1.60	≥6.3
帅李	≥11.5	≤1.50	≥7.7	≥10.5	≤1.60	≥6.6	≥10.0	≤1.60	≥6.3
芙蓉李	≥12.5	≤0.70	≥17.9	≥11.5	≤0.75	≥15.3	≥11.0	≤0.80	≥13.8
鸡麻李	≥15.0	≤0.70	≥21.4	≥14.0	≤0.80	≥17.5	≥12.0	≤0.80	≥15.0
江安李	≥11.5	≤0.10	≥115	≥11.0	≤0.14	≥75.6	≥10.5	≤0.2	≥52.5
饼子李	≥13	≤0.5	≥26	≥12	≤0.59	≥20.3	≥11	≤0.65	≥16.9
春桃李	≥13.1	≤0.1	≥131	≥12.1	≤0.14	≥86.4	≥11	≤0.20	≥55
金蜜李	≥13.5	≤0.15	≥90	≥12	≤0.19	≥67.9	≥11.5	≤0.3	≥38.3
鸡血李	≥11.5	≤1.4	≥8.2	≥10.5	≤1.59	≥6.6	≥9.5	≤1.65	≥5.8
青棕	≥14	≤0.8	≥17.5	≥13.1	≤0.95	≥13.8	≥12	≤1.0	≥12
神农李	≥9.5	≤0.95	≥10	≥10.5	≤1.07	≥9.8	≥9.5	≤1.1	≥8.6
巴塘李	≥17	≤0.7	≥24.3	≥16.5	≤0.78	≥21.2	≥15	≤0.9	≥16.7
安哥里那	≥16	≤0.65	≥24.6	≥15.2	≤0.73	≥20.8	≥14	≤0.83	≥16.9
樱李	≥14.0	≤0.95	≥14.7	≥13.0	≤1.00	≥13.0	≥13.0	≤1.05	≥12.4

3. 规格划分

按单果重大小分为1A级、2A级、3A级和4A级。1A级单果重<50 g，2A级单果重50~79 g，3A级单果重80~109 g，4A级单果重≥110 g。

4. 卫生指标

应符合GB 2762、GB 2763、GB 2763.1的规定。

第十六节　荔　枝

一、农业行业标准《荔枝》（NY/T 515—2002）

2002年8月27日发布，2002年12月1日实施，适用于荔枝鲜果的生产和销售。

1. 等级指标

荔枝等级指标见表1-140。荔枝主要品种果实形态特征见表1-141、表1-142。荔枝主要品种果实规格见表1-143。荔枝主要品种果实理化指标见表1-144。

表 1-140　荔枝等级指标

指　标	优　等	一　等	二　等
果实外观及品质风味	果实新鲜，果形正常，符合表 1-141、表 1-142 规定的同一品种形态特征；果实成熟适度，果面洁净；具有该品种正常的品质风味，无异味		
	果实大小均匀，无机械伤、病虫害、裂果等缺陷果，无异品种	果实大小较均匀，基本无机械伤、病虫害等缺陷果。异品种<2%，一般缺陷果≤3%	果实大小较均匀，基本无严重缺陷果。异品种<5%，一般缺陷果和严重缺陷果合计≤8%，其中，严重缺陷果≤3%
果实规格	符合表 1-143 的规定		
理化指标	符合表 1-144 的规定		

表 1-141　荔枝主要品种果实形态特征（不包括果皮和果肉）

品种	果形	果色	果肩	果顶	平均单果重（g）	种子
三月红	心形或歪心形	红中带黄绿	阔而斜，微耸	较尖	35	多数不充实
妃子笑	近圆形或卵圆形	淡红带黄绿	阔，一边微耸	浑圆	28	中等，饱满
圆枝	歪心形	暗红	歪肩	钝	23	大，饱满
白糖罂	歪心形	鲜红	歪肩	浑圆或钝圆	23	中等
电白白蜡	近心形或卵形	鲜红	平或一边微斜	浑圆	23	中等
糯米糍	扁心形	鲜红	一边明显隆起	浑圆	24	焦核，偶有饱满种子
状元红	近圆球形或卵圆形	暗红	平或一边微耸	钝或浑圆	21	较大
桂味	圆球形或近圆球形	鲜红或淡红	平	浑圆	17	多数焦核，有些年份有饱满种子
陈紫	心形	紫红色	一边隆起	尖至浑圆	19	多数焦核，也有饱满种子
怀枝	近圆形或圆形	紫红	平	浑圆	21	饱满，偶有焦核
灵山香荔	卵圆略扁	紫红	平	钝圆	19	焦核或饱满
鸡嘴荔	歪心扁圆	暗红	平或一肩微耸	浑圆	28	小
兰竹	短心形或近圆球形	红带黄绿	平，一边微耸	浑圆	27	焦核或较小

表 1-142　荔枝主要品种果实形态特征（果皮和果肉）

品种	果　皮			果　肉	
	龟裂片	裂片峰	缝合线	质地	风味
三月红	大而平，大小不等	小锥尖状	不明显	稍粗带韧	甜带微酸，有涩味
妃子笑	隆起，大小不等	锐尖、刺手	不明显	爽脆	清甜，多汁带香味
圆枝	大而平滑，排列较规则	果顶部有少量裂片峰	不明显	软滑	味甜多汁，带微香
白糖罂	多数平坦，少数微隆起	细而钝	不明显	爽脆	多汁清甜，带蜜香味
电白白蜡	隆起	钝	不明显	较爽脆	清甜
糯米糍	较大，隆起呈狭长形，纵向排列	平滑	较明显	软滑	味蜜甜，多汁带香味

（续）

品种	果皮			果肉	
	龟裂片	裂片峰	缝合线	质地	风味
状元红	隆起，排列较整齐	平滑	不明显	爽脆	多汁味香甜
桂味	凸起呈不规则圆锥形	尖锐刺手，裂纹显著	明显、深窄、凹陷	爽脆	清甜，多汁有桂花香味
陈紫	小而尖实	刺状，裂纹浅而窄	不明显或稍明显	脆稍带韧	味甜多汁，香气中等
怀枝	平坦或稍隆起	平滑	明显	软滑	甜带微酸
灵山香荔	隆起，大小不一	钝	明显	爽脆	清甜带香
鸡嘴荔	平坦或乳头状突起	小刺状尖	不明显	爽脆	清甜微香
兰竹	粗大、较平	微尖	较明显	较软	汁多味甜，有香气

表 1-143　荔枝主要品种果实规格

品种	千克粒数（粒）		
	优　等	一　等	二　等
三月红	<30	30~38	<46
妃子笑	<35	35~40	<50
圆枝	<40	40~48	<56
白糖罂	<40	40~48	<54
电白白蜡	<40	40~48	<54
糯米糍	<38	38~50	<56
状元红	<42	42~54	<58
桂味	<56	56~62	<68
陈紫	<50	50~60	<70
怀枝	<38	38~44	<52
灵山香荔	<48	48~58	<66
鸡嘴荔	<38	38~48	<58
兰竹	<40	40~50	<56

注：未列入的其他品种，可根据品种特性参照近似品种的有关指标。荔枝鲜果国内销售允许带少量果枝，果枝长度控制在果穗基部 5 cm，或果枝重量控制在总重量 5% 之内。果实千克粒数按不带枝叶的单果计算。

表 1-144　荔枝主要品种果实理化指标

品种	可食率（%）	可溶性固形物（%）	可滴定酸度（%）
三月红	62~68	15~20	0.25~0.37
妃子笑	78~83	17~20	0.23~0.35
圆枝	64~72	15~18	0.15~0.38

（续）

品　　种	可食率 （%）	可溶性固形物 （%）	可滴定酸度 （%）
白糖罂	70～72	18～20	0.05～0.10
电白白蜡	70～72	17～20	0.12～0.15
糯米糍	82～86	18～21	0.18～0.26
状元红	70	16～18	0.31～0.35
桂味	78～83	18～21	0.15～0.21
陈紫	79～86	19～21	0.20～0.23
怀枝	68～72	17～20	0.15～0.36
灵山香荔	73	19～20	0.30
鸡嘴荔	79	18～20	0.35
兰竹	71～76	16～17	0.25

注：未列入的其他品种，可根据品种特性参照近似品种的有关指标。

2. 卫生指标

应符合 GB 2762、GB 2763、GB 2763.1 的规定。

二、农业行业标准《荔枝等级规格》（NY/T 1648—2015）

代替《荔枝等级规格》（NY/T 1648—2008），2015 年 10 月 9 日发布，2015 年 12 月 1 日实施，适用于新鲜荔枝的规格、等级划分。

1. 基本要求

——果实新鲜，发育完整，果形正常，其成熟度达到鲜销、正常运输和装卸的要求；

——果实完好，无腐烂或变质的果实，无严重缺陷果；

——果面洁净，无外来物；

——表面无异常水分，但冷藏后取出形成的凝结水除外；

——无异味。

2. 等级要求

见表 1-145。

表 1-145　荔枝等级要求

等　级	要　　求
特级	具有该荔枝品种特有的形态特征和固有色泽，无变色，无褐斑；果实大小均匀；无裂果；无机械伤、病虫害症状等缺陷果及外物污染；无异品种果实
一级	具有该荔枝品种特有的形态特征和固有色泽，基本无变色，基本无褐斑；果实大小较均匀；基本无裂果；基本无机械伤、病虫害症状等缺陷果及外物污染；基本无异品种果实
二级	基本上具有该荔枝品种特有的形态特征和固有色泽，少量变色，少量褐斑；果实大小基本均匀；少量裂果；少量机械伤、病虫害症状等缺陷果及外物污染；少量异品种果实

3. 规格划分

见表1-146。

表1-146 荔枝规格划分

规 格	大（L）	中（M）	小（S）
单果重（g）	＞25	15～25	＜15
同一包装中的最大和最小重量的差异（g）	≤5	≤3	≤1.5

三、供销合作行业标准《鲜荔枝》（GH/T 1185—2020）

代替《鲜荔枝》（GH/T 1185—2017），2020年12月7日发布，2021年3月1日实施，适用于新鲜荔枝的收购和销售。

1. 基本要求

果实具有本品种固有的特征和风味（表1-147）。果实新鲜洁净，无腐烂，无异常水分。果实成熟适度、达到鲜销、正常运输和装卸的要求。无异常气味和味道。

表1-147 荔枝主要品种果实特征和风味

品名	果形	果色	果肩	果顶	龟裂片	裂片峰	缝合线	质地	风味	种子
三月红	心形或歪心形	鲜红	阔而斜，特大微耸	尖	平、大小不等	锥尖状	不明显	粗带韧	味甜带微酸，有涩味	大
黑叶	卵圆形	暗红	平	圆或钝	大而平，大小相等，排列较有规则	角质锥尖状	明显	柔软	味甜带微香	大
糯米糍	扁心形	鲜红	一边显著隆起	浑圆	明显降起，呈狭长形，纵向排列	平滑	较明显	软滑	味腻甜	小
淮枝	近圆形或圆球形	深红	平	浑圆	平滑或稍隆起不规则排列	平滑	明显	软滑	味甜稍带酸	多数大
元红	心脏形或近圆形	紫红	微凸	圆	凸起细	尖状	明显	细滑	味甜微酸	多数小
大造	长圆形	鲜红	斜肩	圆	较小而略尖凸，排列较整齐	短而锐	不明显	较滑	味甜带微酸	大
兰竹	近圆形或心形	红或青	平	圆或钝	平滑或稍隆起	微尖	明显	较滑	味甜带酸	大小不一

（续）

品名	果形	果色	果肩	果顶	龟裂片	裂片峰	缝合线	质地	风味	种子
桂味	圆球形或圆形	浅红	平	浑圆	凸起，呈不规则圆锥形	锐尖刺手	明显窄深	爽脆	味清甜带花香	多数小
三月红	心形或歪心形	鲜红	阔而斜，特大微耷	尖	平、大小不等	锥尖状	不明显	粗带韧	味甜带微酸，有涩味	大
灵山香荔	卵圆形略扁	紫红	平	钝圆	较大，隆起排列较有规则且大龟裂片之间夹有小的	隆起呈尖状	明显	尖脆	味清甜	多数小
白蜡	近心形或卵圆形，果中等大	鲜红色	一边平、一边斜	浑圆或钝	凸起	尖状	明显	细嫩	质爽，多汁，清甜	大
白糖罂	歪心形或短歪心形	鲜红（紫）	一边平、一边稍斜	浑圆或钝	平滑或稍隆起	平滑	不明显	爽脆	味清甜，带有蜜味	多数大
妃子笑	近圆形或卵圆形	淡红色	一边平、一边斜	钝圆	凸起	尖状	明显	柔韧	质爽脆，多汁，味清甜带香	中大
仙进奉	扁心形和心形	鲜红色	一边平、一边微耷	浑圆或钝	明显隆起	较平，峰钝	明显	爽脆	蜜香味，味清甜	多数小

2. 等级指标

果形基本要求见表 1-147。等级指标见表 1-148。各品种色泽要求见表 1-149，理化指标要见表 1-150。

表 1-148　荔枝等级指标

项　　目	特　　等	一　　等	二　　等
果形	果形正常，无畸形果	果形正常，无畸形果	果形正常，允许有轻微缺点，无畸形果
色泽	具有该品种固有色泽，均匀一致，无褐斑	具有该品种固有色泽，均匀较一致，基本无褐斑	具有该品种固有色泽，均匀一致，有轻微褐斑
果面缺陷	无裂果、脱粒、病虫害、机械伤	无裂果、脱粒、病虫害、机械伤	无裂果、脱粒、病虫害，允许有轻微机械伤和轻微形变
果穗整齐度	果粒分布均匀，紧凑	果粒分布均匀，紧凑	果粒分布较均匀，较紧凑
果枝	穗果枝不超出葫芦节 3 cm，无空果枝	穗果枝不超出葫芦节 3 cm，无空果枝	穗果枝不超出葫芦节 3.5 cm，无空果枝

（续）

项　目	特　　等	一　　等	二　　等
千克粒数（粒）	三月红、黑叶、糯米滋、淮枝、元红、大造、兰竹、白蜡、白糖罂、妃子笑、仙进奉≤42；桂味、灵山香荔≤48	三月红、黑叶、糯米滋、淮枝、元红、大造、兰竹、白蜡、白糖罂、妃子笑、仙进奉＞42～52；桂味、灵山香荔＞48～58	三月红、黑叶、糯米滋、淮枝、元红、大造、兰竹、白蜡、白糖罂、妃子笑、仙进奉＞52～62；桂味、灵山香荔＞58～65

表 1-149　荔枝色泽要求

品　　种	特　等		一　等		二　等	
	色泽	着色面积（%）	色泽	着色面积（%）	色泽	着色面积（%）
三月红	鲜红	≥85	鲜红	≥80	鲜红	≥75
黑叶	深（紫）红	≥85	深（紫）红	≥80	深（紫）红	≥75
糯米糍	鲜红	≥85	鲜红	≥80	鲜红	≥75
淮枝	深（紫）红	≥85	深（紫）红	≥80	深（紫）红	≥75
元红	紫红	≥85	紫红	≥80	紫红	≥75
大造	鲜红	≥85	鲜红	≥80	鲜红	≥75
兰竹	红	≥85	红	≥80	红	≥75
	青绿	—	绿黄	—	绿黄	—
桂味	浅红	≥85	浅红	≥80	浅红	≥75
灵山香荔	紫红	≥85	紫红	≥80	紫红	≥75
白蜡	鲜红色	≥85	鲜红色	≥80	鲜红色	≥75
白糖罂	鲜红（紫）	≥85	鲜红（紫）	≥80	鲜红（紫）	≥75
妃子笑	淡红色	≥85	淡红色	≥80	淡红色	≥75
仙进奉	鲜红色	≥85	鲜红色	≥80	鲜红色	≥75

表 1-150　荔枝理化指标

品　　种	可食率（%）	可溶性固形物（%）
三月红	≥65	≥16.5
黑叶	≥68	≥17.0
糯米糍	≥78	≥18.0
怀枝	≥68	≥17.3
元红	≥73	≥20.7
大造	≥67	≥15.0
兰竹	≥72	≥15.3
桂味	≥72	≥19.0
灵山香荔	≥73	≥18.0

（续）

品 种	可食率（%）	可溶性固形物（%）
白蜡	≥70	≥18.5
白糖罂	≥70	≥18.5
妃子笑	≥72	≥18.0
仙进奉	≥73	≥18.5

第十七节　莲　雾

一、农业行业标准《莲雾》（NY/T 1436—2007）

2007 年 9 月 14 日发布，2007 年 12 月 1 日实施，适用于莲雾鲜果。

1. 感官指标

见表 1-151。

表 1-151　莲雾等级指标

项　目	优　等	一　等	二　等
果形	果形端正，具该品种固有的果形特性	果形端正，具该品种固有的果形特性	果形正常，具该品种应有的果形特性，可有轻微缺陷
色泽	具有本品种成熟果固有的优良色泽	具有本品种成熟果固有的优良色泽	具有本品种成熟果应有的色泽
风味	肉脆、爽口、味甜、无异味		
果面缺陷	无腐烂、虫伤、刺伤、药害、日灼伤、冻害、磨伤、碰压伤、裂果等果面缺陷	无腐烂。虫伤、刺伤、药害、日灼伤、冻害、磨伤、碰压伤、裂果等果面缺陷轻微	无腐烂。虫伤、刺伤、药害、日灼伤、冻害、磨伤、碰压伤、裂果等果面缺陷较重

2. 理化指标

可溶性固形物≥6.5%。总酸量（以柠檬酸计）≤0.3%。

3. 规格划分

见表 1-152。

表 1-152　莲雾规格划分

规　格	特　大	大	中	小
单果重（g）	>110	111～81	80～50	<50

4. 卫生指标

应符合 GB 2762、GB 2763、GB 2763.1 的规定。

二、国内贸易行业标准《莲雾流通规范》（SB/T 10886—2012）

2013 年 1 月 4 日发布，2013 年 7 月 1 日实施，适用于莲雾流通的经营和管理。

1. 基本要求

达到该品种作为商品所需的成熟度，具有该品种固有的色泽和形状。果体完整，果实色泽鲜艳，果皮光滑无线条，无分裂、腐烂、病虫害、异味和明显的机械伤。

2. 等级指标

见表 1-153。

表 1-153　莲雾等级指标

项　　目	一　级	二　级	三　级
成熟度	果实色泽鲜艳，底部张开大，果肉厚，海绵质少（即中间海绵状）	果实色泽较鲜艳，底部张开较大，果肉较厚，海绵质较少（即中间海绵状）	果实色泽不够鲜艳，底部张开不大，果肉薄，海绵质较多（即中间海绵状）
完整度	果体完整，无腐烂、分裂和机械伤	果体完整，无腐烂、分裂和机械伤	果体较完整，无腐烂，可有裂果，可有轻微机械损伤
新鲜度	果皮平滑无线条，肉质脆嫩多汁，爽口，无异味	果皮平滑无线条，肉质较细嫩多汁，爽口，无异味	果皮较平滑，肉质较细嫩，爽口，无异味
均匀度	颜色、果形、大小均匀；单果净重≥110 g，同一包装中单果净重差异≤5%	颜色、果形、大小较均匀；单果净重 81～110 g，同一包装中单果净重差异≤10%	颜色、果形、大小有较小的差异；单果净重 50～80 g，同一包装中单果净重差异≤15%

3. 卫生指标

应符合 GB 2762、GB 2763、GB 2763.1 的规定。

第十八节　榴　　莲

我国制定有农业行业标准《榴莲》（NY/T 1437—2007）。该标准于 2007 年 9 月 14 日发布，2007 年 12 月 1 日实施，适用于榴莲鲜果。

1. 基本要求

——包装箱体内外无虫体、霉菌及其他污物；

——无因环境污染所造成的异味；

——无腐烂和霉变；

——无裂果。

2. 等级指标

见表 1-154。

表 1-154　榴莲等级指标

项　　目	优　　等	一　　等	二　　等
果皮缺陷	无单果果面缺陷大于 20 cm² 的果实	单果果面缺陷大于 20 cm² 的果实≤5%	单果果面缺陷大于 20 cm² 的果实≤10%
可食率（%）	≥35	≥30	≥30

注：果皮缺陷面积包括虫果、病果、机械损伤等的面积总和。

3. 规格划分

见表 1-155。

表 1-155　榴莲规格划分

规　　格	大	中	小
单果重（kg）	≥3	>1.5～<3	≤1.5

4. 卫生指标

应符合 GB 2762、GB 2763、GB 2763.1 的规定。

第十九节　龙　　眼

一、国家标准《龙眼》（GB/T 31735—2015）

2015 年 7 月 3 日发布，2015 年 11 月 2 日实施，适用于龙眼鲜果的收购和销售。

1. 等级指标

见表 1-156。

表 1-156　龙眼等级指标

项　　目	特　　级	一　　级	二　　级
特征	\multicolumn{3}{c}{具有龙眼品种的固有特征}		
夹杂物	洁净，除果实外的物质质量不应超过果实质量的 10%		
果体表面水分	非冷藏果体表面无异常水分		
气味	无异味		
腐烂变质	无		
成熟度	果实饱满具弹性，果壳表面鳞纹大部分消失而种脐尚未隆起		
果肉新鲜度	肉质新鲜，风味正常，厚度均匀，有弹性		
果实大小	均匀	较均匀	较均匀
机械伤	无	基本无	少量
果形	正常	较正常	尚正常，无严重畸形果
病虫害	无	基本无	少量
缺陷果	无	基本无	少量
异品种	无	<2%	<5%

2. 理化指标

见表 1-157。

表 1-157　龙眼理化指标

品　　种	可食率（%）	可溶性固形物（%）
石硖	65～71	21～22
储良	69～74	20～22

(续)

品　　种	可食率（%）	可溶性固形物（%）
双孖木	66～72	20～22
古山二号	67～70	19～21
乌龙岭	65～69	21～22
大乌圆	70～74	16～19
大广眼	63～74	18～21
东壁	62～67	19～22
草铺种	63～65	18～20
水南一号	69～71	18～21

3. 规格划分

见表 1-158。

表 1-158　龙眼规格划分

规格代码	1	2	3	4	5
千克粒数（粒）	≤70	71～85	86～100	101～115	116～130
果实横径（mm）	≥29	≥27	≥25	≥22	≥20

4. 卫生指标

应符合 GB 2762、GB 2763、GB 2763.1 的规定。

二、农业行业标准《龙眼等级规格》（NY/T 2260—2012）

2012 年 12 月 7 日发布，2013 年 3 月 1 日实施，适用于龙眼鲜果。

1. 基本要求

果实完整、果形正常。果实新鲜，无腐烂、变质。果面洁净，基本无病斑、虫伤、可见异物。无机械伤。无冷害、冻害症状。非冷藏果体表面无异常水分。无异常气味。果实具有适于市场或储运要求的成熟度。

2. 等级要求

见表 1-159。

表 1-159　龙眼等级要求

等　　级	要　　求
特级	果实优质，具有品种特征。无异常气味，无缺陷；在不影响产品总体外观、质量、保鲜、包装的条件下，极轻微的表面缺陷除外
一级	果实质量好，具有品种特征。无异常气味。在不影响产品总体外观、质量、保鲜、包装的条件下，允许有轻微的机械伤等缺陷，但单果体表缺陷总面积不超过 0.3 cm²

（续）

等　级	要　求
二级	果实不符合以上较高等级，但满足规定的基本要求。在保持龙眼质量、保鲜和包装的基本特征的条件下，允许有机械伤等缺陷，但单果体表缺陷总面积不超过 0.4 cm²

3. 规格划分

见表 1-160。

表 1-160　龙眼规格划分

规　格	大果型品种（g）	中果型品种（g）	小果型品种（g）
大（L）	>15.5	>13.5	>10.0
中（M）	13.5~15.5	11.5~13.5	8.0~10.0
小（S）	<13.5	<11.5	<8.0

注：大果型品种包括大乌圆、赤亮、水南一号、福眼等。中果型品种包括储良、乌龙岭、油潭本、大广眼、双孖木等。小果型品种包括石硖、古山二号、东壁、大广眼、草铺种等。上表未能列入的其他品种可以根据品种特性参照近似品种的有关指标。

第二十节　芒　　果

一、农业行业标准《芒果》（NY/T 492—2002）

2002 年 1 月 4 日发布，2002 年 2 月 1 日实施，适用于处理和包装后芒果鲜果的质量评定和贸易，不适用于加工用芒果。

1. 基本要求

——果形完整；

——未软化；

——新鲜；

——完好，无影响消费的腐烂变质；

——清洁，基本不含可见异物；

——无坏死斑块；

——无明显的机械伤；

——基本无虫害；

——无冷害；

——无异常的外部水分，但冷藏取出后的冷凝水除外；

——无异常气味和味道；

——发育充分，达到适当的成熟度；

——带果柄，其长度≤1 cm。

根据不同品种特点，芒果的发育和状况应保证后熟能达到合适的成熟度，适于运输和处理，运抵目的地时状态良好。随成熟度的增加，不同品种的颜色变化会有所不同。

2. 等级划分

（1）优等　有优良的质量，具有该品种固有的特性。无缺陷，但允许有不影响产品总体外观、质量、储存性的很轻微的表面疵点。

（2）一等　有良好的质量，具有该品种固有的特性。允许有下列不影响产品总体外观、质量、储存性的轻微的缺陷：

——轻微的果形缺陷；

——对于 A、B、C 3 种规格（规格划分见表 1 - 161）的芒果，机械伤、病虫害、斑痕等表面缺陷分别不超过 3 cm²、4 cm²、5 cm²。

（3）二等　不符合优等和一等质量要求，但符合基本要求。允许有不影响基本质量、储存性和外观的下列缺陷：

——果形缺陷；

——对于 A、B、C 3 种规格的芒果，机械伤、病虫害、斑痕等表面缺陷分别不超过 5 cm²、6 cm²、7 cm²。

一等和二等中零散栓化和黄化面积不超过总面积的 40%，且无坏死现象。

3. 规格划分

见表 1 - 161 的规定。3 种规格中，每一包装件内的芒果，果重最大允许差分别不超过 75 g、100 g 和 125 g。最小的芒果不小于 200 g。

表 1 - 161　芒果规格划分

规　　格	大小范围（g）
A	200～350
B	351～550
C	551～800

4. 卫生指标

应符合 GB 2762、GB 2763、GB 2763.1 的规定。

二、农业行业标准《芒果等级规格》（NY/T 3011—2016）

2016 年 11 月 1 日发布，2017 年 4 月 1 日实施，适用于鲜食芒果的等级规格划分。

1. 基本要求

——果实发育正常，无裂果；

——新鲜，未软化；

——果实无生理性病变，果肉无腐坏、空心等；

——无坏死组织，无明显的机械伤；

——基本无病虫害、冷害、冻害；

——无异常的外部水分，冷藏取出后无收缩；

——无异味；

——发育充分，有合理的采收成熟度；

——带果柄，长度不超过 1 cm。

2. 等级指标

见表 1 - 162。主要芒果品种的果实性状及理化指标见表 1 - 163。

表 1－162　芒果等级

指　标	一　级	二　级	三　级
果形	具有该品种特征，无畸形，大小均匀	具有该品种特征，无明显变形	具有该品种特征，允许有不影响产品品质的果形变化
色泽	果实色泽正常，着色均匀	果实色泽正常，75％以上果面着色均匀	果实色泽正常，35％以上果面着色均匀
缺陷	果皮光滑，基本无缺陷，单果斑点不超过2个，每个斑点直径≤2 mm	果皮光滑，单果斑点不超过4个，每个斑点直径≤3 mm	果皮较光滑，单果斑点不超过6个，每个斑点直径≤3 mm

表 1－163　主要芒果品种的果实性状及理化指标

品　　种	果实重量（g）			果实尺寸（cm）						成熟果实性状			理化指标	
	平均	最大	最小	平均		最大		最小		果皮色泽	果实形状	果肉颜色	可溶性固形物（％）	酸度（g/kg）
				长	宽	长	宽	长	宽					
台农1号芒	245	442	102	11	5	14	7	10	3	黄至深黄色，近果肩部经常有红晕	宽卵形，果顶较尖小，果形稍扁	橙黄	15.2	3.0
金煌芒	755	1 250	301	19	9	30	15	14	7	深黄色或橙黄色	果实特大，长卵形	深黄至橙黄	16.1	2.4
贵妃芒	360	553	100	12	7	16	9	5	4	果底色深黄色，盖色鲜红色；套袋果实为黄色	卵状长椭圆形，基部较大，顶部较小，果身圆厚	金黄	15.5	0.8
桂热芒82号	324	450	250	13	4	22	14	10	3	淡绿色	长椭圆形	乳黄	17.6	4.3
凯特芒	660	1 290	246	15	12	21	15	11	8	底黄色，盖色暗红或紫红色	椭圆或倒卵形，有明显的果鼻	橙黄色	13.7	2.1
圣心芒	301	1 000	100	10	10	18	16	5	4	底色深黄色，盖色鲜红色	宽椭圆形，稍扁	深黄或橙黄	13.5	0.8
吉绿芒	349	500	100	12	8	16	11	5		红色至紫色	宽卵形或长圆稍扁	浅黄至深黄色	10.1	1.5
红象牙芒	529	1 052	210	25	16	30	18	16	13	向阳面鲜红色	长圆形，微弯曲	乳黄	11.4	3.4
白象牙芒	346	615	183	20	7	26	11	7	5	黄色或金黄色	果较长而顶部呈钩状，形似象牙	乳黄	11.3	3.1

注：表中数据为各个品种代表样本实际测量数据均值。

3. 规格划分

见表 1-164。

表 1-164　芒果规格划分

品　　种	标准果（M）	大果（L）	小果（S）
台农 1 号芒	200～300	>300	<200
金煌芒	600～900	>900	<600
贵妃芒	320～410	>410	<320
桂热芒	270～360	>360	<270
凯特芒	550～760	>760	<550
圣心芒	240～340	>340	<240
吉绿芒	300～410	>410	<300
红象牙芒	420～640	>640	<420
白象牙芒	270～390	>390	<270

注：单位为 g。表中未能列入的其他品种，可根据品种特性参照近似品种的有关指标。

第二十一节　毛　叶　枣

我国制定有农业行业标准《毛叶枣》（NY/T 484—2018）。该标准代替《毛叶枣》（NY/T 484—2002），2018 年 12 月 19 日发布，2019 年 6 月 1 日实施，适用于毛叶枣鲜果。

1. 基本要求

具有本品种固有的特征风味。具有适于市场销售或储存要求的成熟度。果实新鲜、品相良好、无异味。具备"肉脆、爽口、味甜"的果实风味。可溶性固形物含量≥10%。

2. 等级指标

见表 1-165。

表 1-165　毛叶枣等级指标

指　　标	优　　等	一　　等	二　　等
果形	果形端正，具本品种固有的特征	果形端正，具有本品种固有的特征，允许果形有轻微缺陷	果形有缺点，但仍具本品种的基本特征，容许有轻微缺陷，但不得有畸形果
色泽	具有本品种成熟果固有的优良色泽，果肉白色	具有本品种成熟果固有的优良色泽，果肉白色	具有本品种成熟果应有的色泽，果肉白色
果面缺陷	果面无缺陷	允许轻微病斑、碰压伤等果面缺陷，总面积不超过 0.5 cm²，不允许出现药害导致的缺陷	允许轻微虫伤、碰压伤或不严重影响果实外观的表层伤害，总面积不超过 1 cm²

3. 规格划分

见表 1 - 166。

表 1 - 166 毛叶枣规格划分

单位：粒

规　格	大（L）	中（M）	小（S）
千克粒数 n	$n \leqslant 6$	$6 < n \leqslant 10$	$n > 10$

4. 卫生指标

应符合 GB 2762、GB 2763、GB 2763.1 的规定。

第二十二节　猕　猴　桃

一、国家标准《猕猴桃质量等级》（GB/T 40743—2021）

2021 年 10 月 11 日发布，2022 年 5 月 1 日实施，适用于中华猕猴桃原变种（Actinidia，chinensis Planch. Var. chinensis）和美味猕猴桃变种（Actinidia，chinensis Planch. Var. deliciosa）品种果实的分级。

1. 基本要求

具有本品种典型特征。采收时期果实可溶性固形物含量≥6.5%，干物质含量≥15%。

2. 等级指标

见表 1 - 167。

表 1 - 167 猕猴桃等级指标

项　目		特　级	一　级	二　级
感官指标	形变总面积（cm²）	无	$\leqslant 1$	$\leqslant 2$
	色变总面积（cm²）	无	$\leqslant 1$	$\leqslant 2$
	果实表面水渍印、泥土等污染总面积（cm²）	无	$\leqslant 1$	$\leqslant 2$
	轻微擦伤、已愈合的刺伤、疤痕等果面缺陷总面积（cm²）	无	$\leqslant 1$	$\leqslant 2$
	空心、木栓化或者果心褐变等果肉缺陷总面积（cm²）	无	$\leqslant 1$	$\leqslant 2$
单果重（g）	小果类型（S）	$\geqslant 75$	$60 \sim <75$	$40 \sim <60$
	大果类型（L）	$\geqslant 90$	$75 \sim <90$	$50 \sim <75$

注：形变指果面不平整、存在缺陷。色变指果面有水渍印、泥土、污物及其他杂质。小果型（S）代表品种为徐香、布鲁诺、猕宝、米良 1 号、华美 1 号、红阳、华优、魁蜜、金农、素香；大果型（L）代表品种为海沃德、秦美、金魁、翠香、贵长、中猕 2 号、金艳、金桃、翠玉、早鲜。

3. 规格划分

根据自然生长状态下的猕猴桃品种果实平均单果重，分为小果型（S）和大果型（L）两种规格；其中，小果型（S）≤70 g，大果型（L）>70 g。

二、农业行业标准《猕猴桃等级规格》（NY/T 1794—2009）

2009 年 12 月 22 日发布，2010 年 2 月 1 日实施，适用于鲜猕猴桃的分等分级。

1. 基本要求

果形端正，无畸形果，果面完好，无腐烂。洁净，无明显虫伤和异物。无变软和明显皱缩。无异常外部水分。无异味。鲜食猕猴桃采收期可溶性固形物含量应达到 6.2°Brix 以上。

2. 等级划分

（1）特级　应具有本品种全部特征和固有外观颜色，无明显缺陷。

（2）一级　具有本品种特征，可有轻微颜色差异和轻微形状缺陷，但无畸形；表皮缺损总面积≤1 cm²。

（3）二级　无严重缺陷，可有轻微颜色差异和轻微形状缺陷，但无畸形；可有轻微擦伤；果皮可有面积之和不超过 2 cm² 已愈合的刺伤、疮疤。

3. 规格划分

见表 1-168。

表 1-168　每箱猕猴桃中最大果与最小果重量差异要求

规　　格	果实重量范围（g）	最大果与最小果重量差异（g）
小（S）	≤80	≤10
中（M）	>80～<100	≤15
大（L）	≥100	≤20

第二十三节　木　菠　萝

我国制定有农业行业标准《木菠萝》（NY/T 489—2002）。该标准于 2002 年 1 月 4 日发布，2002 年 2 月 1 日实施，适用于干苞类型木菠萝鲜果的质量评定及其贸易。

1. 感官指标

见表 1-169。

表 1-169　木菠萝感官指标

指　　标	优　　等	一　　等	二　　等
特征色泽	具有同一品种的特征。皮色正常，有光泽，清洁	具有同一品种的特征。皮色正常，有光泽，清洁	具有同一品种的特征。形状尚完整，无畸形，皮色青绿，尚清洁
成熟度	果实饱满、硬实，指压略有下陷，有弹性；拨果皮瘤峰，脆断无汁流出；利器刺果，无清汁流出；拍击果实，浊音者成熟		

（续）

指　标	优　等	一　等	二　等
果形、长度、横径	形状完整，果轴长≤5 cm。长度 50 cm 以上。横径 40 cm 以上	形状完整，果轴长≤5 cm。长度 40 cm 以上。横径 30 cm 以上	形状完整，果轴长≤5 cm。长度 30 cm 以上。横径 20 cm 以上
果肉	肉质新鲜，色泽金黄，苞肉厚度均匀，风味芳香。口感干爽脆滑，味甜	肉质新鲜，色泽金黄，苞肉厚度均匀，风味芳香。口感干爽脆滑，味甜	肉质新鲜，色泽淡黄，苞肉厚度均匀，风味芳香。口感干爽脆滑，味稍淡
损害	无腐烂、裂果、疤痕、软腐病及其他病虫害	无腐烂、裂果和畸形，因软腐病及其他病虫害等因素引起的疤痕面积≤3 cm²	无腐烂、裂果和畸形，因软腐病及其他病虫害等因素引起的疤痕面积≤5 cm²

2. 理化指标

见表 1 - 170。

表 1 - 170　木菠萝理化指标

指标	优等	一等	二等
单果重（kg）	≥18	12～＜18	8～＜12
可溶性固形物（%）		≥21	
可食率（%）		≥43	

3. 卫生指标

应符合 GB 2762、GB 2763、GB 2763.1 的规定。

第二十四节　枇　杷

一、国家标准《鲜枇杷果》（GB/T 13867—1992）

1992 年 11 月 12 日发布，1993 年 6 月 1 日实施，适用于枇杷收购和销售。

1. 品种分类

（1）白肉枇杷类　包括软条白沙、照种白沙、白玉、青种、白梨、乌躬白。

（2）红肉枇杷类　包括大红袍（浙江）、夹脚、洛阳青、富阳种、光荣种、大红袍（安徽）、太城西号、长红三号、解放钟。

2. 基本要求

品种纯正，果实新鲜；具有该品种成熟时固有的色泽、正常的风味及质地；果梗完整青鲜；果面洁净，不得沾染泥土或为外物污染；果汁丰富，不得有青粒、僵粒、落地果、腐烂果、显腐烂象征的果实及病虫严重危害。

3. 等级指标

见表 1 - 171。其中，二等果所允许的缺陷，总共不超过 3 项。

表 1 - 171 枇杷果实质量分等规格

项　　目	一　　等	二　　等	三　　等
果形	整齐端正丰满，具该品种特征，大小均匀一致	尚正常，无影响外观的畸形果	次于二等
果面色泽	着色良好，鲜艳，无锈斑或锈斑面积≤5%	着色较好，锈斑面积≤10%	
毛茸	基本完整	部分保留	
生理障碍	无萎蔫、日灼伤、裂果及其他生理障碍	允许褐色及绿色部分≤100 mm²；风干裂果允许一处，长度≤5 mm；无其他严重生理障碍	
病虫害	无	不得侵入果肉	
损伤	无刺伤、划伤、压伤、擦伤等机械损伤	无刺伤、划伤、压伤，无严重擦伤等机械损伤	
果肉颜色	具有该品种最佳肉色	基本具有该品种肉色	
可溶性固形物	白肉类≥11%；红肉类≥9%		
总酸量	白肉类≤0.6 g/100 mL 果汁；红肉类≤0.7 g/100 mL 果汁		
固酸比	白肉类≥20；红肉类≥16		

4. 规格划分

根据单果重划分规格，见表 1 - 172。

表 1 - 172 枇杷规格划分

单位：g

项　　别	品　　种	特　　级	一　　级	二　　级	三　　级
白肉枇杷类	软条白沙	≥30	25～<30	20～<25	16～<20
	照种白沙	≥30	25～<30	20～<25	16～<20
	白玉	≥35	30～<35	25～<30	20～<25
	青种	≥35	30～<35	25～<30	20～<25
	白梨	≥40	35～<40	25～<35	20～<25
	乌躬白	≥45	35～<45	25～<35	20～<25
红肉枇杷类	大红袍（浙江）	≥35	30～<35	25～<30	20～<25
	夹脚	≥35	30～<35	25～<30	20～<25
	洛阳青	≥40	35～<40	25～<35	20～<25
	富阳种	≥40	35～<40	25～<35	20～<25
	光荣种	≥40	35～<40	25～<35	20～<25

（续）

项　别	品　种	特　级	一　级	二　级	三　级
红肉枇杷类	大红袍（安徽）	≥45	35～<45	25～<35	20～<25
	太城西号	≥50	40～<50	30～<40	25～<30
	长红三号	≥50	40～<50	30～<40	25～<30
	解放钟[a]	≥70	60～<70	50～<60	40～<50
可食部分（%）	福建红肉品种	≥68	≥66	≥64	≥62
	其他品种	≥66	≥64	≥62	≥60

a 解放钟可将单果重达 80 g 以上者列为超大果（3 L）；将 30 g～40 g 者列为特小果（2S）。

5. 卫生标准

应符合 GB 2762、GB 2763、GB 2763.1 的规定。

6. 加工原料

加工罐头用的枇杷果实一般不能低于三级，单果重不能低于 20 g。

二、农业行业标准《农产品等级规格　枇杷》（NY/T 2304—2013）

2013 年 5 月 20 日发布，2013 年 8 月 1 日实施，适用于新鲜枇杷的等级规格划分。

1. 基本要求

——外观新鲜、完好，充分发育，具有本品种应有特征；

——无腐烂和变质果实，无严重刺伤、划伤、压伤、擦伤等机械损伤；

——无病虫伤、严重萎蔫、日灼伤、裂果及其他畸形果；

——洁净、无异味；

——无可见异物；

——无异常外来水分。

2. 等级指标

见表 1 - 173。

表 1 - 173　枇杷等级指标

项　目	特　级	一　级	二　级
果形	无畸形果，果形端正，大小均匀一致	无畸形果，果形较一致	无明显畸形果
果面色泽	具该品种固有色泽，色泽鲜艳，着色均匀，无锈斑	具该品种固有色泽，着色较好，锈斑面积不超过果面的5%	具该品种固有色泽，着色较好，锈斑面积不超过果面的10%
果肉色泽	具该品种固有肉色	具该品种固有肉色	与该品种固有果肉色泽无明显差异
果面缺陷	无日灼伤、裂果、萎蔫及其他果面缺陷	无日灼伤、裂果、萎蔫及其他果面缺陷	允许轻微萎蔫，无日灼伤，无明显裂果

(续)

项　目	特　级	一　级	二　级
损伤	无刺伤、划伤、压伤、擦伤等机械伤	可有轻微刺伤、划伤、压伤、擦伤等机械伤，无新鲜伤	可有轻微刺伤、划伤、压伤、擦伤等机械伤，无新鲜伤

3. 规格划分

根据单果重划分规格，见表 1 - 174。

表 1 - 174　枇杷规格划分

单位：g

规　格	A	B	C	D	E
红肉枇杷	≥55	50～<55	45～<50	>40～<45	≤40
白肉枇杷	≥35	30～<35	25～<30	>20～<25	≤20

三、国家标准《地理标志产品　塘栖枇杷》（GB/T 19908—2005）

2005 年 9 月 26 日发布，2006 年 1 月 1 日实施，适用于国家质量监督检验检疫行政主管部门根据《地理标志产品保护规定》批准保护的塘栖枇杷。

1. 品质要求

各类枇杷应品种纯正，果实新鲜，具有本品种成熟时固有的色泽、风味及质地，果梗完整，鲜活，无病虫害和明显机械伤。不得有落地果。

2. 等级指标

感官指标见表 1 - 175，理化指标见表 1 - 176。

表 1 - 175　地理标志产品塘栖枇杷感官指标

项　目		一　级	二　级
果形		整齐端正饱满，具有该品种的特征	基本正常，无畸形果
果品色泽		着色良好，鲜艳，锈斑面积<3%	着色较好，锈斑面积<7%，基部允许少量绿斑点
果肉色泽	软条白沙	乳白色	
	平头大红袍	深橙红色	橙红色
	宝珠		
	大叶杨墩	浅黄橙色	浅橙黄色
	夹角（脚）		
果梗		完整，长≤15 mm	留存，长≤20 mm
外污物		无	允许少许不洁物，无异味物、有毒物
毛茸		基本完整	部分保留

（续）

项　目	一　级	二　级
生理障碍	无萎蔫、日灼伤、裂果	允许少许存在
病虫害	无	无
机械伤	无刺伤、压伤、擦伤等机械伤	无明显机械伤

表 1-176　地理标志产品塘栖枇杷理化指标

项　目	品　种	一　级	二　级
单果重（g）	软条白沙	≥30	25～29
	平头大红袍	≥35	30～34
	宝珠	≥25	20～24
	大叶杨墩、夹角（脚）	≥35	30～34
可溶性固形物（％）	软条白沙	≥15	
	平头大红袍、宝珠	≥13	≥12
	大叶杨墩、夹角（脚）	≥12	≥11
总酸含量（g/100 mL）	软条白沙	≤0.5	
	平头大红袍、宝珠	≤0.6	
	大叶杨墩、夹角（脚）	≤0.7	≤0.8
可食率（％）		≥65	≥60

3. 卫生指标

应符合 GB 2762、GB 2763、GB 2763.1 的规定。

第二十五节　苹　　果

一、国家标准《鲜苹果》（GB/T 10651—2008）

代替《鲜苹果》（GB/T 10651—1989），2008 年 5 月 4 日发布，2008 年 10 月 1 日实施，适用于富士系、元帅系、金冠系、嘎啦系、藤牧 1 号、华夏、粉红女士、澳洲青苹、乔纳金、秦冠、国光、华冠、红将军、珊夏、王林等以鲜果供给消费者的苹果，用于加工的苹果除外。其他未列入的品种也可参照使用。

1. 基本要求

具有本品种固有的特征和风味。具有适于市场销售或储存要求的成熟度。果实保持完整良好。新鲜洁净，无异味或非正常风味。不带非正常的外来水分。

2. 等级指标

鲜苹果等级指标见表 1-177。主要苹果品种的色泽等级要求见表 1-178。苹果达到成熟时，应符合基本的内在质量要求。理化指标参考值见表 1-179。

表 1 - 177　鲜苹果等级指标

指标		优　等	一　等	二　等
果形		具有本品种应有的特征	允许果形有轻微缺点	果形有缺点，但仍保持本品基本特征，不得有畸形果
色泽		红色品种的果面着色比例见表 1-178；其他品种应具有本品种成熟时应有的色泽		
果梗		果梗完整（不包括商品化处理造成的果梗缺损）	果梗完整（不包括商品化处理造成的果梗缺损）	允许果梗轻微损伤
果面缺陷	刺伤（含破皮划伤）	无	无	无
	碰压伤	无	无	允许轻微碰压伤，总面积≤1 cm²，其中最大处面积≤0.3 cm²，伤处不得变褐，对果肉无明显伤害
	磨伤（枝磨、叶磨）	无	无	允许不严重影响果实外观的磨伤，面积≤1 cm²
	日灼伤	无	无	允许浅褐色或褐色，面积≤1 cm²
	药害	无	无	允许果皮浅层伤害，总面积≤1 cm²
	雹伤	无	无	允许果皮愈合良好的轻微雹伤，总面积≤1 cm²
	裂果	无	无	无
	裂纹	无	允许梗洼或萼洼内有微小裂纹	允许有不超出梗洼或萼洼的微小裂纹
	病虫果	无	无	无
	虫伤	无	允许不超过 2 处的虫伤，面积≤0.1 cm²	允许干枯虫伤，总面积≤1 cm²
	其他小疵点	无	允许不超过 5 个	允许不超过 10 个
果锈	褐色片锈	无	允许不超出梗洼的轻微锈斑	允许轻微超出梗洼和萼洼的锈斑
	网状浅层锈斑	允许轻微而分离的平滑网状不明显锈痕，总面积不超过果面的 1/20	允许平滑网状薄层，总面积不超过果面的 1/10	允许轻度粗糙的网状果锈，总面积不超过果面的 1/5
果实横径（mm）	大型果	≥70		≥65
	中小型果	≥60		≥55

注：二等允许不超过 4 项果面缺陷。

表 1－178　主要苹果品种的色泽等级要求

品　种	优　等		一　等		二　等	
	色泽	占果实总面积	色泽	占果实总面积	色泽	占果实总面积
富士系	红或条红	90％以上	红或条红	80％以上	红或条红	55％以上
嘎啦系	红	80％以上	红	70％以上	红	50％以上
藤牧 1 号	红	70％以上	红	60％以上	红	50％以上
元帅系	红	95％以上	红	85％以上	红	60％以上
华夏	红	80％以上	红	70％以上	红	55％以上
粉红女士	红	90％以上	红	80％以上	红	60％以上
乔纳金	红	80％以上	红	70％以上	红	50％以上
秦冠	红	90％以上	红	80％以上	红	55％以上
国光	红或条红	80％以上	红或条红	60％以上	红或条红	50％以上
华冠	红或条红	85％以上	红或条红	70％以上	红或条红	50％以上
红将军	红	85％以上	红	75％以上	红	50％以上
珊夏	红	75％以上	红	60％以上	红	50％以上
金冠系	金黄色	—	黄、绿黄色	—	黄、绿黄、黄绿色	—
王林	黄绿或绿黄	—	黄绿或绿黄	—	黄绿或绿黄	—

表 1－179　主要苹果品种的理化指标参考值

品　种	果实硬度（kg/cm²）	可溶性固形物（％）
富士系	≥7	≥13
嘎啦系	≥6.5	≥12
藤牧 1 号	≥5.5	≥11
元帅系	≥6.8	≥11.5
华夏	≥6	≥11.5
粉红女士	≥7.5	≥13
澳洲青苹	≥7	≥12
乔纳金	≥6.5	≥13
秦冠	≥7	≥13
国光	≥7	≥13
华冠	≥6.5	≥13
红将军	≥6.5	≥13
珊夏	≥6	≥12
金冠系	≥6.5	≥13
王林	≥6.5	≥13

注：未列入的其他品种，可根据品种特性参照表内近似品种的规定掌握。

3. 卫生指标

应符合 GB 2762、GB 2763、GB 2763.1 的规定。

二、国内贸易行业标准《预包装鲜苹果流通规范》（SB/T 10892—2012）

2013 年 1 月 4 日发布，2013 年 7 月 1 日实施，适用于富士系、嘎啦系、金冠系、元帅系、秦冠、国光等预包装鲜苹果的经营和管理，其他品种预包装鲜苹果的流通可参照执行。

1. 基本要求

具有本品种固有的果形、硬度、色泽、风味等特征。具有适于市场销售的食用成熟度。果形完整良好，果梗完整，无异嗅或异味，无不正常的外来水分。

2. 等级指标

预包装鲜苹果等级指标见表 1-180。苹果不同果型的主要品种见表 1-181。

表 1-180 预包装鲜苹果等级指标

指 标		一 级	二 级	三 级
新鲜度		色泽自然鲜亮，表皮无皱缩，果梗、果肉新鲜	色泽自然鲜亮，表皮无皱缩，果梗、果肉新鲜	色泽较好，表皮可有轻微皱缩，果梗、果肉较新鲜
完整度		果形端正，果面光滑，无果锈，果面无缺陷	果形完好，果面光滑，无果锈；单个果实果面斑点缺陷总面积≤0.25 cm²，果面缺陷数不超过 2 个；同一预包装中有果面缺陷的鲜苹果个数不超过 10%	果形完整，可有轻微畸形，果面较光滑，允许有轻微果锈；单个果实果面斑点缺陷总面积≤1 cm²，且伤处不变色；同一预包装中有果面缺陷的鲜苹果个数不超过 10%
均匀度		颜色、果形、大小均匀、一致，同一包装中苹果果径差最大为 2.5 mm	颜色、果形、大小较均匀，同一包装中苹果果径差最大为 2.5 mm；非分层包装的一等苹果果径差最大为 10 mm	颜色、果形、大小尚均匀，同一包装中非分层包装的一等苹果果径差最大为 10 mm；非分层包装的二等苹果果径差不限
着色面积		≥95%	≥80%	≥70%
果实横径（mm）	大型果	≥85	≥75	≥70
	中型果	≥70	≥65	≥60
	小型果	≥65	≥60	≥55

表 1-181 苹果不同果型的主要品种

果 型	品 种
大型果	富士系、秦冠、大国光、元帅系、金冠系、赤阳、迎秋
中型果	嘎啦系、国光、红玉、鸡冠
小型果	红魁、黄魁、早金冠、小国光

3. 卫生指标

应符合 GB 2762、GB 2763、GB 2763.1 的规定。

三、农业行业标准《苹果等级规格》（NY/T 1793—2009）

2009 年 12 月 22 日发布，2010 年 2 月 1 日实施，适用于鲜苹果的分等分级。

1. 基本要求

完好，洁净，无害虫、虫伤、病疤，无异常外部水分，无异味。充分发育，达到市场和运输储藏所要求的成熟度。

2. 等级指标

苹果等级见表 1-182。主要苹果品种的色泽分类见表 1-183。

表 1-182 苹果等级

指 标		特 级	一 级	二 级
果形		具有本品种的固有特征	允许轻微缺陷	有缺陷，但仍保持本品种的基本特征
色泽	鲜红或浓红品种	果面至少 3/4 着红色	果面至少 1/2 着红色	果面至少 1/4 着红色
	淡红或条红品种	果面至少 1/2 着红色	果面至少 1/3 着红色	果面至少 1/5 着红色
果锈	褐色片锈	不粗糙，不超出梗洼	不粗糙，可轻微超出梗洼和萼洼	轻微粗糙，可超出梗洼和萼洼
	网状薄层	轻微而分离的果锈痕迹，未改变果实的整体外观	不超过果面的 1/5	不超过果面的 1/3
	重锈斑	无	不超过果面的 1/10	不超过果面的 1/3
缺陷		允许有不影响果实总体外观、品质、耐储性和在包装中摆放的非常轻微的表面缺陷；无轻微碰压伤；无果皮缺陷	允许有不影响果实总体外观、品质、耐储性和在包装中摆放的轻微缺陷。轻微碰压伤应未变色，总面积≤1 cm²。果皮缺陷的总长度≤2 cm；疮疤总面积≤0.25 cm²，其他缺陷总面积≤1 cm²	允许有不改变果实品质、耐储性和摆放方面基本特性的缺陷。其中，轻微碰压伤处仅轻微变色，总面积≤1.5 cm²。果皮缺陷总长度≤4 cm；疮疤总面积≤1 cm²，其他缺陷总面积≤2.5 cm²

注：金锈、桔苹等果锈为其果皮特征的品种，不受本表果锈指标的限制。"网状薄层"果锈应与果实整体色泽对比不明显。

表 1-183 主要苹果品种的色泽分类

品种类型	品种名称
鲜红或浓红品种	元帅系品种、着色系富士品种、嘎啦系红色芽变品种、粉红女士、寒富、红将军、乔纳金及其芽变品种等
淡红或条红品种	富士、国光、藤牧 1 号等
绿色或黄色品种	澳洲青苹、金冠、金矮生、陆奥、王林等

3. 规格划分

根据苹果果实横径进行规格划分，见表 1-184。苹果不同果型的主要品种的果实横径分类见表 1-185。

表 1 - 184 苹果规格划分

果 型	小 （S）	中 （M）	大 （L）
大型果	<65 mm	65～70 mm	>70 mm
其他	<55 mm	55～60 mm	>60 mm

注：包装容器内苹果果实横径差异，层装苹果不超过 5 mm，散装苹果不超过 10 mm。

表 1 - 185 主要苹果品种的果实横径分类

果 型	品种名称
大型果	乔纳金及其芽变品种、富士及其芽变品种、元帅系品种、寒富、红将军、澳洲青苹、金冠、金矮生、陆奥、王林等
其他	嘎啦及其芽变品种、红玉、国光、藤牧 1 号、粉红女士、辽伏等

四、农业行业标准《红富士苹果》（NY/T 1075—2006）

2006 年 7 月 10 日发布，2006 年 10 月 1 日实施，适用于富士苹果生产、流通、收购和销售。

1. 等级指标

见表 1 - 186。

表 1 - 186 红富士苹果等级指标

指 标		特 级	一 级	二 级
基本要求		果实发育充分，无异常气味，没有不正常的外来水分，具有适于市场和贮存要求的成熟度。果实直径≥70 mm		
果形		具有品种特征，端正，果形指数 0.75 以上	端正	稍有缺陷，但不畸形
色泽		集中着色面 85% 以上，条红或片红	集中着色面 75%～85%（含 85%），条红或片红	集中着色面 55%～75%（不含 75%），条红或片红
果梗		果梗完整或统一剪除		
果实大小	小型	135～200 g（不含 200 g）或 70～80 mm（不含 80 mm）		
	中型	200～250 g（不含 250 g）或 80～85 mm（不含 85 mm）		
	大型	≥250 g 或 85 mm 以上		
果面缺陷（不得超过 2 项）	小疵点	无	允许小疵点。小红点和裂纹的数量总数不超过 5 个	允许小疵点。小红点和裂纹的数量总数不超过 10 个
	碰压伤	无	无	允许轻微碰压伤，果皮不变褐，面积≤0.5 cm²
	磨伤	无	无	允许轻微磨擦伤 1 处，面积≤0.5 cm²
	果锈	无	无	允许轻微果锈，面积≤1 cm²

（续）

指　　标		特　　级	一　　级	二　　级
果面缺陷（不得超过2项）	药害	无	无	允许轻微薄层，面积≤1 cm²
	日灼伤	无	无	允许轻微日灼伤，面积≤1 cm²
	雹伤	无	无	允许轻微雹伤，面积≤0.4 cm²
	虫伤	无	无	允许轻微虫伤，面积≤0.5 cm²
	蛀果、病害和裂果	无	无	无

2. 理化指标

见表1-187。

表1-187　红富士苹果理化指标

项　　目	特　　级	一　　级	二　　级
果实硬度（kg/cm²）	>6.5	>6.5	>6.5
可溶性固形物（%）	≥13	≥12.5	≥12.5
总酸含量（%）	≤0.4	≤0.4	≤0.4

3. 卫生指标

应符合 GB 2762、GB 2763、GB 2763.1 的规定。

五、国家标准《地理标志产品　昌平苹果》（GB/T 22444—2008）

2008 年 10 月 22 日发布，2009 年 3 月 1 日实施，适用于国家质量监督检验检疫行政主管部门根据《地理标志产品保护规定》批准保护的昌平苹果。

1. 等级指标

见表1-188。

表1-188　地理标志产品昌平苹果等级指标

指　　标		特　　级	一　　级
感官要求		果形端正，果梗完整，果面新鲜洁净、具蜡质、有光泽。富士系苹果果肉硬脆多汁、有香味。王林苹果果肉硬脆多汁、乳黄色、香味浓郁。桑沙苹果果肉硬脆多汁、乳黄色、有清香味	
色泽	富士系	片红或条红，果面着色比例≥95%	
	王林	果面黄绿色	
	桑沙	片红、果面着色比例≥90%	
单果重（g）	富士系	≥300	≥250
	王林	≥300	≥250
	桑沙	≥250	≥220

(续)

指　　标		特　　级	一　　级
果形指数	富士系	≥0.9	
	王林	≥0.95	
	桑沙	≥0.85	
果锈、果面缺陷		应符合 GB/T 10651 的规定	

2. 理化指标

见表 1-189。

表 1-189　地理标志产品昌平苹果理化指标

指　　标	富士系	王　　林	桑　　沙
可溶性固形物（%）	≥14	≥14	≥12
糖酸比	35~40	40~45	30~35
硬度（kg/cm²）	≥7	≥6.5	≥7

3. 卫生指标

应符合 GB 2762、GB 2763、GB 2763.1 的规定。

六、国家标准《地理标志产品　灵宝苹果》（GB/T 22740—2008）

2008 年 12 月 28 日发布，2009 年 6 月 1 日实施，适用于国家质量监督检验检疫行政主管部门根据《地理标志产品保护规定》批准保护的灵宝苹果。

1. 等级指标

见表 1-190。

表 1-190　地理标志产品灵宝苹果等级指标

指　　标	特　　级	一　　级	二　　级
品质基本要求	果实完整良好、新鲜，无病虫害；具有本品种的特有风味；果面光洁、色泽艳丽，蜡质较厚；发育充分，具有适于市场或储藏要求的成熟度；果形端正或较端正，果个整齐；果梗完整或统一剪除；果肉脆而多汁，酸甜适度		
着色面积比例（%）	≥90	≥80	≥70
果实横径（mm）	≥80	≥75	≥70
果面缺陷	应符合 GB/T 10651 的规定		

2. 理化指标

见表 1-191。

表 1-191　地理标志产品灵宝苹果理化指标

项　　目	可溶性固形物（%）	总酸（%）	硬度（kg/cm²）
指标	≥13.5	≤0.4	≥8

3. 卫生指标

应符合 GB 2762、GB 2763、GB 2763.1 的规定。

七、国家标准《地理标志产品　烟台苹果》（GB/T 18965—2008）

代替《原产地域产品　烟台苹果》（GB 18965—2003），2008 年 6 月 25 日发布，2008 年 10 月 1 日实施，适用于国家质量监督检验检疫行政主管部门根据《地理标志产品保护规定》批准保护的烟台苹果。

1. 感官特征

具有典型的环渤海湾地区苹果的特征，果个大，果形指数高，色泽鲜艳，表皮薄，果肉脆、嫩、汁液多，酸甜适度，硬度适中，清香可口。

2. 等级指标

见表 1 - 192。

表 1 - 192　地理标志产品烟台苹果等级指标

指　　标		特　　级	一　　级	二　　级
品质基本要求		果实完整良好、新鲜，无病虫害；具有本品种的特有风味；色泽纯正、果面光洁；发育充分，具有适于市场或储藏要求的成熟度；果形端正或较端正，果个整齐；果梗完整或统一剪除		
色泽	红色品种	着色面积≥90%	着色面积≥80%	着色面积≥60%
	其他品种	具有本品种成熟时应有的色泽		
果实横径（mm）	大果型	≥75	≥75	≥70
	中果型	≥70	≥65	≥60
	小果型	≥65	≥60	≥55
果面缺陷	碰压伤	无	无	轻微碰压伤，表皮不变色，面积≤0.5 cm²
	磨伤	无	无	轻微磨擦伤 1 处，表皮不变色，面积≤0.5 cm²
	果锈	无	无	允许轻微果锈，面积≤1 cm²
	水锈	无	无	允许轻微薄层，面积≤1 cm²
	药害	无	无	允许轻微薄层，面积≤1 cm²
	日灼伤	无	无	允许轻微日灼伤，面积≤1 cm²
	雹伤	无	无	允许轻微雹伤，面积≤0.4 cm²
	虫伤	无	无	允许轻微表皮虫伤，面积≤0.5 cm²

3. 理化指标

按 GB/T 10651 执行。

4. 卫生指标

应符合 GB 2762、GB 2763、GB 2763.1 的规定。

八、国家标准《加工用苹果分级》（GB/T 23616—2009）

2009 年 4 月 27 日发布，2009 年 11 月 1 日实施，适用于加工苹果汁、果酱、罐头用苹果的等级划分，加工其他产品用苹果的等级划分可参照该标准。

1. 基本要求

果实成熟度一致，除指定为混合品种外，应为同一品种。成熟度和品种应与加工用果的要求相一致。果实无杂质、无异味，不含非正常外来水分。

2. 等级划分

加工用苹果分为一级、二级和三级。一级损失率小于 5%，二级损失率小于 12%，三级损失率小于 15%。

注：损失率指单个苹果中由于缺陷造成不能用于加工部分的重量所占的百分比。

3. 规格要求

对各级加工用苹果的最小和最大尺寸/重量的要求由交易双方协商确定。

九、农业行业标准《加工用苹果》（NY/T 1072—2013）

代替《加工用苹果》（NY/T 1072—2006），2013 年 5 月 20 日发布，2013 年 8 月 1 日实施，适用于加工用苹果的购销。

1. 基本要求

成熟，完整，新鲜洁净，无霉烂、异味和病虫害。

2. 制醋用苹果

符合基本要求的规定。

3. 制干用苹果

符合基本要求的规定。果实横径≥60 mm，外形规则，果心大小（果心横径与果实横径之比）不超过 1/3，肉质致密，加工过程中无明显褐变现象，干物质含量≥12%。

4. 制汁用苹果

符合基本要求的规定。加工过程中无明显褐变现象，出汁率≥60%。

5. 罐装用苹果

符合基本要求的规定。大小符合表 1 - 193 的要求，果形圆整，无畸形果，果心大小不超过 1/3，果肉白色或黄白色、致密、耐煮制、加工过程中无明显褐变现象，风味浓。

表 1 - 193 罐装用苹果大小分级

等 级	一 级	二 级	三 级
果实横径（mm）	60～70	71～75	76～80

6. 制酒用苹果

符合基本要求的规定。肉质紧密，出汁率≥60%，单宁和可滴定酸含量见表 1 - 194。

表 1 - 194 制酒用苹果单宁和可滴定酸含量要求

品种类型	单宁（%）	可滴定酸（%）
苦涩	>0.3	—
甜苦	0.2～0.3	<0.3
甜	<0.2	<0.3
酸	<0.2	0.4～0.6
高酸	<0.2	>0.6

7. 制酱用苹果

符合基本要求的规定。果心大小不超过 1/3，加工过程中无明显褐变现象。

第二十六节　葡　萄

一、国家标准《无核白葡萄》（GB/T 19970—2005）

2005 年 11 月 4 日发布，2006 年 11 月 1 日实施，适用于无核白葡萄的生产、加工与销售。

1. 感官指标

见表 1 - 195。

表 1 - 195　葡萄感官指标

指　　标	特　　级	一　　级	二　　级
果面	新鲜洁净		
口感	皮薄肉脆、酸甜适口、具有本品特有的风味、无异味		
色泽	黄绿色	黄绿色和绿黄色	
紧密度	适中	较适中	偏松、偏紧

2. 理化指标

见表 1 - 196。

表 1 - 196　葡萄理化指标

指　　标	特　　级	一　　级	二　　级
粒重（g）	≥2.5	≥2	≥1.5
穗重（g）	400～800	≥300	≥250
可溶性固形物（％）	≥18	≥16	≥14
总酸含量（％）	≤0.6	≤0.8	≤1
整齐度（％）	≤20	≥20	
异常果（％）	≤1	≤2	≤3
霉烂果粒	无		

注：整齐度是指单穗、单粒的重量与其平均值的误差，小于 30％为整齐，大于 30％为不整齐；20％～30％为比较整齐。

3. 卫生指标

应符合 GB 2762、GB 2763、GB 2763.1 的规定。

二、国家标准《地理标志产品　吐鲁番葡萄》（GB/T 19585—2008）

代替《原产地域产品　吐鲁番葡萄》（GB 19585—2004），2008 年 6 月 25 日发布，2008

年 10 月 1 日实施，适用于国家质量监督检验检疫行政主管部门根据《地理标志产品保护规定》批准保护的吐鲁番葡萄。

1. 感官指标

见表 1 - 197。

表 1 - 197　地理标志产品吐鲁番葡萄感官指标

指　标	特　级	一　级	二　级
穗形和果形	具有本品种固有的特征		
果面	新鲜洁净		
色泽	黄绿色	黄绿色和绿黄色	
口感	皮薄肉脆、酸甜适口、具有本品种特有的风味，无异味		
整齐度	整齐	比较整齐	
紧密度	适中	紧、适中或松	
异常果	≤1%	≤2%	
霉烂果粒	无		

2. 理化指标

见表 1 - 198。

表 1 - 198　地理标志产品吐鲁番葡萄理化指标

指　标	特　级	一　级	二　级
粒重（g）	≥2.5	≥2.0	≥1.5
穗重（g）	500～800	≥300	≥250
可溶性固形物（%）	≥20	≥18	≥16
总酸（%）	≤0.6	≤0.7	≤0.8

3. 卫生指标

应符合 GB 2762、GB 2763、GB 2763.1 的规定。

三、国内贸易行业标准《预包装鲜食葡萄流通规范》（SB/T 10894—2012）

2013 年 1 月 4 日发布，2013 年 7 月 1 日实施，适用于预包装国产鲜食葡萄的经营和管理。

1. 基本要求

具有本品种固有的果形、大小、色泽（含果肉、种子的颜色）、质地和风味。具有适于市场销售的成熟度。果穗、果形完整良好，无异嗅和异味，无不正常的外来水分。主梗呈木质化或半木质化，并呈褐色或鲜绿色，不干枯、萎蔫。

2. 等级指标

预包装鲜食葡萄等级指标见表 1 - 199。各品种鲜食葡萄的平均果粒重参见表 1 - 200。

表 1 - 199　预包装鲜食葡萄等级指标

指　标	一　级	二　级	三　级
新鲜度	色泽鲜亮，果霜均匀，表皮无皱缩，果梗、果肉新鲜	色泽鲜亮，表皮无皱缩，果梗、果肉新鲜	色泽较好，表皮可有轻微皱缩，果梗、果肉较新鲜
完整度	穗形统一完整，无损伤；果霜完整、无果面缺陷	穗形完整，无损伤；同一包装件内，果粒着色度良好，果霜完整，缺陷果粒≤8%	穗形基本完整；果粒着色度较好，果霜基本完整，缺陷果粒≤8%
果穗重量（kg）	0.5～1	0.3～<0.5	<0.3 或>1
果粒重	同一包装中果粒重≥果粒重平均值的115%	同一包装中果粒重≥果粒重平均值	同一包装中果粒重<果粒重平均值
均匀度	颜色、果形、果粒大小均匀	颜色、果形、果粒大小较均匀	颜色、果形、果粒大小尚均匀

表 1 - 200　各品种鲜食葡萄的平均果粒重

品　种	平均果粒重（g）	品　种	平均果粒重（g）
巨峰	10	牛奶	7
京亚	5.5	红地球	12
藤稔	15	龙眼	5
玫瑰香	4.5	京秀	6
瑞必尔	7	绯红	9
秋黑	7	无核白	5.5
里扎马特	8		

3. 卫生指标

应符合 GB 2762、GB 2763、GB 2763.1 的规定。

四、农业行业标准《加工用葡萄》（NY/T 3103—2017）

2017 年 6 月 12 日发布，2017 年 10 月 1 日实施，适用于酿酒、制干用葡萄。

1. 基本要求

品种纯正、成熟，具有本品种典型色泽、风味，新鲜洁净，无杂质，无霉烂、病虫，无机械损伤，无非正常外部水分。

2. 酿酒葡萄

见表 1 - 201。

表 1 - 201　酿酒葡萄等级指标

项　目	一　级	二　级	三　级
可溶性固形物（%）	>21	19～21	17～<19
总糖（g/L）	>190	170～190	150～<170

3. 制干用葡萄

见表 1 - 202。

表 1 - 202　制干用葡萄等级指标

项　　目	一　　级	二　　级	三　　级
可溶性固形物（％）	＞20	18～20	16～＜18
单粒重（g）	≥2		

4. 卫生指标

应符合 GB 2762、GB 2763、GB 2763.1 的规定。

五、农业行业标准《冷藏葡萄》（NY/T 1986—2011）

2011 年 9 月 1 日发布，2011 年 12 月 1 日实施，适用于冷藏的红地球、巨峰、玫瑰香葡萄。

1. 感官指标

见表 1 - 203。

表 1 - 203　冷藏葡萄感官指标

项　　目	红地球	巨　　峰	玫瑰香
外观	清洁，无非正常外来水分		
风味	基本具有本品种固有的风味，无异味		
色泽	红或紫红	蓝黑或黑色	红紫或黑紫
果穗整齐度	整齐	整齐	较整齐
果穗紧密度	中等紧密或较松散	中等紧密	松散
果粒均匀性	均匀	均匀	较均匀
果粒质地	饱满，果粒硬，无果粒软	饱满，果粒硬度适中，无水罐果	饱满，果粒硬度小，无水罐果
果实漂白（％）	≤2	基本无	基本无
落粒（％）	≤1.5	≤5	≤3.5
穗梗干枯（％）	≤10		
果梗干枯（％）	≤5		
裂果（％）	≤1		
果面缺陷、霉烂（％）	≤5		

2. 理化指标

见表 1 - 204。

表 1 - 204　冷藏葡萄理化指标

时　　间	一　　级	可溶性固形物（％）	可滴定酸（％）
采收时	红地球	符合 GB/T 16862 的要求*	≤0.55
	巨峰		≤0.65
	玫瑰香		≤0.55

（续）

时　间	一　级	可溶性固形物（%）	可滴定酸（%）
出库时	红地球	≥14	≤0.50
	巨峰	≥13	≤0.60
	玫瑰香	≥15	≤0.50

* GB/T 16862《鲜食葡萄冷藏技术》。

第二十七节　桑　　椹

我国制定有国家标准《桑椹（桑果）》（GB/T 29572—2013）。该标准于 2013 年 7 月 19 日发布，2013 年 12 月 6 日实施，适用于食用桑椹（桑果）鲜果的生产和流通。

1. 感官要求

果穗形态整齐，具该品种特征，各单果无干瘪现象。具该品种成熟果实特征色泽（紫黑色、紫色、紫红色、红色、米白色）。果面新鲜洁净，无刺伤、虫伤、擦伤、碰压伤、病斑和腐烂现象。同批次样品中缺陷果不超过 5%。

2. 等级指标

见表 1-205。

表 1-205　新鲜桑椹等级指标

指　标		一　级	二　级
单果重		紫色、紫红、红色椹≥3 g，米白色椹≥1 g，且大小开差≤5%	紫色、紫红、红色椹≥0.8 g，米白色椹≥0.5 g，且大小开差≤10%
可溶性固形物（%）		≥10	≥9
酸度（pH 计测定）		3.5~6.0	
可食用期限（h）	室温存放	≤24	
	低温存放（4~10 ℃）	≤36	
缺陷单果率（%）	虫伤、碰压伤	≤6	≤10
	药斑	无	
	病果	无	
验收容许度		≤5%的次级果	
杂质		无肉眼可见的外来杂质	

3. 卫生指标

应符合 GB 2762、GB 2763、GB 2763.1 的规定。

第二十八节　沙　　棘

我国制定有国家标准《中国沙棘果实质量等级》（GB/T 23234—2009）。该标准于 2009

年 2 月 23 日发布，2009 年 8 月 1 日实施，适用于中国沙棘果实。

1. 等级指标

见表 1 - 206。

表 1 - 206　沙棘果实等级指标

指　　标		特　　等	一　　等	二　　等
基本要求		完整良好，新鲜洁净，无异味。果面达到本品种（类型）固有的色泽和形状。无腐烂。具有可采收成熟度或食用成熟度		
病虫果率（%）		0	≤3	≤5
果实大小（百果重）（g）	鲜果	>19	11.1~19	≤11
	冻果	>11	7.6~11	≤7.5
可溶性固形物（%）	鲜果	≥15		
	冻果	≥19		
每 100 g 含维生素 C（mg）	鲜果	≥300		
	冻果	≥150		
每 100 g 含总黄酮（mg）	鲜果	≥120		
	冻果	≥140		
残伤果率（%）	鲜果	<15	<25	<35
	冻果	<10	<20	<30
杂质含量（%）	鲜果	<3	<5	<8
	冻果	<5	<10	<15

2. 卫生指标

应符合 GB 2762、GB 2763、GB 2763.1 的规定。

第二十九节　山　　楂

我国制定有供销合作行业标准《山楂》（GH/T 1159—2017），代替商业行业标准《山楂》（SB/T 10092—1992），2017 年 6 月 22 日发布，2017 年 12 月 31 日实施，适用于鲜山楂果的收购和销售。

1. 品种分类

见表 1 - 207。

表 1 - 207　山楂品种分类

果　　型	大小（个/kg）	品　　种
大型果	≤130	大金星、大绵球、白瓤绵、敞口、大货、豫北红、滦红、雾灵红、泽洲红、艳果红、面楂、金星、磨盘、集安紫肉、宿迁铁球、大白果、鸡油、大湾山楂等

（续）

果　型	大小（个/kg）	品　　种
中型果	131～180	辽红、西丰红、紫玉、寒丰、寒露红、大旺、叶赫、通辽红、太平、早熟黄等
小型果	181～300	秋金星、秋里红、伏里红、灯笼红、秋红等

注：未列出的其他品种可比照上面品种果实大小分类。

2. 等级指标

见表1-208。

表1-208　山楂等级指标

指　　标	大　　型			中　　型			小　　型		
	优等	一等	合格	优等	一等	合格	优等	一等	合格
千克粒数（粒）	≤110	≤120	≤130	≤150	≤160	≤180	≤220	≤260	≤300
果实均匀度指数	>0.65	>0.65	>0.60	>0.65	>0.65	>0.60	>0.65	>0.65	>0.60
果皮色泽	达本品种成熟时固有色泽								
果肉颜色	A：红、粉红或橙红 B：浅黄至橙黄	A：粉白或绿白 B：黄白至绿白		A：红、粉红或橙红 B：浅黄至橙黄	A：粉白或绿白 B：黄白至绿白		A：红、粉红或橙红 B：浅黄至橙黄	A：粉白或绿白 B：黄白至绿白	
风味	无苦味、异味	A：无苦味、异味 B：可微苦		无苦味、异味	A：无苦味、异味 B：可微苦		无苦味、异味	A：无苦味、异味 B：可微苦	
碰压刺伤果率（%）	<5	<8	<10	<5	<8	<10	<5	<8	<10
锈斑超过果面1/4果率（%）	<3	<5	<5	<3	<5	<5	<3	<5	<5
虫果率（%）	<3	<5	<8	<3	<5	<8	<3	<5	<8
病果率（%）	0	<3	<5	0	<3	<5	0	<3	<5
腐烂、冻伤果	无								
碰压刺伤、锈斑、病虫果率合计（%）	<6	<10	<15	<6	<10	<15	<6	<10	<15

注：1. 果实均匀度指数，即随机取样60个果，以其中20个小果重量除以20个大果重量所得的商数。

2. A表示红果类型，B表示黄果类型。

3. 理化指标

见表1-209。

表 1 - 209　山楂果实主要理化指标

指　标		大　型			中　型			小　型		
		优等	一等	合格	优等	一等	合格	优等	一等	合格
总糖（％）	红果类型	>7								
	黄果类型	>6								
总酸（％）	红果类型	>2								
	黄果类型	>1.5								
维生素 C（mg/100 g）	红果类型	>50	>40		>50	>40		>50	>40	
	黄果类型	>25	>20		>25	>20		>25	>20	

4. 卫生指标

应符合 GB 2762、GB 2763、GB 2763.1 的规定。

第三十节　山　竹

一、国家标准《山竹质量等级》（GB/T 41625—2022）

2022 年 7 月 11 日发布，2023 年 2 月 1 日实施，适用于山竹主要品种鲜果的质量分级。

1. 基本要求

果实具有本品种所固有的紫色至深紫色的外观颜色、斑点等特征；无异常黄色等色斑和流胶；果肉呈白色或乳白色，无黄色等异常颜色。果实完整、新鲜饱满、洁净且无异常外部水，带有完整新鲜的果柄和花萼。果壳有适宜的硬度，无皱缩，且可被正常切开；果柄和花萼无明显皱缩。果实无明显失水、异味、腐烂变质、病虫害和机械损伤。果实达到适于储藏和运输的成熟度。

2. 等级划分

山竹鲜果在符合基本要求的前提下分为特级、一级和二级，见表 1 - 210。山竹鲜果大小规格分为大、中和小 3 个规格，见表 1 - 211。

表 1 - 210　山竹鲜果质量等级规定

指　标	特　级	一　级	二　级
缺陷	果实无肉眼可见明显损伤，无明显呈半透明果肉	果实表面缺陷不超过果面的 5％；果皮或萼片允许有不超过 10％、但不影响食用的轻微擦伤、破碎或其他机械损伤。有不超过 5％ 的呈半透明果肉	果实表面缺陷不超过果面的 10％；果皮或萼片允许有不超过 10％、但不影响食用的轻微擦伤、破碎或其他机械损伤。有不超过 10％ 的呈半透明果肉
可食率（％）	≥29.0		
可溶性固形物（％）	≥15.0		

表 1 - 211　山竹鲜果大小规格规定

指　标	大	中	小
单果重（g）	>100	75～100	50～<75

二、农业行业标准《山竹子》（NY/T 1396—2007）

2007 年 6 月 14 日发布，2007 年 9 月 1 日实施，适用于山竹子鲜果，加工用的山竹子也可参照使用。

1. 基本要求

果实新鲜饱满，色泽紫红至深紫色，具明显光泽，全果着色均匀。果实外观洁净，无任何异常色斑。果柄和花萼新鲜，色泽青绿，无黄褐斑，无皱缩。无任何异味。无病虫害。无明显损伤。外部无外来水，但冷凝水除外。果肉白色或乳白色，无任何损伤、变色或变质。

2. 等级指标

见表 1 - 212。

表 1 - 212　山竹子鲜果等级指标

指　标		优　等	一　等	二　等
品质要求	果实完好	匀称，无损伤，带完整的果柄和花萼	匀称，无损伤，带完整的果柄，允许花萼有轻微缺陷	稍不匀称；果柄或花萼有明显残缺；表面有轻微损伤痕迹
	单果重（g）	≥130	≥100	≥70
	果实大小（cm）	横径≥6.5 纵径≥5.8	横径≥6.1 纵径≥5.3	横径≥5.2 纵径≥4.6
	可食率（%）	≥33	≥30	≥29
	可溶性固形物（%）	≥13		
限度		品质要求不合格率不超过 5%，不合格部分应达到一等要求	品质要求不合格率不超过 5%，不合格部分应达到二等要求	品质要求不合格率不超过 10%，不合格部分应达到基本要求

3. 卫生指标

应符合 GB 2762、GB 2763、GB 2763.1 的规定。

第三十一节　石　榴

我国制定有林业行业标准《石榴质量等级》（LY/T 2135—2018），代替《石榴质量等级》（LY/T 2135—2013），2018 年 12 月 29 日发布，2019 年 5 月 1 日实施，适用于中国甜石榴的市场贸易。

1. 等级指标

见表 1 - 213。

表 1－213　甜石榴等级指标

指　标		特　级	一　级	二　级
品质基本要求		整齐，新鲜洁净，发育正常，无裂果、异味、病虫害，出汁率≥25%，充分成熟		
果形		端正，具有本品种固有的形状和特征		
色泽		具有本品种成熟时应有的色泽		
果柄		完整	完整	可无果柄，但不伤果皮
花萼		完整	完整	稍有缺损，但不伤果皮
单果重（g）	大果型（L）	≥500	400～<500	300～<400
	中果型（M）	≥400	350～<400	300～<350
	小果型（S）	≥380	340～<380	250～<340
果面	日灼伤	无	无	面积≤2 cm²
	锈斑	无	允许水锈薄层，垢斑点不超过5个，总面积不超过果面的1/10	允许水锈薄层，垢斑点面积不超过果面的1/6
	磨伤	无	轻微磨伤2处，总面积≤1 cm²	轻微磨伤2处，总面积≤2 cm²
	雹伤	无	允许轻微雹伤1处，面积≤0.5 cm²	允许轻微雹伤2处，总面积≤1 cm²
	刺伤划伤	无	无	允许刺伤划伤1处，面积≤1 cm²
	碰压伤	无	无	允许轻微碰压伤1处，面积≤0.5 cm²，不褐变

2. 理化指标

见表 1－214。

表 1－214　甜石榴理化指标

指　标		特　级	一　级	二　级
百粒重（g）	大籽粒果	≥70	≥65	≥60
	中籽粒果	≥60	≥56	≥50
	小籽粒果	≥38	≥34	≥32
理化指标	可溶性固形物（%）	≥15.5	≥14.5	≥14
	酸度（%）	≤0.4	≤0.5	≤0.6

注：酸度用酸碱滴定法测定。

3. 卫生指标

应符合 GB 2762、GB 2763、GB 2763.1 的规定。

第三十二节　柿　子

一、国家标准《柿子产品质量等级》（GB/T 20453—2022）

代替《柿子产品质量等级》（GB/T 20453—2006），2022 年 12 月 30 日发布，2023 年 7

月1日实施，适用于柿子产品的质量要求及等级划分。

鲜柿等级指标见表1-215的规定。柿主要品种的单果重等级要求见表1-216。

表1-215 鲜柿等级指标

<table>
<tr><td colspan="4">指　标</td><td>特　级</td><td>一　级</td><td>二　级</td></tr>
<tr><td colspan="4">基本要求</td><td colspan="3">新鲜洁净，果形整齐，鲜柿（脆食）无残涩，剪除果柄，保持萼片完整</td></tr>
<tr><td colspan="4">果形</td><td colspan="3">具有本品种应有的形状和特征，各主要品种特征见该标准的附录A</td></tr>
<tr><td colspan="4">色泽</td><td colspan="3">具有本品种采收成熟期（脆食）或完熟期（软食）应有的色泽，各主要品种特征见该标准的附录A</td></tr>
<tr><td colspan="4">单果重</td><td colspan="3">柿主要品种的单果重等级要求应符合表1-216的规定</td></tr>
<tr><td rowspan="21">鲜柿（脆食）</td><td colspan="3">果肉</td><td colspan="3">有一定硬度（＞6 kg/cm²），可削皮，可切分</td></tr>
<tr><td colspan="3">肉质</td><td>松脆</td><td>松脆</td><td>硬韧</td></tr>
<tr><td colspan="3">可溶性固形物（％）</td><td>≥16</td><td>14～＜16</td><td>＜14</td></tr>
<tr><td colspan="3">核（粒）</td><td>0～1</td><td>0～2</td><td>0～4</td></tr>
<tr><td rowspan="17">果面缺陷</td><td colspan="2">病害</td><td colspan="3">无</td></tr>
<tr><td rowspan="2">虫伤（无虫体）</td><td>虫伤处（个）</td><td>无</td><td>无</td><td>轻微伤≤2</td></tr>
<tr><td>虫伤面积（cm²）</td><td>无</td><td>无</td><td>≤1</td></tr>
<tr><td rowspan="2">磨伤</td><td>磨伤处（个）</td><td>无</td><td>轻微伤≤1</td><td>轻微伤≤2</td></tr>
<tr><td>磨伤面积（cm²）</td><td>无</td><td>≤0.5</td><td>≤1</td></tr>
<tr><td colspan="2">日灼伤（cm²）</td><td>无</td><td>轻微日灼伤，果面未变黑色</td><td>轻度日灼伤，果面变黑色的面积≤2</td></tr>
<tr><td colspan="2">压伤碰伤（cm²）</td><td>无</td><td>无</td><td>≤1</td></tr>
<tr><td colspan="2">刺伤划伤（cm²）</td><td>无</td><td>无</td><td>≤0.5</td></tr>
<tr><td colspan="2">裂果</td><td>无</td><td>无</td><td>允许本品种特有的裂纹</td></tr>
<tr><td colspan="2">锈斑（cm²）</td><td>无</td><td>≤1</td><td>≤2</td></tr>
<tr><td colspan="2">软化（cm²）</td><td>无</td><td>无</td><td>≤1</td></tr>
<tr><td colspan="2">褐变（cm²）</td><td>无</td><td>≤0.5</td><td>≤2</td></tr>
<tr><td colspan="2">上述缺陷数（项）</td><td>无</td><td>≤2</td><td>≤3</td></tr>
<tr><td rowspan="5">鲜柿（软食）</td><td colspan="3">肉质</td><td>绵软多汁</td><td>稍绵，较多汁</td><td>稍黏</td></tr>
<tr><td colspan="3">可溶性固形物（％）</td><td>≥18</td><td>15～＜18</td><td>＜15</td></tr>
<tr><td colspan="3">核（粒）</td><td>0～1</td><td>0～2</td><td>0～4</td></tr>
<tr><td colspan="3">锈斑（cm²）</td><td>无</td><td>≤1</td><td>≤2</td></tr>
<tr><td colspan="3">果皮韧性</td><td>手拿不裂</td><td>手拿不裂</td><td>轻拿裂皮，果汁不淌</td></tr>
</table>

表 1-216 柿主要品种的单果重等级要求

类　型	代表品种	单果重（g）		
		特级	一级	二级
特大型果	太秋、磨盘柿、高安方柿、中柿2号、鲁山牛心柿等	≥301	251～300	200～250
大型果	次郎、阳丰、安溪油柿、刀根早生、宝盖甜柿、八月黄、鄂柿1号等	≥221	181～220	150～180
	眉县牛心柿、富平尖柿、元宵柿、文县馍馍柿、平核无、于都盒柿等	≥201	171～200	150～170
中型果	绵瓢柿、菏泽镜面柿、干帽盔、广东大红柿、南通小方柿、托柿、中柿1号、金瓶柿、荥阳水柿、邢台台柿、博爱八月黄、恭城月柿等	≥141	121～140	100～120
中小型果	孝义牛心柿、小萼子、新红柿等	≥116	101～115	85～100
小型果	火晶、桔蜜柿、胎里红等	≥91	71～90	50～70
	火罐、暑黄柿、中农红灯笼等	≥56	46～55	35～45

二、国家标准《地理标志产品　房山磨盘柿》（GB/T 22445—2008）

2008年10月22日发布，2009年3月1日实施，适用于国家质量监督检验检疫行政主管部门根据《地理标志产品保护规定》批准保护的房山磨盘柿。

1. 等级指标

见表 1-217。

表 1-217 地理标志产品房山磨盘柿等级指标

指　标		特　级	一　级
单果重（g）		≥300	≥250
果形		端正，扁方或扁圆，缢痕明显	端正，扁方或扁圆，缢痕明显
柿蒂		柿蒂完整	柿蒂基本完整
色泽		橙黄色至橙红色	橙黄色至橙红色
果面缺陷	刺伤	无	无
	碰压伤	无	允许轻微碰压伤，总面积≤0.5 cm²
	磨伤	无	允许轻微磨伤，总面积不超过果面的1/50
	水锈、药斑	无	允许轻微薄层，总面积不超过果面的1/20
	日灼伤	无	允许轻微日灼伤，总面积≤1 cm²
	雹伤	无	无
	虫伤	无	允许轻微虫伤，不超过3处
	软化	无	允许轻微软化，总面积≤1 cm²
	病斑	无	无

注：果面缺陷，一级不超过2项。

2. 理化指标

可溶性固形物≥16％。果实硬度（果实采后 24 h 之内测定值)≥10 kg/cm²。

3. 卫生指标

应符合 GB 2762、GB 2763、GB 2763.1 的规定。

第三十三节　树　　莓

我国制定有国家标准《树莓》（GB/T 27657—2011)。该标准于 2011 年 12 月 30 日发布，2012 年 4 月 1 日实施，适用于鲜食树莓。

1. 基本要求

具有本品种固有的特征和风味。具有适应市场销售或储存要求的成熟度。果实保持完整良好。新鲜洁净，无异味。不带非正常的外来水分。不含任何肉眼可见杂物。没有胎座的果实不能有花萼和花托。有胎座的果实应保留花萼和花托，无果梗。无病虫果。

2. 等级指标

见表 1-218。

表 1-218　树莓质量等级指标

指　　标	优　　等	一　　等	二　　等
整齐度	平均果重 5 g 以下，±20％	平均果重 5 g 以下，±25％	不作要求
	平均果重 5 g～15 g，±15％	平均果重 5 g～15 g，±20％	
	平均果重 15 g 以上，±10％	平均果重 15 g 以上，±15％	
色泽	色泽无缺陷	允许色泽有轻微缺陷	色泽有缺陷，但不影响风味
果形	具有本品种应有的特征，果形完整	具有本品种应有的特征，允许果形有轻微缺陷	具有本品种应有的特征，允许果形有缺陷，但不得有畸形果
碰压伤	无	有轻微碰压伤的果实≤1％，无汁液浸出	允许有碰压伤的果实≤2％，允许有少许的汁液浸出
成熟度	不允许有未熟果和过熟果	允许有不超过 1％的未熟果和过熟果	允许有不超过 2％的未熟果和过熟果
聚合果的完整性	完整，无缺失	允许果形有轻微缺失	允许果形有缺失，但不能超过整个果实的 50％

3. 卫生指标

应符合 GB 2762、GB 2763、GB 2763.1 的规定。

第三十四节　桃

一、农业行业标准《鲜桃》（NY/T 586—2002）

2002 年 11 月 5 日发布，2002 年 12 月 20 日实施，适用于鲜桃的收购和销售。

1. 等级指标

见表1-219。

表1-219 鲜桃等级指标

指　　标		特　　等	一　　等	二　　等
基本要求		完整良好，新鲜清洁，无果肉褐变、病果、虫果、刺伤，无不正常外来水分，充分发育，无异常气味和滋味，具有可采收成熟度或食用成熟度，整齐度好		
果形		具有本品种应有的特征	具有本品种的基本特征	稍有不正，但不得有畸形果
色泽		果皮颜色具有本品种成熟时应有的色泽	果皮色泽具有本品种成熟时应有的颜色，着色程度达到本品种应有着色面积的2/4以上	果皮色泽具有本品种成熟时应有的颜色，着色程度达到本品种应有着色面积的1/4以上
可溶性固形物（%）	极早熟品种	≥10	≥9	≥8
	早熟品种	≥11	≥10	≥9
	中熟品种	≥12	≥11	≥10
	晚熟品种	≥13	≥12	≥11
	极晚熟品种	≥14	≥12	≥11
果实硬度（kg/cm²）		≥6	≥6	≥4
果面缺陷	碰压伤	不允许	不允许	不允许
	蟠桃梗洼处果皮损伤	不允许	允许损伤总面积≤0.5 cm²	允许损伤总面积≤1 cm²
	磨伤	不允许	允许轻微磨伤一处，面积≤0.5 cm²	允许轻微不褐变的磨伤，总面积≤1 cm²
	雹伤	不允许	不允许	允许轻微雹伤，总面积≤0.5 cm²
	裂果	不允许	允许风干裂口一处，长度≤0.5 cm	允许风干裂口两处，总长度≤1 cm
	虫伤	不允许	允许轻微虫伤一处，面积≤0.03 cm²	允许轻微虫伤，总面积≤0.3 cm²

注：果面缺陷不超过两项。

2. 规格指标

见表1-220。

表1-220 鲜桃规格指标

果实质量 m（g）	规　　格	果实质量 m（g）	规　　格
$350 < m$	AAAA	$270 < m \leqslant 350$	AAA

（续）

果实质量 m（g）	规　格	果实质量 m（g）	规　格
$220＜m≤270$	AA	$130＜m≤150$	C
$180＜m≤220$	A	$110＜m≤130$	D
$150＜m≤180$	B	$90＜m≤110$	E

3. 品种的基本性状和理化指标

参见表1-221。

表 1-221　主要鲜桃品种食用成熟度的基本性状和理化指标

品　　　种	单果重（g）	果实横径（mm）	果形	底色	彩色	着色面积	肉色	肉质	风味	核黏离性	可溶性固形物（%）	可溶性糖（%）	可滴定酸（%）	维生素C（mg/100 g）
白凤	110	60	圆	乳白	红	2/4	白	硬溶	甜	黏	12.0	8.4	0.18	11.44
白花	175	68	椭圆	绿白	红	1/4	白	硬溶	甜	黏	11.0	9.21	0.21	8.11
布目早生	120	58	圆	乳白	红	1/4	白	软溶	甜	黏	11.0	8.9	0.23	11.25
仓方早生	140	65	圆	乳白	红	1/4	白	硬溶	甜	黏	12.0	8.0	0.35	11.26
朝晖	180	70	圆	乳白	红	2/4	白	硬溶	甜	黏	12.8	10.7	0.25	10.56
朝霞	150	65	圆	乳白	红	2/4	白	硬溶	甜	黏	11.0	9.47	0.22	7.92
春花	105	60	圆	乳白	红	2/4	白	软溶	甜	黏	11.0	8.71	0.32	4.04
春蕾	90	52	卵圆	乳白	红	1/4	白	软溶	甜	黏	8.7	7.30	0.27	11.94
大久保	200	75	圆	乳白	红	2/4	白	硬溶	甜	离	12.5	10.07	0.25	8.45
丹墨-油桃	85	55	圆	黄	红	4/4	黄	硬溶	甜	黏	11.0	9.56	0.27	7.39
肥城桃	230	75	椭圆	绿白	红	＜1/4	白	硬溶	甜	黏	13.0	12.21	0.33	11.89
丰白	220	79	圆	乳白	红	1/4	白	硬溶	甜	离	11.8	9.21	0.26	8.2
华光-油桃	95	56	圆	绿白	红	2/4	白	软溶	甜	黏	10.0	9.50	0.23	8.40
晖雨露	110	61	圆	乳白	红	2/4	白	软溶	甜	黏	11.0	6.88	0.10	7.21
京玉	200	75	卵圆	绿白	红	1/4	白	硬溶	甜	离	12.9	10.05	0.28	10.82
丽格兰特-油桃	150	83	椭圆	黄	红	3/4	黄	硬溶	酸甜	离	12.1	7.76	1.06	12.58
明星	150	63	圆	橙黄	红	1/4	黄	不溶	酸甜	黏	11.0	9.68	0.65	10.06
农神-蟠桃	110	68	扁平	乳白	红	4/4	白	硬溶	甜	离	10.0	8.85	0.39	10.91
庆丰	120	60	圆	绿白	红	2/4	白	软溶	甜	黏	11.0	7.75	0.24	10.56
瑞光18号-油桃	180	70	圆	乳黄	红	3/4	黄	硬溶	甜	黏	12.0	8.70	0.62	21.2
瑞光2号-油桃	135	62	圆	橙黄	红	3/4	黄	硬溶	甜	黏	10.9	9.44	0.32	12.41

（续）

品　　　种	单果重（g）	果实横径（mm）	果形	底色	彩色	着色面积	肉色	肉质	风味	核黏离性	可溶性固形物（%）	可溶性糖（%）	可滴定酸（%）	维生素 C（mg/100 g）
瑞光 3 号-油桃	145	63	圆	绿白	红	2/4	白	软溶	甜	黏	10.2	7.55	0.29	10.56
瑞光 5 号-油桃	145	63	圆	绿白	红	3/4	白	软溶	甜	黏	10.5	7.02	0.36	7.68
瑞光 7 号-油桃	140	63	圆	乳黄	红	3/4	白	硬溶	甜	黏	11.0	8.06	0.58	9.86
瑞蟠 2 号-蟠桃	130	72	扁平	乳白	红	2/4	白	硬溶	甜	黏	12.0	7.68	0.20	10.11
瑞蟠 4 号-蟠桃	200	75	扁平	绿白	红	2/4	白	硬溶	甜	黏	13.0	9.67	0.37	19.04
撒花红蟠桃	150	73	扁平	乳白	红	2/4	白	软溶	甜	黏	11.1	9.22	0.27	6.53
砂子早生	150	63	椭圆	白	红	1/4	白	硬溶	甜	黏	11.7	9.81	0.28	10.12
深州蜜桃	200	72	卵圆	绿白	红	<1/4	白	硬溶	甜	黏	18.0	13.98	0.29	17.16
曙光-油桃	100	58	圆	黄	红	4/4	黄	硬溶	甜	黏	9.0	8.20	0.10	9.20
晚蜜	210	77	圆	乳黄	红	2/4	白	硬溶	甜	黏	14.5	8.51	0.29	11.98
五月火-油桃	90	54	卵圆	黄	红	4/4	黄	硬溶	酸甜	黏	8.0	7.18	0.63	11.75
五月鲜	140	65	卵圆	绿白	红	1/4	白	硬脆	甜	离	13.0	8.43	0.24	5.95
西农 18 号	150	65	卵圆	绿白	红	1/4	白	硬溶	甜	离	13.9	10.35	1.08	9.39
霞晖 1 号	130	62	圆	乳白	红	2/4	白	软溶	甜	黏	10.1	5.47	0.18	9.42
艳光-油桃	110	60	椭圆	绿白	红	2/4	白	软溶	甜	黏	10.0	9.40	0.11	8.80
燕红	200	74	圆	绿白	红	2/4	白	硬溶	甜	黏	12.0	10.42	0.42	10.12
迎庆	150	65	圆	绿白	红	<1/4	白	硬溶	甜	黏	13.0	12.2	0.59	11.27
雨花露	120	60	圆	乳白	红	2/4	白	软溶	甜	黏	11.0	8.15	0.26	9.46
玉露	150	66	圆	白	红	1/4	白	软溶	甜	黏	11.3	9.16	0.42	7.71
玉露蟠桃	150	73	扁平	乳黄	红	2/4	白	软溶	甜	黏	12.2	10.71	0.27	12.93
早红 2 号-油桃	130	65	圆	橙黄	红	4/4	黄	硬溶	酸甜	离	11.0	8.12	0.82	9.33
早红珠-油桃	95	55	圆	乳白	红	3/4	白	软溶	甜	黏	10.5	9.02	0.47	8.27
早魁蜜-蟠桃	130	72	扁平	乳黄	红	1/4	白	软溶	甜	黏	13.5	13.87	0.12	7.47
早露蟠桃-蟠桃	90	65	扁平	乳白	红	2/4	白	软溶	甜	黏	10.0	8.10	0.27	10.56
早硕蜜-蟠桃	95	67	扁平	乳黄	红	2/4	白	软溶	甜	黏	13.0	12.22	0.13	7.47
早霞露	95	55	椭圆	乳白	红	2/4	白	软溶	甜	黏	9.0	7.17	0.19	0.00
中华寿桃	250	80	圆	绿白	红	2/4	白	硬溶	甜	黏	18.0	14.6	0.09	7.00

4. 卫生指标

应符合 GB 2762、GB 2763、GB 2763.1 的规定。

二、农业行业标准《桃等级规格》（NY/T 1792—2009）

2009 年 12 月 22 日发布，2010 年 2 月 1 日实施，适用于鲜食桃的分等分级。

1. 基本要求

完好，新鲜、洁净，无碰压伤、裂果、虫伤、病害等果面缺陷，无异常外部水分，无异味。充分发育，达到市场和运输储藏所要求的成熟度。

2. 等级指标

见表 1-222。

表 1-222　桃等级指标

指　标		特　级	一　级	二　级
果形		具有本品种的固有特征	具有本品种的固有特征	可稍有不正，但不得有畸形果
果皮着色		红色，粉红面积不低于 3/4	红色，粉红面积不低于 2/4	红色，粉红面积不低于 1/4
果面缺陷	碰压伤	无	无	无
	蟠桃梗洼处果皮损伤	无	总面积≤0.5 cm²	总面积≤1 cm²
	磨伤	无	允许轻微磨伤一处，总面积≤0.5 cm²	允许轻微不褐变的磨伤，总面≤1 cm²
	雹伤	无	无	允许轻微雹伤，总面积≤0.5 cm²
	裂果	无	允许风干裂口一处，总长度≤0.5 cm	允许风干裂口两处，总长度≤1 cm
	虫伤	无	允许轻微虫伤一处，总面积≤0.03 cm²	允许轻微虫伤，总面积≤0.3 cm²

3. 规格划分

见表 1-223。

表 1-223　桃规格划分

规　格	单果重（g）		
	小（S）	中（M）	大（L）
极早熟品种	<90	90～<120	≥120
早熟品种	<120	120～<150	≥150
中熟品种	<150	150～<200	≥200
晚熟品种	<180	180～<250	≥250
极晚熟品种	<150	150～<200	≥200

三、农业行业标准《水蜜桃》(NY/T 866—2004)

2005年1月4日发布，2005年2月1日实施，适用于水蜜桃。

1. 品种划分

果实生长发育期≤65 d为特早熟品种，66 d～90 d为早熟品种，91 d～120 d为中熟品种，121 d～150 d为晚熟品种，＞150 d为特晚熟品种。

2. 感官指标

见表1-224。

表1-224　水蜜桃感官指标

指　　标	优　　等	一　　等	二　　等
果形	具该品种固有特征，果形端正、整齐、一致	具该品种固有特征，果形端正较一致	具该品种固有特征，果形端正，无明显畸形
色泽	均匀一致		较均匀一致
果面	洁净，无病、虫伤和机械伤，无各种斑疤		
梗洼	无伤痕，无虫斑	无伤痕，虫斑≤2个	

3. 理化指标

见表1-225。

表1-225　水蜜桃理化指标

指　　标		优　　等	一　　等	二　　等
单果重 (g)	特早熟品种	≥110	≥90	≥80
	早熟品种	130～250	≥110	≥100
	中熟品种	175～350	≥150	≥125
	晚熟品种	225～350	≥185	≥150
	特晚熟品种	200～300	≥180	≥150
可溶性固形物 (%)	特早熟品种	≥8	≥8	≥7
	早熟品种	≥9.5	≥9.5	≥9
	中熟品种	≥11.5	≥11	≥10.5
	晚熟品种	≥12	≥11.5	≥11
	特晚熟品种	≥12.5	≥12	≥11.5

4. 卫生指标

应符合GB 2762、GB 2763、GB 2763.1的规定。

四、农业行业标准《肥城桃》(NY/T 1192—2006)

2006年12月6日发布，2007年2月1日实施，适用于肥城桃（佛桃）的商品果实。

1. 等级指标

见表1-226。

表 1－226 肥城桃等级指标

指　标		一　等	二　等	三　等
基本要求		完整良好，新鲜洁净，无不正常的外来水分，无异味，发育正常，无刺划伤等机械损伤，无虫伤和病害。具有储存或市场要求的成熟度		
果形		果形端正，具有本品种固有的特征		果形端正，允许有轻微缺陷
色泽		具有本品种成熟时应有的色泽，且鲜亮	具有本品种成熟时应有的色泽	色泽浅绿
果实横径（mm）		≥90	≥85	≥75
果面缺陷	碰压伤	无	允许碰压伤 1 处，面积≤0.3 cm²	允许碰压伤总面积≤1 cm²，其中最大处面积≤0.5 cm²
	磨伤	允许轻微磨伤 1 处，面积≤0.3 cm²	允许轻微磨伤 2 处，总面积≤2 cm²	允许轻微磨伤 3 处，总面积≤3 cm²
	水锈、垢斑	无	允许轻微薄层痕迹，面积≤1 cm²	允许轻微薄层痕迹，面积≤2 cm²
	雹伤	无	允许轻微雹伤 1 处，面积≤1 cm²	允许轻微雹伤 2 处，总面积≤2 cm²
	裂果	无	允许风干裂口 2 处，每处长度≤0.5 cm	允许风干裂口 2 处，每处长度≤1 cm
果实理化指标	硬度（kg/cm²）	5～6		
	可溶性固形物（%）	≥13		≥11
	总糖量（%）	≥8		≥6
	总酸量（%）	≤0.4		

2. 卫生指标

应符合 GB 2762、GB 2763、GB 2763.1 的规定。

五、农业行业标准《加工用桃》（NY/T 3098—2017）

2017 年 6 月 12 日发布，2017 年 10 月 1 日实施，适用于桃罐头、桃汁（浆）和桃干的加工用桃。

1. 基本要求

果实充分发育，具有可采收成熟度或食用成熟度，果实完整良好，新鲜清洁，无病果、虫果，无异常外来水分，无异味。

2. 桃罐头用桃

果实选用白肉桃或黄肉桃。白肉桃果肉为白色至青白色，黄肉桃果肉为黄色，果皮、果尖、核窝缝合处允许稍有微红色。果实新鲜饱满，整齐度好，成熟适度，八成至九成熟，风味正常，果肉致密、无褐变，耐蒸煮。果实横径≥50 mm，果实质量≥80 g，果实硬度≥4 kg/cm²。果实质量分类见表 1 - 227。

表 1 - 227　桃罐头用桃果实质量分类

分　类	果实质量 m（g）
一	$m \geqslant 180$
二	$150 \leqslant m < 180$
三	$125 \leqslant m < 150$
四	$100 \leqslant m < 125$
五	$80 \leqslant m < 100$

3. 桃汁（浆）用桃

果实选用成熟度八成至九成熟，可溶性固形物含量 $\geqslant 7\,°\mathrm{Brix}$。

4. 桃干用桃

果实选用符合 NY/T 586 规定的普通桃品种。成熟度六成至八成熟、果实横径 $\geqslant 50\,\mathrm{mm}$。

5. 卫生指标

应符合 GB 2762、GB 2763、GB 2763.1 的规定。

第三十五节　西　番　莲

一、国家标准《百香果质量分级》（GB/T 40748—2021）

2021 年 10 月 11 日发布，2022 年 5 月 1 日实施，适用于紫果、黄果和其杂交品种的百香果鲜果，加工用百香果除外。百香果即西番莲。

1. 感官指标

见表 1 - 228。

表 1 - 228　百香果感官指标

项　目	特　级	一　级	二　级
基本要求	无病斑、腐烂、变质及异味；果实完整，新鲜洁净，无不正常外部水分，无空囊、脱囊；具有百香果特有的芳香		
色泽	具有本品种成熟时应有的色泽，色泽均匀		
果形	具有本品种特有的形状，果形端正，形状整齐		
缺陷	无皱缩，允许轻微的碰压伤或磨伤不超过 1 处	无皱缩，允许不影响浆果质量的刺伤、碰压伤或磨伤不超过 3 处，果面缺陷的总面积不超过 1 cm²	允许有不影响浆果质量的刺伤、皱缩、碰压伤或磨伤，果面缺陷的总面积不超过 2 cm²

2. 理化指标

见表 1 - 229。

表 1 - 229 百香果理化指标

项　　目	特　　级	一　　级	二　　级
可溶性固形物（%）	≥17	≥16	≥15
可食率（%）	≥45		≥40

3. 规格划分

见表 1 - 230。

表 1 - 230 百香果规格划分

规　　格	单果重（g）
大（L）	＞90
中（M）	65～90
小（S）	＜65

二、农业行业标准《西番莲》（NY/T 491—2021）

2021 年 11 月 9 日发布，2022 年 5 月 1 日实施，代替《西番莲》（NY/T 491—2002），适用于西番莲鲜果。

1. 基本要求

——果实发育充分，具有适于市场或者储运要求的成熟度；

—— 新鲜完整；

——无脱浆；

——无异味；

——基本无病虫害、冻害；

——无坏死组织，无明显的机械伤；

——无异常的外部水分，但冷藏取出后的表面冷凝水除外；

——保留果柄。

2. 等级指标

见表 1 - 231。

表 1 - 231 西番莲等级指标

项　　目		特　　级	一　　级	二　　级
成熟度		果肉、果皮颜色与该品种果实成熟时一致		
果实横径（cm）	黄果西番莲	≥7.0	6.0～＜7.0	5.0～＜6.0
	紫红果西番莲	≥6.5	5.5～＜6.5	4.5～＜5.5
缺陷		无皱缩，无缺陷	无皱缩，允许轻微的磨伤，其总面积不超过 1 cm²，无褐变	允许不影响果肉质量的皱缩及损伤、磨伤、日灼伤、病虫害、冻害等果面缺陷的总面积不超过 2 cm²

3. 理化指标

见表 1 - 232。

表 1 - 232 西番莲理化指标

种　　类	可溶性固形物（%）	总酸（以柠檬酸计）（%）	可食率（%）
黄果西番莲	≥15.5	≥3.5	≥40
紫红果西番莲	≥14.5	≥4.0	≥35

4. 规格划分

见表 1 - 233。

表 1 - 233 西番莲规格划分

规　　格	单果重（g）	
	黄果西番莲	紫红果西番莲
大（L）	>90	>85
中（M）	70～90	65～85
小（S）	<70	<65

5. 卫生指标

应符合 GB 2762、GB 2763、GB 2763.1 的规定。

第三十六节　香　　蕉

一、国家标准《香蕉》(GB/T 9827—1988)

1988 年 9 月 20 日发布，1989 年 3 月 1 日实施，适用于香蕉（条蕉和梳蕉）的收购质量规格。

1. 等级指标

条蕉见表 1 - 234。梳蕉见表 1 - 235。

表 1 - 234 条蕉等级指标

指　标	优　　等	一　　等	合　　格
特征色泽	具有同一类品种特征。果实新鲜，形状完整，皮色青绿，有光泽，清洁	具有同一类品种特征。果实新鲜，形状完整，皮色青绿，清洁	具有同一类品种特征。果实新鲜，形状尚完整，皮色青绿，尚清洁
成熟度	成熟适当，饱满度为 75%～80%		
重量、梳数、长度	每条香蕉重量在 18 kg 以上，不少于 7 梳，中间一梳每只长度 ≥23 cm	每条香蕉重量在 14 kg 以上，不少于 6 梳，中间一梳每只长度 ≥20 cm	每条香蕉重量在 11 kg 以上，不少于 5 梳，中间一梳每只长度 ≥18 cm

（续）

指　标	优　等	一　等	合　格
每千克只数	尾梳蕉每千克≤12只。每批中不合格者以条蕉计算，不超过总条数的3%	尾梳蕉每千克≤16只。每批中不合格者以条蕉计算，不超过总条数的5%	尾梳蕉每千克≤20只。每批中不合格者以条蕉计算，不超过总条数的10%
伤病害	无腐烂、裂果、断果。裂轴、压伤、擦伤、日灼伤、疤痕、黑星病及其他病虫害不超过轻度损害。果轴头必须留有头梳蕉果顶1～3 cm	无腐烂、裂果、断果。裂轴、压伤、擦伤、日灼伤、疤痕、黑星病及其他病虫害不超过一般损害。果轴头必须留有头梳蕉果顶1～3 cm	无腐烂、裂果、断果。裂轴、压伤、擦伤、日灼伤、疤痕、黑星病及其他病虫害不超过重损害。果轴头必须留有头梳蕉果顶1～3 cm

表 1－235　梳蕉等级指标

指　标	优　等	一　等	合　格
特征色泽	具有同一类品种特征。果实新鲜，形状完整，皮色青绿，有光泽，清洁	具有同一类品种特征。果实新鲜，形状完整，皮色青绿，有光泽，清洁	具有同一类品种特征。果实新鲜，形状尚完整，皮色青绿，尚清洁
成熟度	成熟适当，饱满度为75%～80%		
每千克只数	梳型完整，每千克≤8只。果实长度22 cm以上。每批中不合格者以梳数计算，不超过总梳数的5%	梳型完整，每千克≤11只。果实长度19 cm以上。每批中不合格者以梳数计算，不超过总梳数的10%	梳型完整，每千克≤14只。果实长度16 cm以上。每批中不合格者以梳数计算，不超过总梳数的10%
伤病害	无腐烂、裂果、断果。允许有压伤、擦伤、折柄、日灼伤、疤痕、黑星病及其他病虫害所引起的轻度损害	无腐烂、裂果、断果。允许有压伤、擦伤、日灼伤、疤痕、黑星病及其他病虫害所引起的一般损害	无腐烂、裂果、断果。允许有压伤、擦伤、日灼伤、疤痕、黑星病及其他病虫害所引起的重损害
果轴	去轴，切口光滑。果柄不得软弱或折损		

2. 理化指标

果实硬度在 $15～16 \text{ kg/cm}^2$，可食部分≥57%，果肉淀粉≥19.5%，总可溶性糖在0.1%～0.4%，含水量≤75%，可滴定酸含量在0.2%～0.5%。这些指标均为参考指标。

3. 卫生指标

应符合 GB 2762、GB 2763、GB 2763.1 的规定。

二、农业行业标准《青香蕉》（NY/T 517—2002）

2002 年 8 月 27 日发布，2002 年 12 月 1 日实施，适于香蕉的生产和销售。

1. 基本要求

充分发育，饱满度适宜。梳果完整良好，新鲜，果皮青绿色，有光泽，果面洁净，果形正常，符合同一类香蕉品种形态特征（表1-236）。果实大小均匀，无机械伤、日灼伤、冷害、冻伤、病虫害、裂果、黄熟蕉果。采收后未经加工处理的穗蕉不列入分级范围。

表1-236 香蕉主要品种的果实形态特征

品 种	果穗长度 （cm）	蕉果梳数 （梳）	果指数 （只）	果指长度 （cm）	果穗重量 （kg）
高脚顿地雷	70～100 （平均：85）	7～10 （平均：8）	145～200 （平均：170）	23～28 （平均：26）	20～40 （平均：32）
大种高把	70～90 （平均：80）	7～10 （平均：8）	155～200 （平均：180）	21～26 （平均：24）	20～40 （平均：30）
广东香蕉2号	60～80 （平均：70）	7～10 （平均：8）	165～205 （平均：185）	21～26 （平均：24）	20～43 （平均：32）
巴西香蕉	65～85 （平均：75）	7～9 （平均：8）	160～200 （平均：180）	21～27 （平均：25）	20～45 （平均：33）
威廉斯	65～85 （平均：75）	7～9 （平均：8）	150～200 （平均：175）	23～27 （平均：25）	20～42 （平均：30）
泰国香蕉	60～80 （平均：70）	7～9 （平均：8）	160～210 （平均：185）	20～26 （平均：23）	21～42 （平均：32）
台湾北蕉	65～85 （平均：75）	7～9 （平均：8）	145～190 （平均：165）	22～26 （平均：24）	19～40 （平均：30）
天宝矮蕉	45～55 （平均：50）	6～9 （平均：8）	130～175 （平均：150）	18～22 （平均：20）	16～34 （平均：25）
浦北矮蕉	45～60 （平均：50）	6～9 （平均：8）	130～180 （平均：155）	19～22 （平均：21）	17～35 （平均：26）

2. 等级指标

见表1-237。

表1-237 香蕉等级指标

指 标	优 等	一 等	二 等
饱满度	75%～90%	75%～90%	70%以上
果实规格	梳型完整，每千克果指数不超过8只，但不少于5只。果实长度20～28 cm。每批中不符合规格的果数≤5%	梳型完整，每千克果指数不超过11只，但不少于4只。果实长度18～30 cm。每批中不符合规格的果数≤8%	梳型基本完整，每千克果指数不超过14只。果实长度15 cm以上。每批中不符合规格的果数≤10%

（续）

指　标		优　等	一　等	二　等
果面缺陷	机械伤	无	允许轻微碰压伤，每梳蕉轻伤面积＜1 cm²	允许轻微碰压伤，每梳蕉轻伤面积＜2 cm²
	日灼伤	无	允许轻微日灼伤，每梳蕉按只数计，不超过3%	允许轻微日灼伤，每梳蕉按只数计，不超过5%
	疤痕	无	一梳香蕉中水锈或干枯疤痕按只数计，不超过5%	一梳香蕉中水锈或干枯疤痕按只数计，不超过10%
	冷害、冻伤	无	无	无
	病虫害	无	无	允许轻微病虫害伤痕，每梳香蕉按只计，伤痕≤1 cm²
	裂果	无	无	无
	药害	无	无	允许轻微药害，每梳香蕉按只计，伤痕≤1 cm²

注：果面缺陷，一等不超过2项，二等不超过3项。

3. 卫生指标

应符合 GB 2762、GB 2763、GB 2763.1 的规定。

三、农业行业标准《香蕉等级规格》（NY/T 3193—2018）

2018年3月15日发布，2018年6月1日实施，适用于香芽蕉的巴西蕉和桂蕉6号品种鲜果的等级规格划分，其他香芽蕉品种可参照执行。

1. 基本要求

应为相同品种。果梳完整，果指发育正常，大小均匀，色泽一致，无裂果。果实新鲜，无失水。果面洁净。果轴切口平滑。果柄坚实无折损。无异常的外部水分，冷藏取出后无皱缩。无病虫害。无冷冻伤。无损伤。无腐烂。无异味。

2. 等级指标

见表1-238。

表1-238　香蕉等级指标

指　标		一　级	二　级
果指	巴西蕉	单梳果指16～20个，单果重120～190 g，果指长度24.1～26.5 cm	单梳果指14～24个，单果重110～145 g，果指长度21.5～24.0 cm
	桂蕉6号	单梳果指18～20个，单果重135～190 g，果指长度22.8～26.2 cm	单梳果指14～24个，单果重120～155 g，果指长度20.2～23.2 cm
果形	巴西蕉	外排果外内弧面长度比1.52～1.54，内排果外内弧面长度比1.31～1.36	外排果外内弧面长度比1.55～1.62，内排果外内弧面长度比1.29～1.37
	桂蕉6号	外排果外内弧面长度比1.54～1.59，内排果外内弧面长度比1.32～1.34	外排果外内弧面长度比1.51～1.63，内排果外内弧面长度比1.35～1.43

（续）

指　标	一　级	二　级
饱满度*	采收时的果实饱满度为75%～85%	采收时的果实饱满度为70%～90%
色泽	具备该品种固有色泽，着色均匀，黄熟果实金黄色	具备该品种固有色泽，着色均匀，允许稍有异色，黄熟果实黄色
果柄	黄熟果实果柄轻摇摆不脱柄，不变形	黄熟果实果柄在轻摇摆时有轻微脱柄现象
果面缺陷	果皮光滑，基本无缺陷，每梳蕉轻伤面积≤1 cm²；单果斑点不超过 2 个，每个斑点直径≤2 mm	果皮光滑，每梳蕉轻伤面积≤2 cm²；单果斑点不超过 4 个，每个斑点直径≤3 mm

　　* 果身微凹，棱角明显，其饱满度为70%～75%，催熟后仍保持该品种的品质；果身圆满，尚见棱角，其饱满度为75%～85%；果身圆满，棱角不明显，其饱满度为85%～90%；果身圆满，棱角不明显，果实开始转色，其饱满度为90%以上。

四、国内贸易行业标准《香蕉流通规范》（SB/T 10885—2012）

　　2013 年 1 月 4 日发布，2013 年 7 月 1 日实施，适用于巴西香蕉的经营和管理，其他品种香蕉可参照执行。

1. 基本要求

　　达到该品种作为商品所需的成熟度，具有该品种固有的色泽和形状。果实新鲜，形状完整，果柄不得软弱折损，无明显的压伤、擦伤、日灼伤、疤痕、冷害、冻害、黑星病及其他病虫害所引起的一般损害，无腐烂、杂质和异味。

2. 等级指标

　　见表 1 - 239。

表 1 - 239　巴西香蕉等级指标

项　目	一　级	二　级	三　级
成熟度	果实饱满、形状完整、表皮清洁	果实较饱满、形状完整，表皮较清洁	稍过熟或稍欠熟，果实欠饱满，形状欠完整，表皮欠清洁
新鲜度	光滑鲜亮、果实紧密，不松散	表面光滑，果实较紧密，不松软	表面较光滑，肉质较紧密
完整度	外观无腐烂、裂果、断果、裂轴、压伤、擦伤、日灼伤、疤痕	外观无明显腐烂、裂果、断果、裂轴、压伤、擦伤、日灼伤、疤痕	外观基本完整，有轻微腐烂、裂果、断果或轻微裂轴、压伤、擦伤、日灼伤、疤痕等
均匀度	外观端正，颜色、大小均匀，每梳长度≥23 cm	外观较端正，颜色、大小较均匀，每梳长度≥20 cm	外观端正，颜色、大小欠均匀，每梳长度≥18 cm

3. 卫生指标

　　应符合 GB 2762、GB 2763、GB 2763.1 的规定。

第三十七节 杏

我国制定有农业行业标准《鲜杏》（NY/T 696—2003）。该标准于 2003 年 12 月 1 日发布，2004 年 3 月 1 日实施，适用于鲜杏的商品生产、收购和销售。

1. 等级指标

见表 1-240。

表 1-240 杏等级指标

指 标		特 等	一 等	二 等
基本要求		果实基本发育成熟，完整、新鲜洁净，无异味、不正常外来水分、刺伤、药害、病害。具有适于市场或储存要求的成熟度		
色泽		具有本品种成熟时应具有的色泽		
果形		端正	比较端正	可有缺陷，但不可畸形
可溶性固形物（%）	早熟品种	≥11.5	11.4～10	9.9～8
	中熟品种	≥12.5	12.4～11	10.9～9
	晚熟品种	≥13	12.9～11.5	11.4～10.5
果面缺陷	磨伤	无	无	允许面积小于 0.5 cm² 轻微磨伤 1 处
	日灼伤	无	无	允许轻微日灼伤，面积≤0.4 cm²
	雹伤	无	无	允许轻微雹伤，面积≤0.2 cm²
	碰压伤	无	无	允许面积小于 0.5 cm² 碰压伤 1 处
	裂果	无	无	允许轻微裂果，面积＜0.5 cm²
	病斑	无	无	允许有轻微干缩病斑，面积＜0.1 cm²
	虫伤	无	无	允许干枯虫伤，面积≤0.1 cm²

注：果面缺陷，二等果不得超过 3 项。果实含酸量≥0.6%

2. 理化指标

鲜杏理化指标参见表 1-241。入库储藏的果实理化指标参照二等果标准。

表 1-241 鲜杏理化指标

品 种	特 等			一 等			二 等		
	可溶性固形物（%）	总酸量（%）	固酸比	可溶性固形物（%）	总酸量（%）	固酸比	可溶性固形物（%）	总酸量（%）	固酸比
骆驼黄	≥11.5	≤1.90	≥6.1	≥10.0	≤1.95	≥5.1	≥9.5	≤2.00	≥4.8
锦西大红杏	≥11.0	≤1.45	≥7.6	≥10.0	≤1.50	≥7.0	≥10.0	≤1.55	≥6.5
张公园	≥11.5	≤1.30	≥8.8	≥11.0	≤1.50	≥7.3	≥10.0	≤1.50	≥6.7
红玉杏	≥13.5	≤2.20	≥6.1	≥12.5	≤2.20	≥5.7	≥10.5	≤2.20	≥4.8
吨葫芦	≥12.5	≤1.30	≥9.6	≥12.0	≤1.30	≥9.2	≥11.5	≤1.35	≥8.5
华县接杏	≥12.5	≤0.90	≥13.9	≥11.5	≤0.90	≥12.8	≥11.0	≤0.95	≥11.6

（续）

品　　种	特　　等			一　　等			二　　等		
	可溶性固形物（%）	总酸量（%）	固酸比	可溶性固形物（%）	总酸量（%）	固酸比	可溶性固形物（%）	总酸量（%）	固酸比
沙金红	≥12.5	≤1.15	≥10.9	≥11.5	≤1.23	≥9.3	≥10.5	≤1.30	≥8.1
银香白	≥12.4	≤1.80	≥6.9	≥11.4	≤1.90	≥6.0	≥10.5	≤1.95	≥5.4
大偏头	≥13.0	≤1.12	≥11.6	≥12.0	≤1.30	≥9.2	≥10.5	≤1.40	≥7.5
串枝红	≥10.0	≤1.52	≥6.6	≥10.0	≤1.60	≥6.3	≥9.50	≤1.65	≥5.8
阿克西米西	≥22.0	≤0.55	≥40.0	≥20.0	≤0.60	≥33.3	≥20.0	≤0.80	≥25.0
李光杏	≥24.0	≤0.60	≥40.0	≥22.0	≤0.7	≥31.4	≥18.0	≤0.80	≥22.5
崂山红杏	≥14.5	≤1.41	≥10.3	≥13.5	≤1.41	≥9.6	≥12.5	≤1.50	≥8.3
杨继元	≥12.0	≤1.40	≥8.6	≥11.1	≤1.50	≥7.4	≥10.6	≤1.55	≥6.8
金杏	≥14.5	≤1.90	≥7.6	≥12.5	≤1.90	≥6.6	≥11.5	≤1.90	≥6.1
大红袍	≥14.0	≤1.50	≥9.3	≥13.5	≤1.50	≥9.0	≥13.0	≤1.60	≥8.1
大白玉巴达	≥12.5	≤1.67	≥7.5	≥12.0	≤1.70	≥7.1	≥11.5	≤1.75	≥6.6
青密沙	≥15.8	≤1.35	≥11.7	≥15.0	≤1.35	≥11.1	≥14.0	≤1.40	≥10.0
油杏（湖南）	≥8.0	≤2.45	≥3.3	≥8.0	≤2.50	≥3.2	≥7.0	≤2.50	≥2.8
仰韶黄杏	≥14.5	≤1.84	≥7.9	≥13.5	≤1.85	≥7.3	≥13.0	≤1.90	≥6.8
红金棒	≥13.0	≤1.50	≥8.7	≥12.0	≤1.50	≥8.0	≥11.0	≤1.55	≥7.1
金妈妈	≥12.5	≤1.32	≥9.5	≥12.0	≤1.40	≥8.6	≥11.0	≤1.50	≥7.3
唐王川大接杏	≥15.8	≤1.15	≥13.7	≥14.5	≤1.20	≥12.1	≥13.0	≤1.20	≥10.8
兰州大接杏	≥14.5	≤1.12	≥12.9	≥13.5	≤1.20	≥11.3	≥12.0	≤1.25	≥9.6
红荷包	≥13.0	≤1.83	≥7.1	≥11.5	≤1.83	≥6.3	≥10.0	≤1.85	≥5.4
二转子	≥12.2	≤0.93	≥13.1	≥11.5	≤0.90	≥12.8	≥11.0	≤1.00	≥11.0
凯特杏	≥13.5	≤1.95	≥6.9	≥12.0	≤2.04	≥5.9	≥10.0	≤2.2	≥4.5
房山桃杏	≥13.5	≤2.00	≥6.8	≥12.5	≤2.00	≥6.3	≥11.0	≤2.05	≥5.4

3. 规格划分

按单果重大小分为 1A 级、2A 级、3A 级和 4A 级四类。1A 级单果重＜50 g。2A 级单果重 50～79 g。3A 级单果重 80～109 g。4A 级单果重≥110 g。

4. 卫生指标

应符合 GB 2762、GB 2763、GB 2763.1 的规定。

第三十八节　杨　　梅

一、林业行业标准《杨梅质量等级》（LY/T 1747—2018）

代替《杨梅质量等级》（LY/T 1747—2008），2018 年 12 月 29 日发布，2019 年 5 月 1 日实施，适用于杨梅鲜果的生产与流通。

1. 等级指标

见表 1 - 242。

表 1 - 242　杨梅等级指标

项　　目	品　　种	特　　级	一　　级	二　　级
基本要求	荸荠种	果形端正，具有该品种固有特征；果面洁净，无病斑、虫粪、灰尘和霉变；达到商业成熟，口感甜中带酸，具有该品种特有风味，无异味		
	东魁			
果面	荸荠种	伤痕占果面 1/10 的果数不超过果实总数的 2%	伤痕占果面 1/10 的果数不超过果实总数的 5%	伤痕占果面 1/10 的果数不超过果实总数的 10%
	东魁			
肉柱	荸荠种	肉柱发育充实，顶端圆钝，无肉刺	肉柱顶端圆钝或有少量尖锐	肉柱顶端圆钝或有少量尖锐，带轻微肉刺
	东魁			
单果重（g）	荸荠种	≥11	≥9.5	≥7.5
	东魁	≥25	≥21	≥18
可溶性固形物含量（%）	荸荠种	≥10		
	东魁	≥9		
可食率（%）	荸荠种	≥94		
	东魁	≥85		

注：其他品种可参照执行（中小果类参照荸荠种，大果类参照东魁）。

2. 卫生指标

应符合 GB 2762、GB 2763、GB 2763.1 的规定。

二、国家标准《地理标志产品　慈溪杨梅》（GB/T 26532—2011）

2011 年 5 月 12 日发布，2011 年 11 月 1 日实施，适用于国家质量监督检验检疫行政主管部门根据《地理标志产品保护规定》批准保护的慈溪杨梅。

1. 等级指标

见表 1 - 243。

表 1 - 243　地理标志产品慈溪杨梅等级指标

项　目		特　　等	一　　等	二　　等
果形		呈扁圆形，果形端正	呈扁圆形，果形基本端正，允许有轻微缺陷	呈扁圆形，果形允许有缺陷，无严重影响外观的畸形果
色泽	早荠蜜梅	紫红色至紫黑色		深红色至黑紫色
	荸荠种、晚荠蜜梅	紫红色至紫黑色		
单果重（g）		>10.5	>9.5	>8
肉柱		肉柱顶端圆钝	肉柱顶端圆钝或少量锐形	
风味、质地		新鲜、酸甜适口、肉质柔软、多汁、无异味、无霉变		

2. 理化指标

见表 1 - 244。

表 1 – 244 地理标志产品慈溪杨梅理化指标

项　目	特　等	一　等	二　等
可溶性固形物（%）	≥11.5	≥10.5	
总酸（以柠檬酸计）（%）	≤1.5		

3. 卫生指标

应符合 GB 2762、GB 2763、GB 2763.1 的规定。

三、国家标准《地理标志产品　丁岙杨梅》（GB/T 22441—2008）

2008 年 10 月 22 日发布，2009 年 1 月 1 日实施，适用于国家质量监督检验检疫行政主管部门根据《地理标志产品保护规定》批准保护的丁岙杨梅。

1. 等级指标

见表 1 – 245。

表 1 – 245 地理标志产品丁岙杨梅等级指标

项　目	特　级	一　级	二　级
果形	圆球形，果形端正	圆球形，果形基本端正，允许有轻微缺陷	圆球形，果形基本端正，允许有缺陷，无严重影响外观的畸形果
色泽	着色良好，鲜艳，黑紫色	着色良好，紫红色至黑紫色	着色良好，淡紫红色至黑紫色
单果重（g）	≥14	≥12	≥10
果面	果面洁净，无病虫危害症状		
肉柱	发育充实，顶端圆钝，组织紧密	顶端圆钝，组织较紧密	顶端圆钝，组织较紧密
风味、质地	酸甜适口、肉质柔嫩、多汁、无异味		

2. 理化指标

见表 1 – 246。

表 1 – 246 地理标志产品丁岙杨梅理化指标

项　目	特　级	一　级	二　级
可溶性固形物（%）	≥10.5	≥10	
总酸（以柠檬酸计）（%）	≤1		

3. 卫生指标

应符合 GB 2762、GB 2763、GB 2763.1 的规定。

四、国家标准《地理标志产品　余姚杨梅》（GB/T 19690—2008）

代替《原产地域产品　余姚杨梅》（GB 19690—2008），2008 年 6 月 25 日发布，2008 年

10月1日实施，适用于国家质量监督检验检疫行政主管部门根据《地理标志产品保护规定》批准保护的余姚杨梅。

1. 等级指标

见表1-247。

表1-247 地理标志产品余姚杨梅等级指标

项　目		特　　等	一　　等	二　　等
果形		果形端正	果形基本端正，允许有轻微缺陷	果形允许有缺陷，无严重的畸形果
色泽	早荠蜜梅	淡紫红色至紫黑色		
	荸荠种、晚荠蜜梅	紫红色至紫黑色		
	水晶杨梅	白色或黄乳白色		
	粉红种杨梅	粉红色至紫红色		
单果重（g）	早荠蜜梅、荸荠种、晚荠蜜梅	＞10.5	＞9.5	＞7.5
	水晶杨梅、粉红种杨梅	＞13.5	＞10.5	＞8.5
肉柱		肉柱顶端呈圆钝形，无肉刺	肉柱顶端呈圆钝形或少量尖锐形，无肉刺	肉柱允许呈尖锐形，带轻微肉刺
风味		新鲜、酸甜适口、肉质柔软、多汁、无异味、无霉变		
病虫害		无		
伤果率（%）		≤5	≤7.5	≤10

注：单个刺伤或碰压伤果面面积超过果面总面积1/10的杨梅果实，判为伤果。

2. 理化指标

见表1-248。

表1-248 地理标志产品余姚杨梅理化指标

项　目	特　　等	一　　等	二　　等
可溶性固形物（%）	＞10.5		
总酸（以柠檬酸计）（%）	≤1.5		

3. 卫生指标

应符合 GB 2762、GB 2763、GB 2763.1 的规定。

第三十九节　杨　　桃

我国制定有农业行业标准《杨桃》（NY/T 488—2002），2002年1月4日发布，2002年2月1日实施，适用于杨桃鲜果的质量评定与贸易，不适用于加工用杨桃。

1. 基本要求

——果形完整；

——未软化；

——新鲜；

——完好，无影响消费的腐烂变质；

——无可见异物；

——无明显虫害；

——无明显瑕疵；

——无低温引起的损伤；

——无异常外部水分，但冷藏取出后形成的冷凝水除外；

——无如何异味；

——发育充分，达到适当的成熟度。

杨桃的发育和状况适宜运输和处理，运抵目的地时处于良好状况。

2. 等级划分

（1）优等　具有优良的质量，具有该品种固有的特征。果形好，无瑕疵，允许有不影响产品整体外观、质量、储存性的极轻微的表皮缺陷。

（2）一等　具有良好的质量，具有该品种固有的特征。果形良好，瑕疵较少，允许有不影响产品整体外观、质量、储存性的非常轻微的表皮缺陷，但不超过果面的5%。

（3）二等　质量次于一等，但符合基本要求。具有该品种的基本特征，果形较好，瑕疵较少，允许有不影响产品整体外观、质量、储存性的轻微表皮缺陷，但不超过果面的10%。

3. 规格划分

见表1-249。

表 1-249　杨桃规格划分

规　　格	A	B	C
重量（g）	80～129	130～190	＞190

4. 卫生指标

应符合 GB 2762、GB 2763、GB 2763.1 的规定。

第四十节　椰　　子

一、农业行业标准《椰子果》（NY/T 490—2002）

2002 年 1 月 4 日发布，2002 年 2 月 1 日实施，适用于加工用成熟椰子果的质量评定和贸易。

1. 基本要求

椰子果应是球形、椭圆形的成熟椰子果，风味正常。

2. 等级指标

见表 1-250。

表 1-250 椰子等级指标

等　级	果实围径（cm）	芽长（cm）	裂果和腐烂果	畸形果和空果
优等	＞60	不发芽	无	无
一等	50～60	不发芽或芽长≤5	无	无
二等	＜50	不发芽或芽长≤10	无	无

3. 卫生指标

应符合 GB 2762、GB 2763、GB 2763.1 的规定。

二、农业行业标准《椰子产品　椰青》（NY/T 1441—2007）

2007 年 9 月 14 日发布，2007 年 12 月 1 日实施，适用于以椰子嫩果为原料，经整形或去皮抛光后再经过保鲜处理所生产的供鲜食的椰子产品。

1. 感官要求

见表 1-251。

表 1-251 椰青感官要求

等　级		要　求
外观	圆锥形椰青	呈圆锥形，无霉变，浅褐色，允许有少量其他色斑，无裂痕
	未抛光椰青	无霉变，浅褐色，无明显黑色和红褐色，无裂痕
	抛光椰青	外表光滑，无霉变，浅褐色，无明显黑色和红褐色，无裂痕
风味、质地		椰子肉和椰子水具有其特有的气味和滋味，无异味；椰子肉质地柔软，咀嚼无渣

2. 理化指标

见表 1-252。

表 1-252 椰青理化指标

项　目	pH	总糖（以葡萄糖计）（%）
指标（椰子水部分）	4.3～6.0	≥3

3. 卫生指标

应符合 GB 2762、GB 2763、GB 2763.1、GB 29921 的规定。

第四十一节　樱　桃

一、国家标准《樱桃质量等级》（GB/T 26906—2011）

2011 年 9 月 29 日发布，2011 年 12 月 1 日实施，适用于甜樱桃的质量分级，不适用于中国樱桃和欧洲酸樱桃。

1. 基本要求

同一品种，具有该品种固有的特征，品种不混杂。果实新鲜洁净，无异常外来水分，无异味，无腐烂、病虫害、冷害和冻害。具有适于市场或储藏要求的成熟度。可溶性固形物含量达到该品种固有的特性。部分甜樱桃品种的可溶性固形物平均含量参见表1-253。

表1-253　部分甜樱桃品种的可溶性固形物平均含量

品　　种	可溶性固形物（％）	品　　种	可溶性固形物（％）
红灯	15.4	大紫	13.5
芝罘红	15	艳阳	15
佐藤锦	18.3	巨红	20
雷尼	14.8	红艳	14.9
拉宾斯	16.4	红蜜	19.2
先锋	16	萨米脱	17.3
滨库	12	美早	16.2
斯坦勒	15	早大果	12
那翁	15		

2. 等级指标

樱桃等级指标见表1-254。部分甜樱桃栽培品种以单果重进行等级划分，见表1-255。

表1-254　樱桃等级指标

指　　标	特　　级	一　　级	二　　级
果形	果形端正，具有本品种的典型果形，无畸形果	果形端正，具有本品种的典型果形，无畸形果	具有本品种的典型果形，允许有5％的畸形果
色泽①	具本品种典型色泽，深色品种着色全面，浅色品种着色2/3以上	具本品种典型色泽，深色品种着色全面，浅色品种着色1/2以上	具本品种的色泽，深色品种着色全面，浅色品种着色1/3以上
果面	果面光洁，无磨伤、果锈和日灼伤		
果梗②	带有完整新鲜的果梗，不脱落		
机械伤	无		
单果重	果实单果重由大到小分布的前20％	果实单果重由大到小分布的21％～60％	果实单果重由大到小分布的61％～90％

① 黄金（Gold）、13-33（月山锦）等品种除外。

② 萨米脱等品种除外。

表1-255　部分甜樱桃栽培品种的等级划分（单果重）

单位：g

品　　种	特　　级	一　　级	二　　级
	单果重由大到小分布的前20％	单果重由大到小分布的21％～60％	单果重由大到小分布的61％～90％
红灯	＞10.4	7.9～10.4	4.8～＜7.9
红蜜	＞6.6	5.1～6.6	3.8～＜5.1
萨米脱	＞11.2	8.8～11.2	6.9～＜8.8
佐藤锦	＞8.2	6～8.2	4.9～＜6

（续）

品　种	特　级	一　级	二　级
	单果重由大到小分布的前 20%	单果重由大到小分布的 21%～60%	单果重由大到小分布的 61%～90%
先锋	＞7.8	6.2～7.8	4.5～＜6.2
拉宾斯	＞7.6	6.5～7.6	5.3～＜6.5
雷尼	＞8.1	6.2～8.1	5.3～＜6.2
美早	＞9.7	8.2～9.7	6.5～＜8.2
红艳	＞7.8	6.1～7.8	5.1～＜6.1
8-102	＞7.6	5.9～7.6	4.8～＜5.9

3. 卫生指标

应符合 GB 2762、GB 2763、GB 2763.1 的规定。

二、农业行业标准《农产品等级规格　樱桃》（NY/T 2302—2013）

2013 年 5 月 20 日发布，2013 年 8 月 1 日实施，适用于鲜食甜樱桃的等级规格划定。

1. 基本要求

——果实完整、新鲜；

——无病虫害；

——无污染；

——无异味；

——无非正常的外来水分；

——有果柄；对于果柄易脱离的品种，果柄处无新鲜伤口。

2. 等级指标

见表 1-256。

表 1-256　樱桃等级指标

指　标	特　级	一　级	二　级
成熟度	适宜成熟度	适宜成熟度	适宜成熟度，过熟或未熟果＜5%
果柄	新鲜、完整	基本完整，褐变和损伤率＜5%	新鲜，基本完整，褐变和损伤率＜10%
色泽	具有品种典型色泽	基本具有品种典型色泽	基本具有品种典型色泽，着色面积不完全
果形	端正	基本端正	基本端正
裂果	无	无	允许少量裂果，但不能流汁
畸形果	无	≤2%	≤5%
瑕疵	无	≤2%	≤10%

3. 规格划分

见表 1-257。

表 1-257　樱桃规格划分

规　格	大（L）	中（M）	小（S）
果实横径（mm）	≥27	21.1～26.9	≤21

第四十二节　枣

一、国家标准《鲜枣质量等级》（GB/T 22345—2008）

2008 年 9 月 2 日发布，2009 年 3 月 1 日实施，适用于鲜枣的质量等级划定。

1. 等级指标

（1）作蜜枣用　见表 1-258。

表 1-258　作蜜枣用鲜枣等级指标

指　标	特　级	一　级	二　级
基本要求	白熟期采收，果形完整，果实新鲜，无明显失水，无异味		
品种	品种一致	品种基本一致	果形相似品种可以混合
果个大小	果个大，均匀一致	果个较大，均匀一致	果个中等，较均匀
缺陷果	≤3%	≤8%	≤10%
杂质含量	≤0.5%	≤1%	≤2%

注：品种间果个大小差异很大，每千克果个数不作统一规定，各地可根据品种特性，按等级自行规定。

（2）鲜食枣　鲜食枣等级指标见表 1-259。其中，冬枣和梨枣果实大小分级标准见表1-260。

表 1-259　鲜食枣等级指标

指　标		特　级	一　级	二　级	三　级
基本要求		脆熟期采收。品种纯正，果形完整，果面光洁，无残留物。肉脆适口，无异味和不良口味。无或几乎无尘土，无不正常的外来水分，基本无完熟期果实。最好带果柄			
果实色泽		色泽好	色泽好	色泽较好	色泽一般
着色面积		占果面的 1/3 以上	占果面的 1/3 以上	占果面的 1/4 以上	占果面的 1/5 以上
果个大小		果个大，均匀一致	果个较大，均匀一致	果个中等，较均匀	果个较小，较均匀
可溶性固形物		≥27%	≥25%	≥23%	≥20%
缺陷果	浆烂果	无	≤1%	≤3%	≤4%
	机械伤果	≤3%	≤5%	≤10%	≤10%
	裂果	≤2%	≤3%	≤4%	≤5%
	病虫果	≤1%	≤2%	≤4%	≤5%
	总缺陷果	≤5%	≤10%	≤15%	≤20%
杂质含量		≤0.1%	≤0.3%	≤0.5%	≤0.5%

注：品种间果个大小差异很大，每千克果个数不作统一规定，各地可根据品种特性，按等级自行规定。

表 1-260　冬枣和梨枣果实大小分级标准

品　　种	单果重（g）			
	特级	一级	二级	三级
冬枣	≥20.1	16.1～20	12.1～16	8～12
梨枣	≥32.1	28.1～32	22.1～28	17～22

2. 卫生指标

应符合 GB 2762、GB 2763、GB 2763.1 的规定。

二、农业行业标准《哈密大枣》（NY/T 871—2004）

2005 年 1 月 4 日发布，2005 年 2 月 1 日实施，适用于鲜食哈密大枣。

1. 等级指标

见表 1-261。

表 1-261　哈密大枣等级指标

指　　标	特　　级	一　　级	二　　级
果形	饱满，椭圆或近圆		
果面	表皮光滑光亮		
色泽	紫红色		
整齐度	整齐	整齐	比较整齐
缺陷果实	无		

注：缺陷果实指腐烂果、浆头、油头、破头、干条果、虫蛀果、病果。

2. 理化指标

见表 1-262。

表 1-262　哈密大枣理化指标

指　　标	特　　级	一　　级	二　　级
单果重（g）	≥22	≥16	≥12
可食率（%）	≥95		
可溶性固形物（%）	≥39	≥36	≥33

3. 卫生指标

应符合 GB 2762、GB 2763、GB 2763.1 的规定。

三、国家标准《冬枣》（GB/T 32714—2016）

2016 年 6 月 14 日发布，2016 年 10 月 1 日实施，适用于晚熟鲜食冬枣。

1. 基本要求

具有本品种固有的品种特征，品种纯正。果实近圆形或扁圆形，果顶较平，成熟果实为红色或赭红色；果实完整，果面整洁、无不正常外来水分，无病果、虫果。果实皮薄、脆甜、多汁、无渣、无异味。具有适于市场流通、销售或储存要求的成熟度。

2. 等级指标

见表 1 - 263。

表 1 - 263　等级指标

项　　目	特　　级	一　　级	二　　级
果实色泽及着色面积	果皮赭红色光亮，着色面积占果实表面积累积比例达 1/3 以上		果皮赭红色光亮，着色面积占果实表面积累积比例达 1/4 以上
单果重 m（g）	$18 < m \leqslant 22$	$14 < m \leqslant 18$	$10 < m \leqslant 14$
可溶性固形物含量（%）	$\geqslant 26$	$\geqslant 22$	

3. 卫生指标

应符合 GB 2762、GB 2763、GB 2763.1 的规定。

四、农业行业标准《冬枣等级规格》（NY/T 2860—2015）

2015 年 12 月 29 日发布，2016 年 4 月 1 日实施，适用于冬枣等级规格的划分。

1. 基本要求

果形基本一致，果面清洁、果点小，成熟适度；无皱缩、萎蔫、浆头、腐烂或变质、异味；无病虫害导致的严重虫蚀、病斑和裂果等损伤；无冷冻、高温、日灼、机械导致的严重损伤；无不正常外来水分，无异物。

2. 等级要求

见表 1 - 264。

表 1 - 264　冬枣等级要求

等　　级	要　　求
特级	具有该品种固有的形态，果皮赭红光亮、着色 50% 以上，果肉白或黄白色，皮薄、果肉细脆无渣、浓甜微香、爽口，无病虫害导致的病斑和裂果等损伤。无冷冻、高温、日灼、机械导致的损伤
一级	具有该品种固有的形态，果皮赭红光亮、着色 40% 以上，果肉白或黄白色，皮薄、果肉细脆无渣、浓甜微香、爽口，无病虫害导致的病斑，无冷冻、高温、日灼导致的损伤。允许有轻微机械导致的损伤。同批果中裂纹果不超过 2%
二级	具有该品种固有的形态，果皮赭红光亮、着色 30% 以上，果肉白或黄白色，皮薄、果肉较脆无渣、浓甜微香、较爽口，无病虫害导致的病斑，无冷冻、高温导致的损伤。允许有少许日灼、机械导致的损伤。同批果中裂纹果不超过 5%

3. 规格划分

表 1 - 265。

表1-265 冬枣规格划分

规 格	大（L）	中（M）	小（S）
单果重 m（g）	$m>17$	$15\leqslant m\leqslant 17$	$12\leqslant m<15$
同一包装中的允许误差（%）	$\leqslant 15$	$\leqslant 10$	$\leqslant 5$

五、国家标准《地理标志产品 黄骅冬枣》（GB/T 18740—2008）

代替《黄骅冬枣》（GB 18740—2002），2008年5月5日发布，2008年10月1日实施，适用于国家质量监督检验检疫行政主管部门根据《地理标志产品保护规定》批准保护的黄骅冬枣。

1. 感官指标

果实近圆形，果顶较平，果粒均匀，果肉酥脆、甜酸可口，果实阳面为赭红色，有光泽。

2. 等级指标

见表1-266。

表1-266 地理标志产品黄骅冬枣等级指标

等 级	千克粒数	着色比例	损伤和缺陷
特级	不超过50粒	每个冬枣着色比例≥1/2	无病虫果、浆头、裂口
一级	51～65粒	每个冬枣着色比例≥1/2	无病虫果、浆头、裂口
二级	66～100粒	每个冬枣着色比例≥1/2	病虫果≤3%，浆头果≤4%，裂口果≤5%

3. 理化指标

见表1-267。

表1-267 地理标志产品黄骅冬枣理化指标

指 标	要 求	指 标	要 求
可食部分（%）	≥90	氨基酸总量（%）	≥2.5
总糖（以蔗糖计）（%）	≥25	核黄素（mg/kg）	≥0.9
总酸（以苹果酸计）（%）	0.05～0.25	铁（以Fe计）（mg/kg）	≥0.2
维生素C（mg/100 g）	≥320	锌（以Zn计）（mg/kg）	≥2.6
可溶性固形物（%）	≥27	胡萝卜素（mg/kg）	≥80
粗纤维（%）	≤7		

4. 卫生指标

应符合GB 2762、GB 2763、GB 2763.1的规定。

六、国家标准《地理标志产品 沾化冬枣》（GB/T 18846—2008）

代替《原产地域产品 沾化冬枣》（GB 18846—2002），2008年6月3日发布，2008年

12月1日实施，适用于国家质量监督检验检疫行政主管部门根据《地理标志产品保护规定》批准保护的沾化冬枣。

1. 感官指标

果实近圆形或扁圆形，果顶较平，果粒均匀，果实阳面赭红色，富光泽，皮薄肉脆，细嫩多汁，浓甜微酸爽口，啖食无渣。

2. 等级指标

见表1-268。

表1-268　地理标志产品沾化冬枣等级指标

指　标	特　级	一　级	二　级
单果重（g）	17～20	14～16	12～13
果形	近圆形或扁圆形		
机械伤、病虫害	无	无病虫果，裂口果≤3%	无病虫果，裂口果≤5%
色泽	果皮赭红光亮，着色50%以上	果皮赭红光亮，着色50%以上	果皮赭红光亮，着色30%以上
口感	皮薄肉脆，细嫩多汁，浓甜微酸爽口，啖食无渣		皮薄肉脆，浓甜微酸爽口，啖食无渣

3. 理化指标

见表1-269。

表1-269　地理标志产品沾化冬枣理化指标

项　目	特　级	一　级	二　级
可食率（%）	≥90		
硬度（kg/cm^2）	≥3.6		
可溶性固形物（%）	≥25		
总糖（以蔗糖计）（%）	≥30	≥30	≥25
总酸（以苹果酸计）（%）*	0.3～1		
维生素C（mg/100 g）	≥250		
膳食纤维（%）	≤5		
总黄酮（μg/100 g）	≥0.2		

＊总酸的单位标准原文为mg/100 g，作者认为应为%。

4. 卫生指标

应符合GB 2762、GB 2763、GB 2763.1的规定。

七、林业行业标准《梨枣》（LY/T 1920—2010）

2010年2月9日发布，2010年6月1日实施，适用于种源为山西临猗的梨枣的收购、储运和销售。

1. 等级指标

见表 1-270。

表 1-270 梨枣等级指标

项 目	特 等	一 等	二 等
基本要求	果实成熟、完整、洁净、无异味，无不正常外来水分，无裂果、病虫果、腐烂果，果皮无损伤		
色泽	色泽为浅红色（着色面积达到 50％以上）		
果形	卵圆形或近圆形		
平均单果量 m（g）	$m \geqslant 28$	$20 \leqslant m < 28$	$13 \leqslant m < 20$

2. 理化指标

见表 1-271。

表 1-271 梨枣理化指标

项 目	特 级
可食率（％）	$\geqslant 95$
硬度（kg/cm²）	$9 \sim 10$
可溶性固形物（％）	$\geqslant 22$

3. 卫生指标

应符合 GB 2762、GB 2763、GB 2763.1 的规定。

第四十三节 哈 密 瓜

一、供销合作行业标准《哈密瓜》（GH/T 1184—2020）

代替《哈密瓜》（GH/T 1184—2017），2020 年 12 月 7 日发布，2021 年 3 月 1 日实施，适用于哈密瓜的收购和销售。

1. 基本要求

果实端正良好、发育正常，果实形态特征具体要求参见表 1-272。具有本品固有风味、无异味。果实新鲜洁净，无腐烂。具有储运或市场要求的成熟度。

表 1-272 哈密瓜主要品种的果实形态特征

品 种	果 形	色泽、网纹、条带
西州蜜 25 号	椭圆形	浅麻绿、绿道，网纹细密全
西州蜜 17 号	椭圆形	黑麻绿底，网纹中密全
早皇后	长椭圆形	果面黄色，覆有深绿色条纹，密网纹
新皇后	椭圆形	果皮金黄色，网纹细密
伽师瓜	椭圆形	皮墨绿色，网纹少

（续）

品　种	果　形	色泽、网纹、条带
伽师瓜 2 号	椭圆形	果面黑绿色，果面网纹密布
金龙	长卵形	果皮鹅黄底，少隐绿斑，网纹细密全
黄旦子	近圆球形	果头白黄色底，覆金黄色斑块和少许绿色斑块，无网纹
8601	长椭圆形	果面黄绿色，覆有绿条斑，网纹密布全瓜
金凤凰	长卵圆形	皮色鹅黄透红，网纹细密
雪里红	椭圆形	果皮黄白色，布有稀疏网纹

2. 等级指标

等级指标见表 1－273。早熟瓜、中熟瓜、晚熟瓜分类参照表 1－274。

表 1－273　哈密瓜等级指标

项　目		特　　等	一　　等	二　　等
外观指标	果形	果形端正，大小均匀	果形端正，大小均匀	果形端正，大小基本均匀，允许有轻微偏缺
	条带、网纹	条带与网纹，整齐一致且明显、清晰，网纹品种的网纹率 95% 以上	条带与网纹，基本整齐且明显、清晰，网纹品种的网纹率 90% 以上	条带与网纹，比较整齐且明显、清晰，网纹品种的网纹率 80% 以上
	机械伤	不允许	不允许	允许外表有轻微机械伤，但单瓜损伤面积总和不超过 2 cm²
	裂纹	不允许	不允许	允许外表有轻微裂纹，但未达到果肉部分
	病虫斑	不允许	不允许	不允许
理化指标	中心可溶性固形物含量（%）　早熟瓜	≥14	≥13	≥13
	中熟瓜	≥15	≥14	≥14
	晚熟瓜	≥14	≥13	≥13

表 1－274　部分哈密瓜主栽品种类别要求

类　别	类别要求	主栽品种
早熟瓜	全生育期<85 d 的哈密瓜	早皇后、黄旦子等
中熟瓜	全生育期 85 d～110 d 的哈密瓜	西州密 17 号、西州蜜 25 号、8601、金龙、新皇后、雪里红、金凤凰等
晚熟瓜	全生育期>110 d 的哈密瓜	伽师瓜、伽师瓜 2 号等

3. 规格划分

哈密瓜规格划分见表 1－275。哈密瓜部分主栽品种瓜型分类参照表 1－276。

表 1－275　哈密瓜规格划分

组　别	单果重（kg）		
	L	M	S
大果型	＞3.5	2.5～3.5	＜2.5
中果型	＞2.5	2.0～2.5	＜2.0
小果型	＞2.0	1.5～2.0	＜1.5

表 1－276　哈密瓜部分主栽品种瓜型分类

类　别	平均单果重（kg）	代表主栽品种
大果型	≥3	伽师瓜、伽师瓜 2 号、8601、新皇后、早皇后等
中果型	＞2～＜3	西州密 17 号、金龙、雪里红、金凤凰等
小果型	≤2	黄旦子、西州蜜 25 号等

二、国家标准《地理标志产品　哈密瓜》（GB/T 23398—2009）

2009 年 3 月 30 日发布，2009 年 10 月 1 日实施，适用于国家质量监督检验检疫行政主管部门根据《地理标志产品保护规定》批准保护的哈密瓜。

1. 等级指标

见表 1－277。

表 1－277　地理标志产品哈密瓜等级指标

项　目		特　　等	一　　等
感官指标	基本要求	具有本品种固有外观特征，果肉细，风味浓郁，新鲜洁净	具有本品种固有外观特征，风味纯正，新鲜洁净，发育正常，具有符合市场要求的成熟度
	瓜形	具有本品种固有瓜形，均匀，瓜形误差＜5%	具有本品种固有瓜形，瓜形基本均匀，瓜形误差＜8%
	色泽、条带、网纹	具有本品种固有的色泽、条带和网纹，整齐一致，网纹品种的网纹率≥95%	具有本品种固有的色泽、条带和网纹，基本整齐，明显、清晰，网纹品种的网纹率≥90%
	碰压伤	无	无
	裂纹	无	无明显裂纹
	刺、划、磨伤	无	无
	病虫斑	无	无
理化指标	果重	大小一致，果重误差率＜5%	大小基本一致，果重误差率＜8%
	中心糖（%）	≥15%	≥14%

注：中心糖亦即中心可溶性固形物含量。

2. 卫生指标

应符合 GB 2762、GB 2763、GB 2763.1 的规定。

第四十四节 西 瓜

一、供销合作行业标准《西瓜》(GH/T 1153—2021)

代替《西瓜》(GH/T 1153—2017),2021 年 3 月 11 日发布,2021 年 5 月 1 日实施,适用于鲜食西瓜的收购和销售。

1. 基本要求

果实端正、发育正常,果实形态特征良好。具有本品固有风味,无异味。果实新鲜洁净,无腐烂。具有储运或市场要求的成熟度。

2. 等级指标

西瓜等级指标见表 1-278。主要西瓜品种参见表 1-279。

表 1-278 西瓜等级指标

项 目			优 等	一 等	二 等
果形			端正	端正	允许有轻微偏缺,但仍具有本品种应有的特征,不得有畸形瓜
果面底色和条纹			具有本品种应有的底色和条纹,且底色均匀一致、条纹清晰	具有本品种应有的底色和条纹,且底色均匀一致、条纹清晰	具有本品种应有的底色和条纹,允许底色有轻微差别,底色和条纹的色泽稍差
剖面			均匀一致,无硬块	均匀一致,无硬块	均匀性稍差,有小的硬块
单果重			大小均匀一致,差异<10%	大小较均匀,差异<20%	大小差异<30%
外观指标	果面缺陷	碰压伤	无	允许总数 5%的果有轻微碰压伤,且单果损伤总面积不超过 5 cm²	允许总数 10%的果有碰压伤,单果损伤总面积不超过 8 cm²,外表皮有轻微变色,但不伤及果肉
		磨、刺划伤	无	占总数 5%的果有轻微伤、单果损伤总面积不超过 3 cm²	占总数 10%的果有轻微伤,且单果损伤总面积不超过 5 cm²,无受伤流汁现象
		雹伤	无	无	允许有轻微雹伤,单果总面积不超过 3 cm²,且伤口已干枯
		日灼伤	无	允许 5%的果有轻微的日灼伤,且单果总面积不超过 5 cm²	允许总数 10%的果有日灼伤,单果损伤总面积不超过 10 cm²
		病虫斑	无	无	允许干枯虫伤,总面积不超过 5 cm²,不得有病斑

（续）

项　目		优　　等	一　　等	二　　等
理化指标	果实中心可溶性固形物（%） 大果型	≥11.0	≥10.5	≥10.0
	中果型	≥11.5	≥11.0	≥10.5
	小果型	≥12.5	≥12.0	≥11.0
	果皮厚度（cm） 大果型	≤1.1	≤1.2	≤1.3
	中果型	≤0.8	≤0.9	≤1.0
	小果型	≤0.5	≤0.6	≤0.7

表 1 - 279　主要西瓜品种

果　型	品　种
大果型	京欣、黑皮无籽、庆红宝、黑金刚、庆发黑马、抗病早冠龙、中牟西瓜、甜王、凤光、寿山、西农 8 号、安农二号、花皮无籽、金钟冠龙、新红宝等
中果型	早佳 8424、麒麟瓜、黑美人、红虎、华蜜冠龙、少籽巨宝、雪峰花皮无籽、黄宝石无籽西瓜、台农新一号、雪莲 8 号、中选 1 号、玉麟、京欣一号、郑抗无子四号、蜜宝等
小果型	迎春、早春红玉、特小凤、小天使、春雷、京秀、红小玉、黄小玉、雪峰小玉七号、小麒麟、墨童、帅童、中江红丽、海育 1 号、金玉玲珑、阜宁西瓜等

注：凡单果重大于 5.0 kg 的为大果型，单果重 2.5～5.0 kg 的为中果型，单果重小于 2.5 kg 的为小果型。其他品种参照执行。

二、农业行业标准《西瓜（含无子西瓜）》（NY/T 584—2002）

2002 年 11 月 5 日发布，2002 年 12 月 20 日实施，适用于西瓜（含无子西瓜）的商品收购、储存、运输和销售，不适用于饲料用西瓜和籽用瓜。

1. 感官指标

有子西瓜感官指标见表 1 - 280。无子西瓜感官指标见表 1 - 281。

表 1 - 280　有子西瓜感官指标

项　目	优　　等	一　　等	二　　等
基本要求	果实完整良好、发育正常、新鲜洁净、无异味、无非正常外部潮湿，具有耐储运或市场要求的成熟度		
果形	端正	端正	允许有轻微偏缺，但仍具有本品种应有的特征，不得有畸形果
果面底色和条纹	具有本品种应有的底色和条纹，且底色均匀一致、条纹清晰	具有本品种应有的底色和条纹，且底色均匀一致、条纹清晰	具有本品种应有的底色和条纹，允许底色有轻微差别，底色和条纹色泽稍差
剖面	均匀一致，无硬块	均匀一致，无硬块	均匀性稍差，有小的硬块
单果重	大小均匀一致，差异<10%	大小较均匀，差异<20%	大小差异<30%

（续）

项　目		优　等	一　等	二　等
果面缺陷	碰压伤	无	允许总数5%的果有轻微碰压伤，且单果损伤总面积≤5 cm²	允许总数10%的果有碰压伤，单果损伤总面积≤8 cm²，外表皮有轻微变色，但不伤及果肉
	刺磨划伤	无	占总数5%的果有轻微伤，单果损伤总面积≤3 cm²	占总数10%的果有轻微伤，且单果损伤总面积≤5 cm²，无受伤流汁现象
	雹伤	无	无	允许有轻微雹伤，单果总面积≤3 cm²，且伤口已干枯
	日灼伤	无	允许5%的果有轻微的日灼伤，且单果总面积≤5 cm²	允许总数10%的果有日灼伤，单果损伤总面积≤10 cm²
	病虫斑	无	无	允许干枯虫伤，总面积≤5 cm²，不得有病斑

表1-281　无子西瓜感官指标

项　目		优　等	一　等	二　等
基本要求		果实完整良好、发育正常、新鲜洁净、无异味、无非正常外部潮湿，具有耐储运或市场要求的成熟度		
果形		端正	端正	允许有轻微偏缺，但仍具有本品种应有的特征，不得有畸形果
果面底色和条纹		具有本品种应有的底色和条纹，且底色均匀一致、条纹清晰	具有本品种应有的底色和条纹，且底色均匀一致、条纹清晰	具有本品种应有的底色和条纹，允许底色有轻微差别，底色和条纹色泽稍差
剖面		均匀一致，无硬块	均匀一致，无硬块	均匀性稍差，允许有小的硬块
单果重		大小均匀一致，差异＜10%	大小较均匀，差异＜20%	大小差异＜30%
果面缺陷	碰压伤	无	允许总数5%的果有轻微碰压伤，且单果损伤总面积≤5 cm²	允许总数10%的果有碰压伤，单果损伤总面积≤8 cm²。外表皮有轻微变色，但不伤及果肉
	刺磨划伤	无	占总数5%的果有轻微伤，单果损伤总面积≤3 cm²	占总数10%的果有轻微伤，且单果损伤总面积≤5 cm²，无受伤流汁现象
	雹伤	无	无	允许有轻微雹伤，单果总面积≤3 cm²，且伤口已干枯
	日灼伤	无	允许5%的果有轻微的日灼伤，且单果总面积≤5 cm²	允许总数10%的果有日灼伤，单果损伤总面积≤10 cm²
	病虫斑	无	无	允许干枯虫伤，总面积≤5 cm²，不得有病斑
着色秕子		纵剖面不超过1个	纵剖面不超过2个	纵剖面不超过3个
白色秕子		个体小、数量少	个体中等但数量少，或数量中等但个体小	个体和数量均为中等，或个体较大但数量少，或个体小但数量较多

2. 理化指标

有子西瓜理化指标见表1-282。无子西瓜理化指标见表1-283。

表1-282　有子西瓜理化指标

项　目	分　类	优　等	一　等	二　等
果实中心可溶性固形物（%）	大果型	≥10.5	≥10.0	≥9.5
	中果型	≥11.0	≥10.5	≥10.0
	小果型	≥12.0	≥11.5	≥11.0
果皮厚度（cm）	大果型	≤1.2	≤1.3	≤1.4
	中果型	≤0.9	≤1.0	≤1.1
	小果型	≤0.5	≤0.6	≤0.7

表1-283　无子西瓜理化指标

项　目	分　类	优　等	一　等	二　等
果实中心可溶性固形物（%）	大果型	≥10.5	≥10	≥9.5
	中果型	≥11	≥10.5	≥10
	小果型	≥12	≥11.5	≥11
果皮厚度（cm）	大果型	≤1.3	≤1.4	≤1.5
	中果型	≤1.1	≤1.2	≤1.3
	小果型	≤0.6	≤0.7	≤0.8

3. 卫生指标

应符合GB 2762、GB 2763、GB 2763.1的规定。

三、国家标准《无籽西瓜分等分级》（GB/T 27659—2011）

2011年12月30日发布，2012年4月1日实施，适用于无籽西瓜的生产和流通。

1. 感官指标

见表1-284。

表1-284　无籽西瓜感官指标

项　目	特　等	一　等	二　等
基本要求	果实端正良好、发育正常、新鲜洁净、无异味、无非正常外部潮湿，具有耐储运或市场要求的成熟度		
果形	端正，具有本品种典型特征	端正，具有本品种基本特征	具有本品种基本特征，允许有轻微偏缺，不得有畸形
果肉底色和条纹	具有本品种应有的底色和条纹，且底色均匀一致、条纹清晰	具有本品种应有的底色和条纹，且底色比较均匀一致、条纹比较清晰	具有本品种应有的底色和条纹，允许底色有轻微差别，底色和条纹色泽稍差

(续)

项　目	特　等	一　等	二　等
剖面	具有本品种适度成熟时固有色泽，质地均匀一致。无硬块、空心、白筋，秕子小而白嫩，无着色秕子	具有本品种适度成熟时固有色泽，质地基本均匀一致，无白筋、硬块，单果着色秕子数少于 5 个	具有本品种适度成熟时固有色泽，质地均匀性稍差。无明显白筋，允许有小的硬块，允许轻度空心，单果着色秕子数少于 10 个
正常种子	无	无	1～2 粒
着色秕子	纵剖面不超过 1 个	纵剖面不超过 2 个	纵剖面不超过 3 个
白色秕子	个体小，数量少，籽软	个体中等、数量少，或数量中等、个体小	个体和数量均为中等，或个体较大但数量少，或个体小但数量较多
口感	汁多、质脆、爽口、纤维少，风味好	汁多、质脆，爽口，纤维较少，风味好	汁多，果肉质地较脆，果肉纤维较多，无异味
单果重量	具有本品种单果重量，大小均匀一致，差异＜10％	具有本品种单果重量，大小较均匀，差异＜20％	具有本品种单果重量，大小差异＜30％
果面缺陷	碰压伤	无	允许总数 5％的果有轻微碰压伤，且单果损伤总面积 ≤5 cm²	允许总数 10％的果有碰压伤，单果损伤总面积≤8 cm²，外表皮有轻微变色，但不伤及果肉

	刺磨划伤	无	允许总数 5％的果有轻微损伤，单果损伤总面积≤3 cm²	允许总数 10％的果实有轻微伤，且单果损伤总面积≤5 cm²，果皮无受伤流汁现象
	雹伤	无	无	允许有轻微雹伤，单果损伤总面积≤3 cm²，且伤口已愈合良好
	日灼伤	无	允许 5％的果实有轻微日灼伤，且单果损伤总面积≤5 cm²	允许 10％的果实有日灼伤，单果损伤总面积≤10 cm²
	病虫斑	无	无	允许愈合良好的病、虫斑，总面积≤5 cm²，不得有正感染的病斑

2. 理化指标

见表 1 - 285。

表 1 - 285　无籽西瓜理化指标

项　目	分　类	特　等	一　等	二　等
近皮部可溶性固形物（％）	大果型	≥8.0	≥7.5	≥7.0
	中果型	≥8.5	≥8.0	≥7.5
	小果型	≥9.0	≥8.5	≥8.0

（续）

项　　目	分　类	特　　等	一　　等	二　　等
中心可溶性固形物（%）	大果型	≥10.5	≥10.0	≥9.5
	中果型	≥11.0	≥10.5	≥10.0
	小果型	≥12.0	≥11.5	≥11.0
果皮厚度（cm）	大果型	≤1.3	≤1.4	≤1.5
	中果型	≤1.1	≤1.2	≤1.3
	小果型	≤0.6	≤0.7	≤0.8
同品种同批次单果重量之间允许差（%）	大果型	≤10	≤20	≤30
	中果型			
	小果型			

3. 卫生指标

应符合 GB 2762、GB 2763、GB 2763.1 的规定。

四、国家标准《地理标志产品　大兴西瓜》（GB/T 22446—2008）

2008 年 10 月 22 日发布，2009 年 3 月 1 日实施，适用于国家质量监督检验检疫行政主管部门根据《地理标志产品保护规定》批准保护的大兴西瓜。

1. 品种

京欣一号、京欣二号、京欣三号、航兴一号。

2. 感官指标

见表 1 - 286。

表 1 - 286　地理标志产品大兴西瓜感官指标

项　　目	指　　标
果形	果实圆形或高圆形
果皮	厚度≤1.2 cm，皮色为绿底上覆墨绿色条带
果面	表面平滑，不起棱，无裂果，无腐烂、霉变、病虫斑和机械损伤
瓤色	粉红色至桃红色，色泽鲜艳
质地与风味	瓜瓤脆沙，甘甜多汁，爽口，无黄筋

3. 理化指标

见表 1 - 287。

表 1 - 287　地理标志产品大兴西瓜理化指标

项　　目	指　　标
单果重（kg）	4～8
可溶性固形物（%）	瓜瓤中心≥11；瓜瓤边缘≥8
糖酸比	45～50
番茄红素（mg/100 g）	≥3
维生素 C（mg/100 g）	≥6

4. 卫生指标

应符合 GB 2762、GB 2763、GB 2763.1 的规定。

第四十五节　浆果类果品

我国制定有国内贸易行业标准《浆果类果品流通规范》（SB/T 11026—2013），2013 年 6 月 14 日发布，2014 年 3 月 1 日实施，适用于草莓、火龙果、蓝莓、猕猴桃、枇杷、葡萄、无花果、杨桃等浆果类果品的流通，其他浆果类果品的流通可参照执行。

1. 基本要求

达到了浆果类果品作为商品所需的成熟度，具有该品种产品固有的色泽、形状、大小等特征。果面洁净，果体完整，无腐烂、病虫害、病斑和明显的机械伤。带果柄时，果柄剪截后的长度不超过果肩，且切口平整无污染。

2. 等级指标

见表 1-288。

表 1-288　浆果类果品等级指标

指　标	一　级	二　级	三　级
成熟度	发育充分，果实饱满，果皮结实，肉质新鲜多汁	发育较充分，果实较饱满，肉质较新鲜。果皮较结实，允许有轻微皱缩或裂口	发育较充分，果实较饱满，允许肉质有轻微萎蔫。允许果皮变软、有明显皱缩或明显裂口
新鲜度	果皮有光泽，果肉细腻，口感新鲜，多汁，无异味	果皮稍有光泽，果肉较细腻，口感新鲜，无异味	果皮光泽不明显，口感正常，肉质偏软，无异味
完整度	果形无缺陷，果皮无机械损伤	允许果形和颜色有轻微缺陷；果皮有缺陷，但面积总和不得超过总表面积的 3%，并且不能影响果肉	允许果形和颜色有缺陷；果皮有缺陷，但面积总和不得超过总表面积的 10%，并且不能影响果肉
均匀度	果形端正，颜色、大小均匀，同一包装中单果质量差异≤5%	果形端正，颜色、大小较均匀，同一包装中单果质量差异≤10%	果形端正，颜色、大小尚均匀，同一包装中单果质量差异≤15%

3. 卫生指标

应符合 GB 2762、GB 2763、GB 2763.1 的规定。

第四十六节　荔果类果品

我国制定有国内贸易行业标准《荔果类果品流通规范》（SB/T 11101—2014）。该标准于 2014 年 7 月 30 日发布，2015 年 3 月 1 日实施，适用于荔枝、龙眼的流通；其他荔果类果品的流通可参照执行。

1. 基本要求

具有该品种固有的色泽和风味，果实成熟度符合商品流通要求。果实无腐烂或变质，无严重果面缺陷，具有较好的商品性。

2. 等级指标

荔果类果品等级指标见表 1-289。荔果类果品主要品种的果实规格见表 1-290。

表 1-289 荔果类果品等级指标

指 标	一 级	二 级	三 级
果面	无褐斑，无果面缺陷	无严重褐斑，无严重果面缺陷。同一包装中缺陷果≤3%	无严重褐斑，无严重果面缺陷。同一包装中缺陷果≤8%
均匀度	色泽、大小均匀，同一包装中单果质量差异≤5%，无不同品种	色泽、大小较均匀，同一包装中单果质量差异≤8%，无不同品种	色泽、大小基本均匀，同一包装中单果质量差异≤10%，无不同品种

表 1-290 荔果类果品主要品种的果实规格（千克粒数）

单位：粒

品 种		一 级	二 级	三 级
荔枝	三月红	<30	30～38	39～<46
	妃子笑	<35	35～40	41～<50
	园枝	<40	40～48	49～<56
	白糖罂	<40	40～48	49～<54
	电白白蜡	<40	40～38	39～<54
	糯米糍	<38	38～50	51～<56
	状元红	<42	42～54	55～<58
	桂味	<56	56～62	63～<68
	黑叶	<38	38～44	45～<52
	陈紫	<50	50～58	59～<70
	怀枝	<38	38～44	45～<52
	灵山香荔	<48	48～58	59～<66
	鸡嘴荔	<38	38～48	49～<58
	兰竹	<40	40～50	51～<56
	大造	<42	42～52	53～<62
	挂绿	<50	50～56	57～<65
	尚枝	<56	56～62	63～<68
龙眼	石硖	<100	100～110	111～<130
	储良	<76	76～90	91～<110
	双子木	<76	76～90	91～<110
	古山二号	<90	90～100	101～<110
	乌龙岭	<76	76～90	91～<110

（续）

品　　种		一　　级	二　　级	三　　级
龙眼	大乌圆	<60	60～75	76～<90
	大广眼	<75	75～90	91～<110
	东壁	<85	85～95	96～<110
	草铺种	<120	120～140	141～<160
	水南一号	<75	75～90	91～<110

注：其他荔果类果品的分级可根据品种特性参照近似品种的有关指标。表中果实千克粒数按不带枝叶的单果计算。

3. 卫生指标

应符合 GB 2762、GB 2763、GB 2763.1 的规定，无食源性致病菌污染。

第四十七节　仁果类果品

我国制定有国内贸易行业标准《仁果类果品流通规范》（SB/T 11100—2014）。该标准于 2013 年 6 月 14 日发布，2014 年 3 月 1 日实施，适用于梨、枇杷、苹果、山楂等仁果类果品的流通，不适用于工业加工用的仁果类果品；其他仁果类果品的流通可参照执行。

1. 基本要求

具有该品种固有的色泽和风味，果实成熟度符合商品流通要求。果实无腐烂或变质，外观洁净（无外来杂质和异味、无异常外来水分）、无严重果面缺陷，具有较好的商品性。带果梗时，果梗完整，不萎蔫折损。

2. 等级指标

见表 1-291。

表 1-291　仁果类果品等级指标

指　标	一　级	二　级	三　级
成熟度	自然成熟，发育充分，果实饱满。口感佳	发育较充分，果实较饱满。口感佳	稍过熟或欠熟，果实欠饱满。口感较佳
新鲜度	颜色鲜亮、果面光滑，肉质紧密，果汁丰富	颜色较鲜亮、果面光滑，肉质较紧密，果汁丰富	颜色稍欠鲜亮，果面较光滑，允许有轻微果锈，肉质较紧密，果汁较饱满
完整度	果体完整，外观洁净，无果面缺陷	果体完整，外观洁净，无明显果面缺陷。苹果、梨单果果面缺陷面积累计不超过 0.25 cm²，枇杷和山楂单果果面缺陷面积累计不超过 0.1 cm²。同一包装中有轻微果面缺陷的果品个数不超过 10%	外观较洁净，果体基本完整，有轻微果面缺陷。苹果、梨单果果面缺陷面积累计不超过 1 cm²，枇杷和山楂单果果面缺陷面积累计不超过 0.5 cm²，且伤处不变色。同一包装中有果面缺陷的果品个数不超过 10%

（续）

指　标	一　级	二　级	三　级
均匀度	外观端正，颜色、果形、大小均匀一致。同一包装中单果净重差≤5%、果径差异≤10%（适用于苹果、梨）	外观较端正，颜色、果形、大小较均匀，果梗齐整。同一包装中单果净重差≤10%、果径差异≤10%（适用于苹果、梨）	外观欠端正，颜色、果形、大小欠均匀，果梗齐整。同一包装中单果净重差≤15%、果径差异≤15%（适用于苹果、梨）
其他指标	果心小，果肉占果实质量的比例大	果心较小，果肉占果实质量的比例较大	果心较大，果肉占果实质量的比例偏小

3. 规格划分

参见表1-292。

表1-292　仁果类果品规格划分

类别	果型	品　种	指标	一级	二级	三级
苹果	大型果	乔纳金系、富士系、秦冠、大国光、元帅系、金冠系、赤阳、迎秋、青香蕉、印度、倭锦、寒富、红将军、澳洲青苹、金矮生、陆奥、王林	果实横径（mm）	≥85	≥75	≥70
	中型果	嘎啦系、国光、红玉、鸡冠、祝光、粉红女士、旭、伏锦、伏花皮		≥70	≥65	≥60
	小型果	红魁、黄魁、早金冠、小国光、富丽		≥65	≥60	≥55
梨	特大型果	苍溪雪梨、雪花梨、金花梨、茌梨	果实横径（mm）	≥70	≥65	≥60
	大型果	鸭梨、酥梨、黄县长把梨、山东子母梨、宝珠梨、苹果梨、早酥梨、大冬果梨、巴梨、三吉梨		≥65	≥60	≥55
	中型果	黄梨、安梨、秋白梨、胎黄梨、鸭广梨、库尔勒香梨、菊水梨、新世纪梨		≥60	≥55	≥50
	小型果	绵梨、伏茄梨		≥55	≥50	≥50
山楂	大型果	大金星、大绵球、白瓤绵、敞口、大货、豫北红、滦红、雾灵红、泽洲红、艳果红、面植、金星、磨盘、集安紫肉、宿迁铁球、大白果、鸡油、大湾山楂	千克粒数（粒）	≤110	≤120	≤130
	中型果	辽红、西丰红、紫玉、寒丰、寒露红、大旺、叶赫、通辽红、太平、早熟黄		≤150	≤160	≤180
	小型果	秋金星、秋里红、伏里红、灯笼红、秋红		≤220	≤260	≤300

（续）

类　别	果　型	品　　种	指　标	一　级	二　级	三　级
枇杷	红肉枇杷类	大红袍（浙江）、夹脚	单果重（g）	≥35	30～＜35	25～＜30
		洛阳青、富阳种、光荣种		≥40	35～＜40	25～＜35
		大红袍（安徽）		≥45	35～＜45	25～＜35
		太城四号、长红三号		≥50	40～＜50	30～＜40
		解放钟		≥70	55～＜70	30～＜55
	白肉枇杷类	软条白沙、照种白沙		≥30	25～＜30	20～＜25
		白玉、青种		≥35	30～＜35	25～＜30
		白梨		≥40	35～＜40	25～＜35
		乌躬白		≥45	35～＜45	25～＜35
		福建红肉品种	可食用部分（%）	≥68	≥66	≥64
		其他品种		≥66	≥64	≥62

4. 卫生指标

应符合 GB 2762、GB 2763、GB 2763.1 的规定。

第四十八节　预包装水果

我国制定有国内贸易行业标准《预包装水果流通规范》（SB/T 10890—2012），2013 年 1 月 4 日发布，2013 年 7 月 1 日实施，适用于预包装水果的经营和管理。

1. 基本要求

具有该品种固有的特征和风味。具有适于市场销售的食用成熟度。果实完整良好，新鲜洁净，无异嗅或异味，无不正常的外来水分。

2. 等级指标

国家或行业标准有明确等级规定的，按相关标准执行。商品质量在符合基本要求的前提下，同一品种的水果依据成熟度、新鲜度、完整度、大小、均匀度等指标分为一级、二级和三级。根据不同品种特征，还可增加适合该品种的其他指标。

3. 卫生指标

应符合 GB 2762、GB 2763、GB 2763.1、GB 29921 的规定。

产品标准对坚果的质量安全要求

我国现有坚果产品标准 39 项，覆盖澳洲坚果、板栗、扁桃、核桃、开心果、松籽、香榧、杏仁、腰果、银杏、榛子等 10 余种坚果。坚果产品标准对坚果质量安全的要求主要包括安全/卫生指标、等级规格、理化指标、感官等方面，有的标准还有原料、辅料、水分含量、食品添加剂等方面的要求。39 项标准中，包含国家标准 14 项、林业行业标准 9 项、国内贸易行业标准 8 项、农业行业标准 5 项、粮食行业标准 2 项、供销合作行业标准 1 项；其中，1 项标准于 1999 年发布实施，14 项标准于 2000—2010 年发布实施，17 项标准于 2011—2020 年发布实施，7 项标准于 2021 年和 2022 年发布实施。

第一节 澳洲坚果

一、农业行业标准《澳洲坚果 带壳果》（NY/T 1521—2018）

代替《澳洲坚果 带壳果》（NY/T 1521—2007），2018 年 12 月 19 日发布，2019 年 6 月 1 日实施，适用于澳洲坚果带壳果。

1. 基本要求

果形正常、完整，果实干燥、无霉味，果仁气味和滋味正常。

2. 等级指标

见表 2-1。

表 2-1 澳洲坚果带壳果等级指标

项 目	一 级	二 级
杂质 x_1（%）	$x_1 \leqslant 1$	$1 < x_1 \leqslant 2$
缺陷果 x_2（%）	$x_2 \leqslant 5$	$5 < x_2 \leqslant 7$
出仁率 x_3（%）	$x_3 \geqslant 30$	$25 \leqslant x_3 < 30$
果仁水分 x_4（%）	$x_4 \leqslant 3$	

3. 规格划分

见表 2-2。

表 2-2　澳洲坚果带壳果规格划分

果　型	特　大	大	中	小
直径 d（mm）	$d \geqslant 28$	$23 \leqslant d < 28$	$18 \leqslant d < 23$	$d < 18$

4. 理化指标

应符合 GB 19300 的规定。

5. 卫生指标

应符合 GB 2761、GB 2762、GB 2763、GB 2763.1、GB 19300 等相关标准的规定。

二、农业行业标准《澳洲坚果　等级规格》（NY/T 3973—2021）

2021 年 11 月 9 日发布，2022 年 5 月 1 日实施，适用于澳洲坚果带壳果和果仁的等级规格。

1. 带壳果

（1）基本要求　果形近似球形、完整。具有澳洲坚果特有的棕色、浅棕褐色或棕褐色等色泽特征。具有澳洲坚果果仁特有的风味和口感，无出油、氧化酸败及其他异味。

（2）等级指标　见表 2-3。

表 2-3　带壳果等级指标

项　目	一　级	二　级
杂质 x_1（%）	$x_1 \leqslant 1$	$1 < x_1 \leqslant 2$
缺陷果 x_2（%）	$x_2 \leqslant 5$	$5 < x_2 \leqslant 7$
出仁率 x_3（%）	$x_3 \geqslant 30$	$25 \leqslant x_3 < 30$
果仁水分 x_4（%）	$x_4 \leqslant 3$	

（3）规格划分　见表 2-4。

表 2-4　带壳果规格划分

规　格	特　大	大	中	小
直径 d（mm）	$d \geqslant 28$	$23 \leqslant d < 28$	$18 \leqslant d < 23$	$d < 18$

2. 果仁

（1）基本要求　色泽呈白色、乳白色或淡黄色。无皱缩、病变、害虫、明显霉变粒。澳洲坚果果仁酥脆程度正常，无苦味、酸味或其他异味，且无硬、韧、软及其他异质的口感。

（2）等级指标　见表 2-5。

表 2-5　果仁等级指标

项　目	一　级	二　级
杂质 x_1（%）	无肉眼可见外来杂质	
缺陷仁 x_4（%）	无严重缺陷果仁，$x_4 \leqslant 2$	无严重缺陷果仁，$2 < x_4 \leqslant 5$
含油量 x_5（%）	$x_5 \geqslant 72$	$66 \leqslant x_5 < 72$
水分（%）	$\leqslant 1.5$	

（3）单一果仁缺陷　见表 2-6。

表 2-6　单一果仁缺陷

类　别	轻微缺陷	严重缺陷
粘壳果仁	粘在果仁上的果壳碎片轻微影响果仁外观或口感，或果仁粘有任一边长≥0.8 mm 的果壳碎片	粘在果仁上的果壳碎片明显影响果仁外观或口感，或果仁粘有直径≥1.6 mm 的果壳碎片或有任一边长≥2.4 mm 的果壳碎片
虫蛀	果仁有 1 个直径≥2.4 mm 的虫疤，或果仁表面在直径 12.7 mm 范围内有 2 个或多个虫疤	果仁有虫疤群，其虫疤尺寸：3.2 mm≤虫疤直径≤12.7 mm
色斑	斑点或色环轻微影响果仁外观，或果仁有直径≥2.4 mm 的浅色斑点，或果仁有任何 1 个边长≥3.2 mm 的浅色斑点	斑点或色环明显影响果仁外观，或果仁有深棕色、黑色斑点群，其斑点尺寸：1.6 mm≤斑点直径≤12.7 mm；或果仁有红棕色环围绕的斑点群，其斑点尺寸：4.8 mm≤斑点直径≤12.7 mm
皱缩	果仁表面轻微皱缩且轻微影响果仁外观	果仁表面明显皱缩且明显影响外观
黑心	果仁中心轻微变色或变暗	果仁中心明显变色或变暗

注：单一果仁存在一种或多种缺陷的情况均视为存在缺陷。

（4）规格划分　见表 2-7。

表 2-7　果仁规格划分

规　格	名　称	要　　求
0	大整仁	整仁率≥95%，d≥20 mm
1	整仁	整仁率≥95%，d≥17 mm
2	小整仁	整仁率≥90%，d≥13 mm
3	整仁及半仁	整仁率≥50%，其余为半仁及大半仁，d≥13 mm
4	混合仁	整仁率≥15%，其余为半仁及大半仁，d≥13 mm
5	半仁	半仁率≥80%，d≥10 mm
6	大碎仁	d≥6 mm
7	碎仁	3 mm≤d<6 mm
8	小碎仁	1.6 mm≤d<3 mm

注：d 为果仁直径。

三、农业行业标准《澳洲坚果　果仁》（NY/T 693—2020）

代替《澳洲坚果　果仁》（NY/T 693—2003），2020 年 11 月 12 日发布，2021 年 4 月 1 日实施，适用于澳洲坚果去壳的干果仁。

1. 等级指标

澳洲坚果果仁等级指标见表 2-8；同时，感官指标应符合 GB 19300 的规定。

表 2-8 中的整仁指，果仁没有被分开，果仁轮廓没有明显受损或缺失部分不超过果仁的 1/4。整仁率指样品中整仁样品质量占样品总质量的比例。半仁指整仁的一半，其轮廓没

有明显受损或缺失部分不超过果仁的 1/8。

缺陷指存在果壳碎片、虫蛀、色斑、皱缩、黑心、霉变、渗油、异味或其他影响果仁外观、口感的情况。异物指沙石、土块、虫体、果壳、果皮或其他非果仁物质。杂质指异物和筛下物。筛下物指规格型号 0♯～5♯ 果仁中，通过直径 2.5 mm 圆孔筛后得到的物质；规格型号 6♯～8♯ 果仁中，通过直径 1.6 mm 圆孔筛后得到的物质。

表 2－8　澳洲坚果果仁等级指标

规　格	名　称	尺　寸	一　级	二　级	三　级
0♯	特大整仁	整仁率≥95%，果仁直径≥20 mm	色泽、气味和口感均正常，无严重缺陷果仁。低一个规格果仁≤2.5%，缺陷果仁≤1%，杂质≤0.5%（无可见外来异物）	色泽、气味和口感均正常，无严重缺陷果仁。低一个规格果仁≤2.5%，缺陷果仁≤2%，杂质≤0.5%（无可见外来异物）	色泽、气味和口感均正常，无严重缺陷果仁。低一个规格果仁≤5%，缺陷果仁≤4%，杂质≤1%（无可见外来异物）
1♯	整仁	整仁率≥90%，果仁直径≥16 mm			
2♯	小整仁	整仁率≥90%，果仁直径≥12.5 mm			
3♯	整仁及半仁	整仁率≥50%，其余为半仁；果仁直径≥12.5 mm			
4♯	混合仁	整仁率≥15%，其余为半仁；果仁直径≥12.5 mm			
5♯	半仁	半仁率≥80%，果仁直径≥10 mm			
6♯	大碎仁	果仁破开为 2 片以上，果仁直径≥6.3 mm			
7♯	碎仁	果仁碎片直径≥3.2 mm			
8♯	小碎仁	果仁碎片直径≥1.6 mm			

2. 理化指标

见表 2-9，并符合 GB 19300 的规定。

表 2－9　澳洲坚果果仁理化指标

项　目	指　标
水分（%）	≤1.8
过氧化值（以脂肪计）（g/100 g）	≤0.08
酸价（mg/g）	≤3
脂肪含量（%）	≥72

3. 卫生指标

应符合 GB 2761、GB 2762、GB 2763、GB 2763.1、GB 19300 等相关标准的规定。

四、林业行业标准《澳洲坚果果仁》（LY/T 1963—2018）

代替《澳洲坚果果仁》（LY/T 1963—2011），2018 年 12 月 29 日发布，2019 年 5 月 1

日实施，适用于可食用澳洲坚果各个品种的果仁。澳洲坚果又称夏威夷坚果、澳洲胡桃、昆士兰果等。

1. 感官要求

见表 2-10。

表 2-10 澳洲坚果果仁感官要求

项　目	要　求
色泽	色泽均匀，具有乳白色或烤制后的奶棕色，无异常色泽、明显焦色和杂色
风味	口感细腻，带奶油清香，气味纯正，无脂肪酸败味、苦味、馊味等异味，有酥脆口感
缺陷果仁	皱缩果仁≤3%，无其他缺陷果仁
杂质	无肉眼可见外来杂质

2. 等级指标

见表 2-11。

表 2-11 澳洲坚果果仁等级指标

级　别	名　称	果仁粒径 d（mm）	脂肪含量 f（%） A类	脂肪含量 f（%） B类
0	A类特级整仁	$d \geqslant 21$		
0	B类特级整仁	$d \geqslant 21$		
1	A类整仁	$21 > d \geqslant 17$		
1	B类整仁	$21 > d \geqslant 17$		
2	A类小整仁	$17 > d \geqslant 13$		
2	B类小整仁	$17 > d \geqslant 13$	$f \geqslant 76$	$76 > f \geqslant 66$
3	A类半仁	$13 > d \geqslant 10$，可以包含该粒径范围内的整仁		
3	B类半仁	$13 > d \geqslant 10$，可以包含该粒径范围内的整仁		
4	A类小半仁	$10 > d \geqslant 6$，可以包含该粒径范围内的整仁		
4	B类小半仁	$10 > d \geqslant 6$，可以包含该粒径范围内的整仁		
5	A类碎仁	$d < 6$，可以包含该粒径范围内的整仁		
5	B类碎仁	$d < 6$，可以包含该粒径范围内的整仁		

注：在同一等级中可含有<3%（按重量计）的非该等级的果仁。

3. 理化指标

应符合 GB/T 22165 的规定。

4. 卫生指标

应符合 GB 2761、GB 2762、GB 2763、GB 2763.1、GB 19300 等相关标准的规定。

第二节　板　栗

一、国家标准《板栗质量等级》（GB/T 22346—2008）

2008 年 9 月 2 日发布，2009 年 3 月 1 日实施，适用于我国板栗的生产、收购和销售。

1. 基本要求

具有本品种达到采收成熟度时的基本特征（果皮颜色、光泽等），果形良好，果面洁净，无杂质，无异常气味。

2. 感官指标

见表 2－12。

表 2－12 板栗感官指标

类型	等级	千克粒数（粒）	整齐度（%）	缺陷容许度
炒食型	特级	80～120	＞90	霉烂果、虫蛀果、风干果、裂嘴果 4 项之和≤2%
	1 级	121～150	＞85	霉烂果、虫蛀果、风干果、裂嘴果 4 项之和≤5%
	2 级	151～180	＞80	霉烂果、虫蛀果、风干果、裂嘴果 4 项之和≤8%
菜用型	特级	50～70	＞90	霉烂果、虫蛀果、风干果、裂嘴果 4 项之和≤2%
	1 级	71～90	＞85	霉烂果、虫蛀果、风干果、裂嘴果 4 项之和≤5%
	2 级	91～120	＞80	霉烂果、虫蛀果、风干果、裂嘴果 4 项之和≤8%

注：整齐度是指板栗坚果大小均匀一致程度。

3. 理化指标

见表 2－13。

表 2－13 板栗理化指标

类型	等级	煳化温度（℃）	淀粉含量（%）	含水量（%）	可溶性糖（%）
炒食型	特级	＜62	＜45.0	＜48.0	＞18.0
	1 级		＜50.0	＜50.0	＞15.0
	2 级		＞50.1	＜52.0	＞12.0
菜用型	特级	＜68	＜50.0	＜52.0	＞15.0
	1 级		＜55.0	＜57.0	＞12.0
	2 级		＞55.1	＜65.0	＞10.0

4. 卫生指标

应符合 GB 2761、GB 2762、GB 2763、GB 2763.1、GB 19300 等相关标准的规定。

二、供销合作行业标准《板栗》（GH/T 1029—2002）

2002 年 11 月 4 日发布，2002 年 12 月 1 日实施，适用于板栗的生产、收购和销售。

1. 品种分类

见表 2－14。

表 2－14 板栗品种分类

分　类	平均千克粒数（粒）	品　　　种
大型果	≤140	多指南方板栗，如魁栗、处暑红、罗田板栗、迟栗子、紫油栗、中迟栗、蜜蜂球、毛板红、叶里藏、浅刺大板栗、大红袍、粘底板、它栗、岭口大栗、查湾种等

（续）

分　类	平均千克粒数（粒）	品　种
小型果	＞140	多指北方板栗，如明栗、红栗子、红皮栗、红油皮栗、红光栗、秋分栗、灰拣、明拣、尖顶红栗、九家种、青扎等

2. 等级指标

见表 2 - 15。

表 2 - 15　板栗等级指标

等　级	千克粒数（粒）	外　观	缺　陷
优等	果粒均匀，小型果≤160，大型果≤60	果实成熟饱满，洁净	无杂质、霉烂、病虫果。风干果、裂嘴果 2 项之和≤1%
一等	果粒均匀，小型果≤180，大型果≤100		无杂质、霉烂。病虫果、风干果、裂嘴果 3 项之和≤3%
合格	果粒均匀，小型果≤200，大型果≤160		无杂质。霉烂果、病虫果、风干果、裂嘴果 4 项之和≤5%，其中，霉烂果≤1%

3. 水分含量

小型果的水分含量在 49%～53%，大型果的水分含量在 50%～55%。

4. 理化指标

参见表 2 - 16。

表 2 - 16　板栗主要理化指标

项　目	粗蛋白（%）	粗脂肪（%）	淀粉（%）
可食板栗果实营养含量	≥3.4	≥1	大型果≥40，小型果≥30

5. 卫生指标

应符合 GB 2761、GB 2762、GB 2763、GB 2763.1、GB 19300 等标准的规定。

三、国家标准《地理标志产品　建瓯锥栗》（GB/T 19909—2005）

2005 年 9 月 26 日发布，2006 年 1 月 1 日实施，适用于国家质量监督检验检疫行政主管部门根据《地理标志产品保护规定》批准保护的建瓯锥栗。

1. 等级指标

见表 2 - 17。

表 2-17 地理标志产品建瓯锥栗等级指标

项 目		优 级	一 级	合格级
外观	鲜栗果	果实成熟饱满,具该品种成熟时应有的特征,果粒大小均匀,果面洁净,富有光泽	果实成熟饱满,具该品种成熟时应有的特征,果粒大小均匀,果面洁净、有光泽	果实成熟饱满,具该品种成熟时应有的特征,果面洁净
	蒸煮锥栗	果粒大小均匀,外表具本品种应有的清晰纹理,有光泽	果粒大小均匀,外表具本品种应有的纹理,略有光泽	果粒大小均匀
	糖炒锥栗	果粒大小均匀,外表油光发亮	果粒大小均匀,外表油光发亮	果粒大小均匀,外表发亮
平均果径	鲜栗果	中型果 2.1~2.4 cm,大型果>2.4 cm		
	蒸煮锥栗	中型果 2.0~2.3 cm,大型果>2.3 cm		
	糖炒锥栗	中型果 2.0~2.3 cm,大型果>2.3 cm		
种仁颜色	鲜栗果	淡黄、黄白	淡黄、黄白	黄白
	蒸煮锥栗	栗黄色		
	糖炒锥栗	栗黄色		
风味	鲜栗果	香、甜、脆、无异味		
	蒸煮锥栗	肉质柔软、香甜、富糯性、无异味		
	糖炒锥栗	香甜、富糯性、无异味		
风干果、虫蛀果、霉烂果、变质果 4 项之和(%)	鲜栗果	≤3	≤4	≤5
	蒸煮锥栗			
	糖炒锥栗			
杂质	鲜栗果	无		无杂质,霉烂果≤1%
	蒸煮锥栗	无		
	糖炒锥栗	无		

2. 理化指标

见表 2-18。

表 2-18 地理标志产品建瓯锥栗理化指标

项 目		指标(%)
含水率	鲜栗果	45~55
	蒸煮锥栗	20~30
	糖炒锥栗	40~50

(续)

项　目		指标（%）
淀粉	鲜栗果	55～70
	蒸煮锥栗	40～60
	糖炒锥栗	62～70
蛋白质		≥6
脂肪	鲜栗果	≤3.0
	蒸煮锥栗	≤3.0
	糖炒锥栗	≤3.2
水溶性总糖	鲜栗果	≥9.0
	蒸煮锥栗	≥6.0
	糖炒锥栗	≥6.5

注：除含水率指标外，其余项目均为干基指标。

3. 卫生指标

应符合 GB 2761、GB 2762、GB 2763、GB 2763.1、GB 19300 等标准的规定。

四、国内贸易行业标准《熟制板栗和仁》（SB/T 10557—2009）

2009 年 12 月 25 日发布，2010 年 7 月 1 日实施，适用于以板栗或板栗仁为主要原料，经添加或不添加辅料，经炒制、干燥、烘烤或其他熟制工艺制成的产品。

1. 分类

产品按加工工艺的不同分为烘炒类、油炸类、其他类。

2. 感官指标

见表 2-19。

表 2-19　熟制板栗和仁感官指标

项　目	烘炒类	油炸类	其他类
外观	大小基本均匀，颗粒饱满。带壳的产品虫蛀果、霉变果 2 项之和不超过 3%，不带壳产品（仁）霉烂粒应符合 GB 19300 的规定		大小基本均匀，允许有少量碎仁、水，无虫眼粒，霉烂粒应符合 GB 19300 的规定，无涨袋（胖听）
色泽	栗壳为暗红色，外观光亮红润；栗仁呈黄褐色或褐色	栗仁呈黄色或黄褐色	栗仁呈黄褐色或褐色
口味	香糯软绵，具有该品种应有的滋味及气味，无异味		
杂质	无正常视力可见外来杂质		

3. 水分指标

见表 2-20。

表 2-20　熟制板栗和仁水分指标

项　目	烘炒类	油炸类	其他类
水分（g/100 g）	≤55		≤60

4. 卫生指标

应符合 GB 19300 的规定。

第三节　扁　桃

一、农业行业标准《扁桃》（NY/T 867—2004）

2005 年 1 月 4 日发布，2005 年 2 月 1 日实施。

1. 分类

扁桃又叫巴旦姆、巴旦杏，分为厚壳和薄壳两类。厚壳指壳厚≥1.5 mm，薄壳指壳厚＜1.5 mm。

2. 感官指标

外观色泽介于淡黄色与米黄色之间，并有深黄色的非病态斑点，表面干净，无异味。

3. 理化指标

见表 2-21。

表 2-21　扁桃理化指标

项　目	蛋白质（干基）	脂肪（干基）	水　分	缺陷粒	杂　质	污染物
指标（%）	≥25	≥50	≤9	≤9	≤2	≤0.1

注：缺陷粒是指虫蚀粒、破损粒、病斑粒、生芽粒、霉变粒。虫蚀粒、霉变粒和病斑粒分别不超过 0.2%。

4. 规格划分

见表 2-22。

表 2-22　扁桃规格划分

规　格	果　型	千克粒数（粒）		果仁比（%）	
		厚壳扁桃	薄壳扁桃	厚壳扁桃	薄壳扁桃
一级	大型果	≤290	≤325	≥30	≥42
	中型果	≤545	≤450	≥38	≥67
	小型果	≤890	≤740	≥45	≥57
二级	大型果	≤385	≤295	≥29	≥45
	中型果	≤715	≤570	≥39	≥69
	小型果	≤995	≤945	≥45	≥57
三级	大型果	≤380	≤475	≥28	≥46
	中型果	≤810	≤700	≥40	≥73
	小型果	≤1 010	≤1 015	≥45	≥59

注：果仁比指样果脱壳后，果仁质量与样果质量的百分率。

5. 卫生指标

应符合 GB 2761、GB 2762、GB 2763、GB 2763.1、GB 19300 等标准的规定。

二、国家标准《扁桃仁》（GB/T 30761—2014）

2014 年 6 月 9 日发布，2014 年 10 月 27 日实施，适用于扁桃仁的生产和销售。

1. 品种分类

扁桃仁按其果型大小分为大果型品种、中果型品种和小果型品种 3 类，参见表 2-23。

表 2-23　扁桃仁的品种分类

品种分类	主要代表品种
大果型品种	蒙特瑞、天扁一号、晋扁 1 号、意大利 3 号等
中果型品种	浓帕尔、加州一号、普瑞斯、鲁比、卡门、鹰嘴、小软壳、意大利 1 号、意大利 2 号等
小果型品种	巴特、派锥、美森、纸皮、双果、意大利 4 号等

2. 等级指标

见表 2-24。

表 2-24　扁桃仁等级指标

项　　　目		特　　级	1　　级	2　　级
基本要求		核仁饱满；种皮表面洁净、鲜亮，呈自然淡黄色或表现该品种固有色泽；大小、形状和外观均匀；无霉变、虫蛀、胶粒、病斑、出油、异色、异味，未经任何化学物质漂白处理，风味可口、甜香；含水量＜7%；符合相关国家食品卫生标准			
平均单仁重（g）	大果型品种	≥1.40	1.20～1.39	1.00～1.19
	中果型品种	≥1.20	1.00～1.19	0.80～0.99
	小果型品种	≥1.00	0.80～0.99	0.60～0.79
整仁率（%）		≥90	≥85	≥80
异种率（%）		≤5	≤7	≤10
杂质含量（%）		≤0.1	≤0.1	≤0.2
缺陷率（%）		≤2	≤3	≤4

三、粮食行业标准《长柄扁桃籽、仁》（LS/T 3114—2017）

2017 年 10 月 27 日发布，2017 年 12 月 20 日实施，适用于商品长柄扁桃籽、仁。

1. 长柄扁桃籽等级指标

见表 2-25。

表 2-25　长柄扁桃籽等级指标

等　　级	纯仁率（%）	水分含量（%）	杂质含量（%）	色泽、气味
1 级	≥30	≤10	≤1.5	正常
2 级	≥20			
等外级	＜20			

2. 长柄扁桃仁等级指标

见表 2-26。

表 2-26 长柄扁桃仁等级指标

等 级	含油量（以干基计）（%）	水分含量（%）	不完善粒含量（%）	杂质含量（%）		色泽、气味
				仁中含壳率	其他	
1级	≥47					
2级	≥37	≤8	≤5	≤10	≤1	正常
等外级	<37					

3. 卫生指标

按 GB 19641 及国家有关标准和规定执行。植物检疫按国家有关标准和规定执行。

四、国内贸易行业标准《熟制扁桃（巴旦木）核和仁》（SB/T 10673—2012）

2012 年 3 月 15 日发布，2013 年 4 月 1 日实施，适用于熟制扁桃（巴旦木）核和仁的产品的生产、检验和销售。

1. 分类

产品按加工工艺的不同分为烘炒类、油炸类、其他类。

2. 感官指标

颗粒整齐、饱满，具有该产品应有之色泽和香味，色泽均匀，无异味，无正常视力可见外来杂质。

3. 霉变粒和虫蚀粒率

霉变粒应符合 GB 19300 的规定。虫蚀粒率应符合表 2-27 的规定。

表 2-27 熟制扁桃核和仁的虫蚀粒率

项 目	烘炒类		油炸类	其他类	
	扁桃核	扁桃仁	扁桃仁	扁桃核	扁桃仁
虫蚀粒率（%）	≤3.0	≤1.5		≤3.0	≤1.5

4. 水分指标

见表 2-28。

表 2-28 熟制扁桃核和仁的水分指标

项 目	烘炒类	油炸类	其他类
水分（g/100 g）	≤8		—

5. 卫生指标

应符合 GB 19300 的规定。

第四节 核　　桃

一、国家标准《核桃坚果质量等级》（GB/T 20398—2021）

代替《核桃坚果质量等级》（GB/T 20398—2006），2021 年 10 月 11 日发布，2022 年 5

月 1 日实施，适用于未经熟制工艺加工的核桃坚果和核桃仁的销售和检验。

1. 普通核桃坚果

见表 2-29。

表 2-29 普通核桃坚果等级指标

项　目	普　1	普　2	普　3	级　外
均匀度（%）	≥80	≥75	≥70	—
杂质（%）	≤1	≤2	≤3	≤8
缺陷果（%）	≤7	≤8	≤9	≤10
仁含水率（%）	≤6			

2. 优质核桃坚果

见表 2-30。

表 2-30 优质核桃坚果等级指标

项　目		优　1	优　2	优　3
果壳		自然属性的颜色，缝合线紧密		
均匀度（%）		≥95	≥90	≥85
破损果（%）		≤2	≤4	≤6
出仁率（%）		≥50	≥45	≥40
仁含水率（%）		≤5		
异色仁（%）		≤5	≤10	≤15
杂质（%）		≤1		
缺陷果	干瘪果率（%）	≤2.0	≤3.0	≤4.0
	病虫果率（%）	≤0.5	≤1.0	≤1.0
	生霉果率（%）	≤0.5	≤1.0	≤1.0
	出油果率（%）	≤0.5	≤0.6	≤0.8

3. 核桃仁

见表 2-31。

表 2-31 核桃仁等级指标

项　目	特　级	一　级	二　级	级　外
色泽	黄白色或品种特有颜色	黄白色或品种特有颜色	浅琥珀色或品种特有颜色	—
气味	正常，无酸败及其他异味			
完整度（%）	半仁及以上≥80 八分仁及以下≤2	四仁及以上≥80 八分仁及以下≤10	—	—
杂质（%）	≤1.0	≤2.0	≤3.0	≤3.0

（续）

项　　目		特　　级	一　　级	二　　级	级　　外
缺陷仁	干瘪仁率（%）	≤1.5	≤3.0	≤5.0	≤5.0
	病虫仁率（%）	≤1.0	≤2.0	≤3.0	≤3.0
	霉变仁率（%）	≤0.5	≤0.5	≤1.0	≤1.0
	出油仁率（%）	≤0.5	≤0.5	≤1.0	≤1.0
仁含水率（%）		≤5.0			

二、林业行业标准《核桃　第8部分：核桃坚果质量及检测》(LY/T 3004.8—2018)

代替《核桃丰产与坚果品质》(LY/T 1329—1999)。2018年12月29日发布，2019年5月1日实施，适用于核桃质量评定和流通各环节。

1. 感官指标

见表2-32。

表2-32　核桃坚果感官指标

项　　目	特　　级	一　　级	二　　级
基本要求	坚果充分成熟，大小均匀，壳面洁净，无露仁、出油、虫蛀、霉变、异味、杂质等，未经有害化学漂白处理		
果形	形状一致；横径变幅≤±1 mm，单果重变幅≤±1.2 g	形状基本一致；横径变幅±（1~2 mm），单果重变幅±（1.2~2.4 g）	形状基本一致；横径变幅≥±2 mm，单果重变幅≥±2.4 g
核壳	具良种正常颜色；缝合线紧密	具良种正常颜色；缝合线较紧密	具良种较正常颜色；缝合线基本紧密
核仁	饱满，皮色黄白或具良种特有颜色、涩味淡	较饱满，皮色黄白或具良种特有颜色、涩味淡	较饱满，皮色黄白、浅琥珀色或具良种特有颜色、稍涩

2. 物理指标

见表2-33。

表2-33　核桃坚果物理指标

项　　目	特　　级	一　　级	二　　级
良种纯度（%）	≥90.0	≥80.0	≥75.0
平均横径（mm）	≥30.0	≥28.0	≥26.0
平均果重（g）	≥12.0	≥10.0	≥9.0
破损果率（%）	≤3.0	≤4.0	≤5.0
取仁难易	易取整仁	易取整仁	易取半仁
出仁率（%）	≥50.0	≥48.0	≥43.0
半瘪果率（%）	≤2.0	≤3.0	≤4.0

（续）

项　目	特　级	一　级	二　级
出油果率（%）	0	≤0.1	≤0.2
黑斑果率（%）	0	≤0.1	≤0.2
虫果率（%）	0	≤0.5	≤1.0
霉变果率（%）	≤2.0		
含水量（%）	≤7.0		

3. 化学指标

见表 2-34。

表 2-34　核桃坚果化学指标

项　目	特　级	一　级	二　级
酸价（mg/g）	≤2.0	≤2.0	≤2.0
过氧化值（以脂肪计）（mmol/kg）	≤2.5	≤2.5	≤2.5

4. 卫生指标

应符合 GB 19300 的规定。

三、粮食行业标准《油用核桃》（LS/T 3121—2019）

2019 年 6 月 6 日发布，2019 年 12 月 6 日实施，适用于收购、储存、运输、加工和销售的制油用核桃和制油用铁核桃。

1. 分类

按照单个核桃样品破壳后是否能取出四分之一以上的整仁，将油用核桃分为核桃和铁核桃两类。

2. 感官指标

见表 2-35。

表 2-35　油用核桃感官指标

项　目	核　桃	铁核桃
基本要求	充分成熟，壳面洁净，缝合线紧密，无露仁、虫蚀、出油、生霉、异味等果，无核桃果以外的物质，未经有害化学漂白处理	
外壳	外壳易破碎，壳呈自然黄白色至黄褐色	外壳不易破碎，壳呈自然黄褐色至深褐色
种仁	呈自然黄白色或琥珀色	

3. 等级指标

见表 2-36 和表 2-37。

表 2-36　核桃等级指标

等　　级	全籽含油率（干基）（%）	水分含量（仁中水分）（%）	不完善粒（%）	色泽、气味
1 级	≥35			
2 级	≥30	≤5	≤8	正常
3 级	≥25			
等外级	<25			

表 2-37　铁核桃等级指标

等　　级	全籽含油率（干基）（%）	水分含量（仁中水分）（%）	不完善粒（%）	色泽、气味
1 级	≥16			
2 级	≥12	≤5	≤6	正常
3 级	≥8			
等外级	<8			

4. 卫生指标

按照 GB 19641 及国家有关标准和规定执行。植物检疫按国家有关标准和规定执行。

四、国家标准《山核桃产品质量等级》（GB/T 24307—2009）

2009 年 9 月 30 日发布，2009 年 12 月 1 日实施，适用于山核桃产品。

1. 山核桃原料产品质量等级

（1）基本要求　山核桃坚果充分成熟，壳面洁净，缝合线紧密，无虫蛀、出油、异味等果，无杂质，未经有害化学漂白物处理。

（2）等级指标　见表 2-38。

表 2-38　山核桃原料产品质量等级指标

项　　目	特　　级	一　　级	二　　级	三　　级
外观	壳面洁净，上手不着黑色。形态圆形	壳面洁净，上手不着黑色。形态圆形	壳面洁净，上手不着黑色。形态圆形	无果形要求
色泽	外壳呈自然黄白色，仁皮金黄色，无附着物	外壳呈自然黄白色，仁皮黄褐色，无附着物	外壳呈自然黄白色或黄褐色，仁皮褐色，上有少量附着物	外壳颜色较深，仁皮深褐色，上有少量附着物
均匀度	大小均匀，外观整齐端正	大小均匀，外观整齐端正	大小均匀，外观较整齐端正	大小均匀，外观较整齐端正
破损率	无破损果、畸形果和霉变果	破损果、畸形果、霉变果≤1%	破损果、畸形果、霉变果≤5%	破损果、畸形果、霉变果≤5%
饱满度	果仁饱满。无空籽，瘪籽率、半粒籽率≤1%	果仁饱满。无空籽，瘪籽率、半粒籽率≤2%	果仁较饱满。无空籽，瘪籽率、半粒籽率≤3%	果仁较饱满。无空籽，瘪籽率、半粒籽率≤3%

（续）

项　目	特　级	一　级	二　级	三　级
含油率	≥40%			
含水率	≤6%			
酸价	≤4 mg/g			
过氧化值*	≤0.08 g/100 g			

*以脂肪计。

（3）大小分级　见表2-39。

表2-39　山核桃大小分级

大　小	特大型	大　型	中等型	小　型
坚果直径（cm）	≥2.15	1.95～<2.15	>1.75～<1.95	≤1.75

注：各等级中，小于本等级颗粒的个数占比最高为3%。

（4）卫生指标　应符合GB 2761、GB 2762、GB 2763、GB 2763.1、GB 19300等标准的规定。

2. 山核桃带壳加工产品质量要求

（1）感官指标　见表2-40。

表2-40　山核桃带壳加工产品感官指标

项　目	椒盐山核桃	奶油山核桃	多味山核桃
色泽	外壳深棕色，色泽均匀，略有光泽，表面微带白色盐霜	外壳深棕色，色泽均匀，泛有油光	外壳深棕色，色泽均匀，泛有油光
香气	具有山核桃特有的香气	具有山核桃特有的香气	具有山核桃特有的香气
口味	仁松脆，无明显涩味，无异味	仁松脆，咸甜适中，带奶油味，无异味	仁松脆，咸甜适中，无异味
形态	颗粒完整，多数有对开缝，大小基本均匀，无明显焦斑		
饱满度	无空籽，瘪籽率≤3%，半籽率≤1%		
杂质	无明显杂质		

（2）理化指标　见表2-41。

表2-41　山核桃带壳加工产品理化指标

项　目	指标要求
净含量允差（500 g以内小包装）	±3%，平均净含量不得低于标明量
水分	≤6%
酸价（KOH）（以脂肪含量计）	≤4 mg/g
过氧化值（以脂肪含量计）	≤0.5 g/100 g

（3）大小分级 见表2-42。

表2-42 山核桃带壳加工产品大小分级

大 小	特大型	大 型	中等型	小 型
坚果直径（cm）	≥2.15	1.95～<2.15	>1.75～<1.95	≤1.75

注：各等级中，小于本等级颗粒的个数占比最高为3%。

（4）卫生指标 应符合GB 2761、GB 2762、GB 2763、GB 2763.1、GB 19300等标准的规定。

3. 山核桃仁加工产品质量等级

（1）感官指标 见表2-43。

表2-43 山核桃仁加工产品感官指标

项 目	特 级	一 级	二 级	三 级
外观	淡黄色，微光亮，无碎仁末	淡黄色，较光亮，少有碎仁末（碎仁率不大于3%）	淡黄色，光亮，有碎仁末（碎仁率3%～8%）	淡黄色，光亮，有碎仁末（碎仁率超过8%）
口感	入口甜咸适中，口感酥爽	入口甜咸适中，口感较酥爽	入口偏甜或咸，口感脆	入口偏甜或咸，口感脆
加糖量	7 g/100 g	9 g/100 g	11 g/100 g	13 g/100 g

（2）理化指标 见表2-44。

表2-44 山核桃仁加工产品理化指标

项 目	指标要求
净含量允差（500 g以内小包装）	±3%，平均净含量不得低于标明量
水分	≤6%
酸价	≤4 mg/g
过氧化值（以脂肪含量计）	≤0.5 g/100 g

（3）卫生指标 应符合GB 2761、GB 2762、GB 2763、GB 2763.1、GB 19300等标准的规定。

五、林业行业标准《薄壳山核桃》（LY/T 1941—2021）

代替《薄壳山核桃坚果和果仁质量等级》（LY/T 2703—2016）等标准，2021年6月30日发布，2022年1月1日实施，适用于薄壳山核桃坚果和果仁等级划分。

1. 坚果等级划分

见表2-45。

表 2 - 45 薄壳山核桃坚果质量等级

指 标	特 级	Ⅰ 级	Ⅱ 级	Ⅲ 级
产品外观	具有生产品种成熟坚果正常色，壳面洁净，无杂质		具有生产品种成熟坚果正常色，壳面洁净，杂质少量	
畸形果率（％）	≤1	≤3	≤5	≤7
异质果率（％）	≤2（无出油果）	≤5（无出油果）	≤8（无出油果）	≤10（无出油果）
平均单果重（g）	>8.0 其中 7 g 以下果不超总质量的 5％	>8.0 其中 7 g 以下果不超总质量的 10％	≤8.0 其中 5 g 以下果不超总质量的 5％	≤6.0 其中 5 g 以下果不超总质量的 10％
出仁率（％）	≥50	≥45	≥40	≥35

注：若有一项指标未达到限值要求即不归属该等级。

2. 果仁等级划分

见表 2 - 46。

表 2 - 46 薄壳山核桃果仁质量等级

指 标	特 级	Ⅰ 级	Ⅱ 级	Ⅲ 级
产品外观	无杂质；果仁外表金黄色或黄褐色，色泽均匀一致；病斑果仁未见；果仁发育饱满		无杂质；果仁外表多为棕褐色或褐色，色差不明显；病斑果仁有见；不饱满果仁偶见	
口感	无涩味或涩味淡		涩味较明显	
半仁率（％）	≥80	≥70	≥60	≥40
粗脂肪含量（％）	≥65		≥55	
蛋白质含量（％）	≥7		≥5	
含水量（％）	≤8		≤10	
酸价（％）	≤0.2			
过氧化值（以脂肪含量计）（mmol/kg）	≤2.5			

注：若有一项指标未达到限值要求即不归属该级。

六、林业行业标准《核桃仁》(LY/T 1922—2010)

2010 年 2 月 9 日发布，2010 年 6 月 1 日实施，适用于核桃仁加工、储藏和销售。

1. 基本要求

具有固有气味，水分≤5％，游离脂肪酸（以酸价计）≤2％（米仁≤3％），过氧化值≤6 meq/kg。

2. 规格指标

见表 2-47。

表 2-47　核桃仁规格指标

等级		规　格	不完善仁（%）	杂质（%）	不符合本等级仁允许量（%）	异色仁允许量（%）
一等	一级	半仁，淡黄	≤0.5	≤0.05	总量≤8，其中，碎仁≤1	≤10
	二级	半仁，浅琥珀	≤1.0	≤0.05		≤10
二等	一级	四分仁，淡黄	≤1.0	≤0.05	大三角仁及碎仁总量≤30；其中，碎仁≤5	≤10
	二级	四分仁，浅琥珀	≤1.0	≤0.05		≤10
三等	一级	碎仁，淡黄	≤2.0	≤0.05	Φ10 mm 圆孔筛下仁总量≤30；其中，Φ8 mm 圆孔筛下仁≤3、四分仁≤5	≤15
	二级	碎仁，浅琥珀	≤2.0	≤0.05		≤15
四等	一级	碎仁，琥珀	≤3	≤0.05		≤15
	二级	米仁，淡黄	≤2.0	≤0.20	Φ8 mm 圆孔筛上仁≤5，孔径 Φ2 mm 圆筛下仁≤3	—

3. 卫生指标

应符合 GB 2761、GB 2762、GB 2763、GB 2763.1、GB 19300 等标准的规定。

七、国内贸易行业标准《熟制核桃和仁》（SB/T 10556—2009）

2009 年 12 月 25 日发布，2010 年 7 月 1 日实施，适用于以核桃或核桃仁为主要原料，经添加或不添加辅料，经炒制、烘烤、油炸（仅对核桃仁）或其他熟制工艺制成的产品。

1. 分类

产品按照加工工艺的不同分为烘炒类、油炸类、其他类。产品按原料不同分为山核桃、山核桃仁；核桃、核桃仁；美国山核桃（碧根果）、美国山核桃仁（碧根果仁）。

2. 感官指标

见表 2-48。

表 2-48　熟制核桃和仁感官指标

项　目	烘炒类		油炸类		其他类	
	核桃	山核桃、碧根果	核桃仁	山核桃仁、碧根果仁	核桃仁	山核桃仁、碧根果仁
外观	外壳呈黄白色至棕褐色，核桃仁呈乳白色至黄白色，允许带有白色的盐霜，色泽较均匀	外壳呈褐色至棕褐色，山核桃仁呈紫棕色或暗红色，允许带有白色的盐霜，色泽较均匀	仁肉呈乳白色至黄白色，色泽均匀，按不同配料应带有各自不同的色泽	仁肉呈紫棕色或暗红色，色泽均匀，按不同配料应带有各自不同的色泽	呈乳白色至黄白色，色泽较均匀	呈紫棕色至暗红色，色泽较均匀

（续）

项　目	烘炒类		油炸类		其他类	
	核桃	山核桃、碧根果	核桃仁	山核桃仁、碧根果仁	核桃仁	山核桃仁、碧根果仁
颗粒和形态	应具有不同原料品种和加工工艺所形成的形态，颗粒较均匀，薄壳核桃、手剥核桃允许有破壳存在	应具有不同原料品种和加工工艺所形成的形态，颗粒较均匀，手剥山核桃允许有破壳存在	呈规则或不规则颗粒状，及具有该产品应有的形态，裹糖类产品允许有少量的粘连	呈规则或不规则颗粒状，及具有该产品应有的形态，裹糖类产品允许有少量的粘连	应具有不同品种和加工工艺所形成的形态，颗粒较均匀	应具有不同品种和加工工艺所形成的形态，颗粒较均匀
滋味和气味	口感酥脆，肥润，香味、滋味与气味纯正，具有该产品应有的滋味及气味，无焦煳味，无哈喇味及其他异味	口感清香、酥脆，香味、滋味与气味纯正，具有该产品应有的滋味及气味，无焦煳味，无哈喇味及其他异味	口感纯香、酥脆，肥而不腻，香味、滋味与气味纯正，无焦煳味，无哈喇味及其他异味，按不同配料应具有各自特色的风味	清香适口、酥脆肥润，香味、滋味与气味纯正，无焦煳味，无哈喇味及其他异味，按不同配料具有各自特色的风味	除具有核桃应有的香味、滋味外，还应具有不同配料、加工方法，各自特色的风味	除具有该品种应有的香味、滋味外，还应具有不同配料、加工方法，各自特色的风味
杂质	正常视力无可见外来杂质					
霉变粒	应符合 GB 19300 的规定					

3. 理化指标
见表 2 - 49。

表 2 - 49　熟制核桃和仁理化指标

项　目	烘炒类	油炸类	其他类
水分（g/100 g）	≤5		≤15

4. 卫生指标
应符合 GB 19300 的规定。

八、国内贸易行业标准《熟制山核桃（仁）》（SB/T 10616—2011）

2011 年 7 月 7 日发布，2011 年 11 月 1 日实施，适用于山核桃和薄壳山核桃（碧根果）产品的生产、检验和销售。

1. 分类
产品按照加工工艺的不同分为烘炒类、油炸类、其他类。

2. 感官指标
见表 2 - 50。

表 2 - 50　熟制山核桃（仁）感官指标

项　目	烘炒类	烘炒类、油炸类	其他类
	山核桃	山核桃仁	山核桃仁
外观	具有该产品应有的色泽，允许带有白色的盐霜，色泽较均匀。发芽籽率≤2%，油籽率≤3%，霉变粒应符合 GB 19300 的要求。无空籽	按不同配料应具有各自不同的色泽，色泽均匀。不得有霉变仁、油籽仁	应具有不同品种和加工工艺所形成的外观，色泽较均匀
颗粒和形态	应具有不同原料品种和加工工艺所形成的形态，颗粒较均匀，手剥类允许有破壳和裂纹存在	呈规则或不规则颗粒状，具有该产品应有的形态，裹糖类产品允许有少量的粘连	应具有不同品种和加工工艺所形成的形态，颗粒较均匀
滋味和气味	口感清香、酥脆，香味、滋味与气味纯正，具有该产品应有的滋味及气味，无焦煳味，无哈喇味及其他异味	清香适口，酥脆肥润，香味、滋味与气味纯正，无焦煳味，无哈喇味及其他异味，按不同配料应具有各自特色的风味	除具有该品种应有的香味、滋味外，还应具有不同配料、加工方法各自特色的风味
杂质	正常视力无可见外来杂质		

3. 水分指标

见表 2 - 51。

表 2 - 51　熟制山核桃（仁）水分指标

项　目	烘炒类	油炸类	其他类
水分（g/100 g）	≤7	≤5	≤20

4. 卫生指标

应符合 GB 19300 的规定。

第五节　开 心 果

一、国家标准《阿月浑子（开心果）坚果质量等级》（GB/T 40631—2021）

2021 年 10 月 11 日发布，2022 年 5 月 1 日实施，适用于干燥后阿月浑子坚果的生产和销售，不适于新鲜果实或不带壳的阿月浑子种仁。

1. 基本要求

坚果大小均匀，形状一致，外壳自然本白色。种仁发育充实、饱满，内种皮紫褐色，种仁绿色，壳面洁净，缝合线自然开裂，无漏仁、虫蛀、出油、霉变、异味等，无杂质，未经有害化学漂白处理。

2. 等级指标

见表 2 - 52。

表 2-52　开心果等级指标

项　目		特　级	Ⅰ　级	Ⅱ　级	Ⅲ　级
物理指标	单果横径（mm）	≥20	19~16	15~13	≤12
	50 g 坚果数量（个）	≤43	44~54	55~64	≥65
	出仁率（%）	≥56	≥54	≥50	≥50
	核壳不开裂率（%）	≤1	≤3	≤5	≤8
	空壳果率（%）	≤3	≤4	≤6	≤6
	破损果率（%）	≤1	≤3	≤4	≤5
	黑斑果率（%）	0	≤1	≤2	≤3
	含水率（%）	≤8	≤8	≤8	≤8
化学指标	蛋白质（%）	≥23		≥20	
	脂肪（%）	≥50		≥45	

二、国内贸易行业标准《熟制开心果（仁）》（SB/T 10613—2011）

2011 年 7 月 7 日发布，2011 年 11 月 1 日实施，适用于以开心果为主要原料，添加或不添加辅料，经炒制、干燥、烤制等熟制工艺制成的产品。

1. 感官指标

熟制开心果（仁）感官指标见表 2-53。熟制开心果（仁）色泽见表 2-54。

表 2-53　熟制开心果（仁）感官指标

项　目	要　求
外观	颗粒饱满、质干，霉变粒应符合 GB 19300 的规定，未开口粒≤6%，虫蚀粒≤1%
色泽	色泽一致，具有该产品应有之色泽（参见表 2-54）
口味	仁松脆，具有开心果特有的清香味，无异味，按不同配料应具有各自的特色风味
杂质	正常视力无可见杂质

表 2-54　熟制开心果（仁）色泽

部　位	漂　白	自然非漂白
果壳	乳白色	淡灰白色并带有淡黄色
果仁	淡黄绿色，并外裹浅黄色或咖啡色外衣	翠绿色和浅黄色，并外裹紫红色外衣

2. 水分指标

水分应≤8 g/100 g。

3. 卫生指标

应符合 GB 19300 的规定。

第六节　松　　籽

一、林业行业标准《红松松籽》（LY/T 1921—2018）

代替《红松松籽》（LY/T 1921—2010），2018 年 12 月 29 日发布，2019 年 5 月 1 日实施，适用于食用红松松籽原料的质量等级要求。

1. 等级指标

见表 5-55。

表 2-55　红松松籽质量等级指标

项　　目	一　　级	二　　级	三　　级
外观	松籽均匀整齐；外种皮光泽完整，表面洁净		松籽不均匀整齐；外种皮不光泽完整，表面洁净
平均粒重（g）	＞0.57	0.50～0.57	＜0.50
种仁颜色	乳白或白色；其中，淡黄色＜5%	乳白或白色；其中，淡黄色5%～15%	乳白或白色；其中，淡黄色＞15%
饱满程度	饱满		较饱满
风味	香，无异味		稍涩，无异味
杂质和残伤率（%）	＜1	1～＜3	3～5
出仁率（%）	＞33	30～33	＜30
含水率（%）	≤8		

2. 理化指标

应符合 GB 19300 的规定。

3. 卫生指标

应符合 GB 2761、GB 2762、GB 2763、GB 2763.1、GB 19300、GB 29921 的规定。

二、国家标准《红松种仁》（GB/T 24306—2009）

2009 年 9 月 30 日发布，2009 年 12 月 1 日实施，适用于红松种仁。

1. 等级指标

见表 2-56。

表 2-56　红松种仁等级指标

项　　目	Ⅰ　　级	Ⅱ　　级	Ⅲ　　级
百粒重（m_1）（g）	$m_1 \geqslant 5.1$	$4.1 \leqslant m_1 < 5.1$	$3.5 \leqslant m_1 < 4.1$
色泽	乳白色或略带乳黄色	乳白色或略带乳黄色	乳白色或略带乳黄色

（续）

项　　目		Ⅰ　　级	Ⅱ　　级	Ⅲ　　级
气味		典型松香味	典型松香味	典型松香味
外观	破碎仁（m_2）（％）	无	$m_2<0.3$	$0.3{\leqslant}m_2<0.5$
	小粒仁（m_3）（％）	无	$m_3<0.3$	$0.3{\leqslant}m_3<0.5$
杂质（％）		无肉眼可见杂质	无肉眼可见杂质	＜0.3
虫蛀仁		无	无	无

2. 理化指标

见表 2-57。

表 2-57　红松种仁理化指标

项　　目	指　　标	项　　目	指　　标
粗蛋白质（％）	≥12	水分（％）	＜4
粗脂肪（％）	≥60	酸价（mg/g）	≤4
灰分（％）	＜3	过氧化值（g/100 g）	≤0.08

3. 卫生指标

应符合 GB 19300 的规定。

三、国家标准《地理标志产品　露水河红松籽仁》（GB/T 19505—2008）

代替《原产地域产品　露水河红松籽仁》（GB 19505—2004），2008 年 7 月 31 日发布，2008 年 11 月 1 日实施，适用于国家质量监督检验检疫行政主管部门根据《地理标志产品保护规定》批准保护的露水河红松籽仁。

1. 感官指标

（1）露水河红松籽　应呈棕褐色，籽粒饱满，新鲜成实，无霉变及冻伤籽。

（2）露水河红松籽仁　见表 2-58。

表 2-58　地理标志产品露水河红松籽仁感官指标

级　别	色　泽	气　味	外　　观	杂　质
一等	乳白色	浓松香味	破碎及不成熟仁＜4％，小粒仁＜2％	无肉眼可见杂质
二等	黄色	浓松香味	轻损普遍，重损＜3％，破碎仁＜7％	无肉眼可见杂质

2. 理化指标

见表 2-59。

表 2-59　地理标志产品露水河红松籽仁理化指标

项　　目	指　　标	项　　目	指　　标
粗脂肪（％）	≥60	酸价（mg/g）	≤4
水分（％）	≤10	过氧化值（以脂肪计）（g/100 g）	≤0.08

3. 卫生指标

应符合 GB 2761、GB 2762、GB 2763、GB 2763.1、GB 19300 等标准的规定。

四、国内贸易行业标准《熟制松籽和仁》（SB/T 10672—2012）

2012 年 3 月 15 日发布，2012 年 6 月 1 日实施，适用于熟制松籽和仁的产品的生产、检验和销售。

1. 感官指标

颗粒整齐、饱满，具有该产品应有色泽和香味，色泽均匀，无异味，正常视力无可见外来杂质。霉变粒应符合 GB 19300 的规定。

2. 坏仁粒率

见表 2-60。

表 2-60　熟制松籽和仁的坏仁粒率要求

项　目	烘炒松籽	烘炒松籽仁	油炸松籽	油炸松籽仁	其　他
坏仁粒率（%）	≤2	—	≤2	—	—

3. 水分指标

见表 2-61。

表 2-61　熟制松籽和仁的水分指标

项　目	烘炒类	油炸类	其　他
水分（g/100 g）	≤5	≤8	—

4. 卫生指标

应符合 GB 19300 的规定。

第七节　香　榧

我国制定有林业行业标准《香榧》（LY/T 1773—2022），2022 年 9 月 7 日发布，2023 年 1 月 1 日实施，代替《香榧籽质量要求》（LY/T 1773—2008）。

1. 外观色泽

品种纯正，无杂质，无畸形果、虫蛀果、开裂果及霉变果，种子表面洁净，外种皮纹理细密，颜色呈棕黄色，剥开后种仁呈乳白色。

2. 品质及等级要求

香榧原料品质及等级要求见表 2-62

表 2-62　香榧原料品质及等级要求

项　目	特　级	一　级	二　级
外观形态	壳面洁净，无虫蛀、出油、异味		
色泽*	色泽均匀自然	色泽较均匀自然	色泽不均匀

（续）

项　　目	特　　级	一　　级	二　　级
均匀度	大小均匀，外观整齐，小型果比例不超过总量的10%	大小均匀，外观较整齐，小型果比例不超过总量的15%	—
含水率（%）	10～15		
出仁率（%）	≥63	≥61	≥58
种仁含油率（%）	≥50	≥48	≥45
淀粉含量（%）	≤8		
蛋白质含量（%）	≥10		

*　肉眼于自然光下观察。

第八节　杏　　仁

一、国家标准《仁用杏杏仁质量等级》（GB/T 20452—2021）

代替《仁用杏杏仁质量等级》（GB/T 20452—2006），2021年10月11日发布，2022年5月1日实施，适用于自然干燥的仁用杏去壳杏仁的生产、销售。

1. 仁用杏杏仁分类

杏仁按其口感味道分为甜杏仁（大扁杏杏仁）和苦杏仁（山杏杏仁）两类。甜杏仁主栽品种有龙王帽、一窝蜂、柏峪扁（白玉扁）、优一、超仁、丰仁、北山大扁、长城扁等。

2. 仁用杏杏仁质量等级指标

（1）甜杏仁　见表2-63。

表2-63　甜杏仁等级指标

项　　目		1　级	2　级	3　级
感官要求		杏仁种皮保持固有色泽（棕黄或黄白）；杏仁保持品种固有风味（味道香甜或香甜、有余苦）；大小形状外观表现均匀；无霉变		
破碎率（%）		<3		
含水率（%）		<7		
平均单仁重（g）	龙王帽、超仁、丰仁	≥0.80	≥0.70	≥0.60
	一窝蜂	≥0.70	≥0.60	≥0.50
	柏峪扁（白玉扁）、北山大扁、长城扁	≥0.75	≥0.65	≥0.55
	优一	≥0.60	≥0.50	≥0.40
不饱满率（%）		≤2.0	≤3.0	≤5.0
虫蛀率（%）		0.0	≤0.5	≤0.5
杂质率（%）		≤0.5	≤1.0	≤1.5
异种率（%）		0.0	≤0.5	≤1.0

（2）苦杏仁　见表 2 - 64。

表 2 - 64　苦杏仁等级指标

项　目	1　级	2　级	3　级
感官要求	杏仁保持固有色泽、风味（味道苦）；大小形状外观表现均匀；无霉变		
破碎率（%）	<3		
含水率（%）	<7		
平均单仁重（g）	≥0.50	≥0.40	≥0.30
不饱满率（%）	≤2.0	≤3.0	≤5.0
虫蛀率（%）	0.0	≤0.5	≤0.5
杂质率（%）	≤0.5	≤1.0	≤1.5

二、林业行业标准《西伯利亚杏杏仁质量等级》（LY/T 2340—2014）

2014 年 8 月 21 日发布，2014 年 12 月 1 日实施，适用西伯利亚杏杏仁生产、流通等环节。西伯利亚杏杏仁等级指标见表 2 - 65。

表 2 - 65　西伯利亚杏杏仁等级指标

项　目	一　级	二　级	三　级
基本指标	外观具有本种正常形状（心脏形）和色泽（黄褐色），整齐度好。无虫蛀粒、霉坏粒、异种核仁。仁肉乳白色，无霉斑、污染、异味。含水率≤7%。卫生指标应符合 GB 2761、GB 2762、GB 2763、GB 2763.1、GB 19300 等标准的规定		
平均单粒重（g）	>0.5	0.4～0.5	>0.3
破碎率（%）	≤2	≤3	≤5
未成熟率（%）	≤1	≤2	≤4
杂质率（%）	<0.5	0.5～1	<1.5
黄曲霉毒素 B_1（μg/kg）	<5	≤10	≤10

三、国内贸易行业标准《熟制杏核和杏仁》（SB/T 10617—2011）

2011 年 7 月 7 日发布，2011 年 11 月 1 日实施，适用以杏核（甜）和杏仁（甜）为主要原料，添加或不添加辅料，经炒制、干燥、烤制、油炸（仅针对杏仁）或其他熟制工艺制成的产品。

1. 分类

产品按照加工工艺的不同分为烘炒类、油炸类、其他类。

2. 感官指标

见表 2 - 66。

表 2-66   熟制杏核和杏仁的感官指标

项　　目	烘炒杏核	烘炒杏仁	油炸杏仁	其他类
外观	颗粒整齐、饱满，大小均匀；其中，虫蚀粒≤2%，霉变粒应符合 GB 19300 的规定	颗粒整齐、饱满，大小均匀，虫蚀粒≤1.5%		颗粒整齐、饱满，大小均匀；其中，虫蚀粒≤1.5%，霉变粒应符合 GB 19300 的规定
色泽	外壳呈棕黄色，仁淡微黄色，色泽均匀，具有该产品应有之色泽	具有该产品应有之色泽，色泽均匀，杏仁呈淡黄色		具有该产品应有之色泽，色泽均匀
口味	香而酥脆可口，香味、滋味与气味纯正，无异味	香而酥脆可口，香味、滋味与气味纯正，无异味，按不同配料应具有各自的特色风味		除具有杏仁应有的香味、滋味与气味外，按不同配料、加工方法还应具有各自的特色风味
杂质	正常视力无可见外来杂质			

3. 水分指标

见表 2-67。

表 2-67   熟制杏核和杏仁的水分指标

项　　目	烘炒类	油炸类	其他类
水分（g/100 g）	≤8		—

4. 卫生指标

应符合 GB 19300 的规定。

第九节   腰   果

一、农业行业标准《腰果》（NY/T 486—2002）

2002 年 1 月 4 日发布，2002 年 2 月 1 日实施，适用于当年收获的壳腰果的质量评定和贸易。

1. 基本要求

无霉味，水分小于 8%，沉水率大于 80%。

2. 等级指标

见表 2-68。

表 2-68   腰果等级指标

等　　级	千克粒数（粒）	果仁比（%）	杂质（%）	缺陷果（%）
特等	≤100	≥25	≤1	≤2
优等	≤150	≥32	≤3	≤5
一等	≤200	≥28	≤4	≤8
二等	≤250	≥25	≤5	≤10

3. 卫生要求

应符合 GB 2761、GB 2762、GB 2763、GB 2763.1、GB 19300 等标准的规定。

二、国家标准《腰果仁　规格》（GB/T 18010—1999）

1999 年 11 月 10 日发布，2000 年 4 月 1 日实施，适用于完整腰果仁和碎腰果仁。

1. 基本要求

腰果仁由腰果脱壳、去种皮后得到，具有该品种特有外形。可以是白色、微黄或焦黄的，可以是完整果仁或碎果仁。不得有霉变、虫蛀；也不得有死（活）昆虫、虫卵，以及石头、土块等杂质。腰果种皮应脱除干净，具该品种特有风味，无脂肪酸败味、馊味等异味。腰果仁中水分含量不超过 5%（m/m）。

2. 腰果仁等级指标

见表 2-69～表 2-74。

表 2-69　腰果白整仁等级指标

等级名称	等级标志	规格（粒/kg）	特　征
白整仁 180 头	W180	265～395	
白整仁 210 头	W210	440～465	
白整仁 240 头	W240	485～530	
白整仁 280 头	W280	575～620	腰果仁应具特有外形，颗粒基本均匀，颜色为白色、极浅象牙色或浅灰色，无黑色或棕色斑点
白整仁 320 头	W320	660～705	
白整仁 400 头	W400	770～880	
白整仁 450 头	W450	880～990	
白整仁 500 头	W500	990～1 100	

注：如有低一等级的果仁和碎仁，其总量不超过 5%（m/m）。

表 2-70　腰果微黄整仁等级指标

等级名称	等级标志	规　格	特　征
微黄整仁	SW	果仁颗粒不分大小	腰果仁外形完整。由于烘烤过热，颜色呈浅棕色、浅象牙色、浅灰色或深象牙色，但果仁内部仍为白色。无黑、黄斑点

注：如有低一等级的果仁和碎仁，其总量不超过 5%（m/m）。

表 2-71　腰果糕点用整仁等级指标

等级名称	等级标志	规　格	特　征
糕点用整仁	DW	果仁颗粒不分大小	腰果仁外形完整。允许有焦黄、变色、花皮和皱缩果仁，无焦苦味。可以有深黑色斑点

注：如有低一等级的碎仁，其总量不超过 5%（m/m）。

表 2-72　腰果白碎仁等级指标

等级名称	等级标志	规　格	特　征
白破仁	B	果仁横向断成两截，断口较平整，果仁两边仍连在一起	果仁为白色、浅象牙色或浅灰色，无黑、黄斑点
白开边仁	S	果仁纵向裂成两瓣	
大白碎仁	LWP	果仁破开为两片以上，但不能通过 4.75 mm 筛孔	
小白碎仁	SWP	果仁碎片小于大白碎仁，但不能通过 2.8 mm 筛孔	
细白碎仁	BB	果仁碎片小于小白碎仁，但不能通过 1.7 mm 筛孔	

注：如有低一等级的碎仁，其总量不超过 5％（m/m）。

表 2-73　腰果微黄碎仁等级指标

等级名称	等级标志	规　格	特　征
微黄碎仁	SB	果仁横向断成两截，断口较平整，果仁两边仍连在一起	由于烘烤过热，果仁呈浅棕色或深棕色，无黑、黄斑点
微黄开边仁	SS	果仁纵向裂成两瓣	
大微黄碎仁	SP	果仁破开为两片以上，但不能通过 4.75 mm 筛孔	
小微黄仁	SSP	果仁碎片小于大微黄碎仁，但不能通过 2.8 mm 筛孔	

注：如有低一等级的碎仁，其总量不超过 5％（m/m）。

表 2-74　腰果糕点用碎仁等级指标

等级名称	等级标志	规　格	特　征
糕点用大碎仁	DP	焦黄果仁破成碎片，但不能通过 4.75 mm 筛孔	颜色呈棕色、深象牙色或浅蓝色，可以有花皮和变色。由于发育不完全而可能变形和皱缩，并可能有斑点。无焦苦味
糕点用小碎仁	DSP	小于 DP，但不能通过 2.8 mm 筛孔	
糕点用碎仁	DB	果仁横向断成两截，断口较平整，果仁两边仍连在一起	
糕点用开边仁	DS	果仁纵向裂成两瓣	

注：如有低一等级的碎仁，其总量不超过 10％（m/m）。

三、国内贸易行业标准《熟制腰果（仁）》（SB/T 10615—2011）

2011 年 7 月 7 日发布，2011 年 11 月 1 日实施，适用以腰果仁为主要原料，添加或不添加辅料，经炒制、干燥、烤制、油炸或其他熟制工艺制成的产品。

1. 分类

产品按照加工工艺的不同分为烘炒类、油炸类、其他类。

2. 感官指标

见表 2 - 75。

表 2 - 75　熟制腰果（仁）感官指标

项　　目	要　　求
外　　观	颗粒饱满，霉变粒应符合 GB 19300 的规定，允许有少量斑点存在，虫蚀粒≤1%
色　　泽	具有该产品应有色泽，色泽均匀
口　　味	产品松脆（烘炒类和油炸类），香味纯正，无酸败和走油现象，咸甜适中，按不同配料应具有各自的特色风味，无哈喇味等异味
杂　　质	正常视力无可见杂质

3. 水分指标

见表 2 - 76。

表 2 - 76　熟制腰果（仁）水分指标

项　　目	烘炒类	油炸类	其他类
水分（g/100 g）	≤5		≤15

4. 卫生指标

应符合 GB 19300 的规定。

第十节　银　　杏

一、国家标准《银杏种核质量等级》（GB/T 20397—2006）

2006 年 5 月 25 日发布，2006 年 11 月 1 日实施，适用于全国银杏种核的生产、加工与经营。

1. 银杏种核的食用质量等级

（1）出仁率　>75%。

（2）银杏种核外观特征　见表 2 - 77。

表 2 - 77　银杏核用品种及其种核外观特征

品种类型	种核形状	种核长：宽：厚	种核纵横轴线相交点	种核先端	核棱及其他特征
长子	长形似橄榄或长枣	>1.7：1：0.83	纵轴中点处正交	秃尖，无突起孔迹，略凹陷	有明显棱，不成翼状
佛指	长卵圆形，上宽下窄	（1.5～1.7）：1：0.81	纵轴由下往上 2/3 处	圆钝，孔迹常呈一小尖突起，亦有孔迹平或内陷成一小浅圆	有明显棱，近尾端不明显，不呈翼状

（续）

品种类型	种核形状	种核长：宽：厚	种核纵横轴线相交点	种核先端	核棱及其他特征
马铃	宽卵形，上宽下窄，上部圆铃状膨大，腰部明显有中缢状，似马铃	（1.2～1.5）：1：0.82	纵轴由下往上 3/5 处	圆秃，孔迹呈小尖突起	有明显棱，核宽处棱稍宽，有不明显翼
梅核	近圆形或广椭圆形，似梅核	（1.2～1.5）：1：0.78	纵轴中点处正交，将种核分成 4 象限	孔迹相合成尖，不突起，顶端圆正	有明显棱，无明显翼
圆子	近圆形或扁圆形	＜1.2：1：0.83	纵轴中点处正交，4 象限大小相等	孔迹小，不凸起或略凹陷	有明显棱，核中部宽处棱有翼

（3）银杏种核等级指标　见表 2-78。

表 2-78　银杏种核等级指标

项 目	特 级	Ⅰ 级	Ⅱ 级	Ⅲ 级
千克粒数（粒）	＜320	320～400	401～480	481～600
百粒核重（g）	＞313	250～313	208～249	167～207
种核具胚率（%）	＞90	80.1～90	70.1～80	60～70
种核浮籽率（%）	＜2	2～5	5.1～10	10.1～15
种核失重率（%）	＜2	2～5	5.1～10	10.1～15
种核霉变率（%）	≤1	1.1～5	5.1～10	10.1～15
种仁萎缩率（%）	＜2	2～5	5.1～10	10.1～15
种仁绿色率（%）	＞90	80.1～90	70.1～80	60～70
种仁光泽率（%）	＞95	90.1～95	85.1～90	80～85

（4）种壳　采后呈汉白玉或鱼肚白色，具光泽，储后略泛黄。厚度 0.3～0.5 mm。孔隙径 1～4 μm；平均孔隙数为（5～9）个/（20×20）μm；孔隙占总面积 5%～8%。

（5）种仁外观特性　形状与种核一致，见表 2-77。刚采黄中泛绿，呈翡翠绿色；储后渐成乳黄色。内种皮膜质细薄，热水烫后易剥。质地细腻，具韧性和糯性。甜、香，略有苦感，具银杏特有风味。

（6）种核营养成分　见表 2-79。

表 2 - 79 银杏种核营养成分

项　目	指　标	项　目	指　标
干物质	≥41%	维生素 B_2	≥1.3 mg/100 g 鲜重
淀粉	≥58 g/100 g 干重	维生素 C	≥22 mg/100 g 鲜重
支链淀粉	≥51 g/100 g 干重	维生素 E	≥2.28 mg/100 g 鲜重
蛋白质	≥4.3 g/100 g 干重	磷（P）	≥98 mg/100 g 干重
脂肪	<3.5 g/100 g 干重	钾（K）	≥580 mg/100 g 干重
可溶性糖	≥9 g/100 g 干重	钙（Ca）	≥16 mg/100 g 干重
胡萝卜素	≥0.4 mg/100 g 鲜重	铁（Fe）	≥1 mg/100 g 干重
维生素 A	≥0.3 mg/100 g 鲜重	镁（Mg）	≥70 mg/100 g 干重
维生素 B_1	≥0.24 mg/100 g 鲜重		

（7）种核有效成分　黄酮≥0.3%。萜内酯≥0.1%。氢氰酸<5 μg/g。

2. 育苗用种核的等级指标

种核大小、储藏指标（种核失重率、浮籽率、种核霉变率、种仁萎缩率、种仁绿色率、种仁光泽率）和种核具胚率见表 2 - 78。品种纯度>98%。种核健籽率>99%。种核净度>99%。

二、国家标准《地理标志产品　泰兴白果》（GB/T 21142—2007）

2007 年 11 月 12 日发布，2008 年 5 月 1 日实施，适用于国家质量监督检验检疫行政主管部门根据《地理标志产品保护规定》批准保护的泰兴白果。

1. 感官指标

见表 2 - 80。

表 2 - 80 地理标志产品泰兴白果感官指标

项　目		指　标
外形特征	核形、仁形	长卵圆形，成佛指状
	纵横轴线正交点	近珠孔端纵轴全长的 1/3 处
	其他特征	种核充实，种仁饱满，种核两侧上部有明显棱；内种皮纸质细薄，热水烫后易剥
色泽	种壳	汉白玉色，具光泽，储后略泛黄
	种仁	采后黄中泛绿，呈翡翠色；储后渐成乳黄色
种仁质地		质地细腻，有韧性，糯性强
种仁口感		味甘清甜，略有苦感，具银杏特有香味
核形指数		长：宽：厚＝(1.49~1.75)：1：(0.81~0.87)

2. 理化指标

见表 2 - 81。

表 2-81　地理标志产品泰兴白果理化指标

等级	千克粒数（粒）	出仁率（%）	种　仁							
			壳厚（mm）	水分（%）	蛋白质（%）	淀粉（%）	可溶性糖（%）	总黄酮醇苷（mg/kg）	银杏萜内酯（mg/kg）	氢氰酸（μg/g）
特级	≤300	78～85	0.3～0.47	≤56	≥4	≥30	≥1.5	≥10	≥12	≤5
Ⅰ级	301～360									
Ⅱ级	361～440									
Ⅲ级	441～520									

注：可溶性糖以蔗糖和还原糖总计。

3. 卫生指标

应符合 GB 2761、GB 2762、GB 2763、GB 2763.1、GB 19300 等标准的规定。

第十一节　榛　　子

一、林业行业标准《榛子坚果　平榛、平欧杂种榛》（LY/T 1650—2005）

2005 年 8 月 16 日发布，2005 年 12 月 1 日实施，适用于平榛和平欧杂种榛坚果的生产、销售。

1. 基本要求

坚果成熟，外观形态完好，整齐，呈自然黄色、棕色；坚果水分含量小于 10%，果仁水分含量小于 7%；坚果无霉变。

2. 等级指标

见表 2-82 和表 2-83。

表 2-82　平榛坚果等级指标

项　目	特　等	一　等	二　等
坚果单果质量（g）	≥1.3	≥1.1	≥0.9
出仁率（%）	≥33	≥29	≥25
空粒率（%）	≤3	≤7	≤10
缺陷果率（%）	≤3	≤5	≤7
缺陷果仁率（%）	≤6	≤11	≤16
其中，虫蛀果仁*、霉仁、酸败（%）	≤2	≤4	≤6
杂质（%）	0	≤0.5	

* 任何等级的榛子坚果中均不允许有活虫或其他动物性有害生物检出。

表 2-83　平欧杂种榛坚果等级指标

项　目	特　等	一　等	二　等
坚果单果质量（g）	≥2.5	≥2.2	≥2.0
出仁率（%）	≥40		

（续）

项 目	特 等	一 等	二 等
空粒率（%）	≤3	≤4	≤5
缺陷果率（%）	≤3	≤5	≤7
缺陷果仁率（%）	≤5	≤8	≤11
其中，虫蛀果仁*、霉仁、酸败（%）	≤1	≤3	≤5
杂质（%）	0	≤0.5	

*任何等级的榛子坚果中均不允许有活虫或其他动物性有害生物检出。

3. 卫生指标

应符合 GB 2761、GB 2762、GB 2763、GB 2763.1、GB 19300 等标准的规定。

二、林业行业标准《榛仁质量等级》（LY/T 3011—2018）

2018 年 12 月 29 日发布，2019 年 5 月 1 日实施，适用于平榛、平欧杂种榛榛仁整仁的质量评定和流通环节，其他榛仁参照执行。

1. 感官指标

见表 2-84。

表 2-84 榛仁感官指标

项 目	指 标
颗 粒	榛仁颗粒饱满①
色 泽	无异常色泽或杂色②
风 味	香味、滋味与气味纯正，无酸败味、苦涩味等异味
杂 质	无肉眼可见的外来杂质

① 由于品种特性导致的榛仁表面凹陷不视为不饱满榛仁。

② 在脱壳过程中产生的脱皮或机械损伤，不属于杂色范畴。

2. 等级指标

见表 2-85。

表 2-85 榛仁等级指标

类 别		特 等	一 等	二 等
平榛		≥11.0 mm	>9.5～<11.0 mm	≤9.5 mm
平欧杂种榛	圆形榛仁	≥14.5 mm	>12.5～<14.5 mm	≤12.5 mm
	其他榛仁	≥15.0 mm	>13.0～<15.0 mm	≤13.0 mm

3. 理化指标

榛仁含水量应低于 6%，酸价指标和过氧化值指标应符合 GB 19300 的规定。

4. 卫生指标

应符合 GB 19300 的规定。

第十二节 坚 果

一、国家标准《食品安全国家标准 坚果与籽类食品》（GB 19300—2014）

代替《烘炒食品卫生标准》（GB 19300—2003）和《坚果食品卫生标准》（GB 16326—2005），2014 年 12 月 24 日发布，2015 年 5 月 24 日实施，适用于生干和熟制坚果与籽类食品。

1. 分类

根据加工方式不同分为生干坚果与籽类食品、熟制坚果与籽类食品。

2. 感官指标

见表 2-86。

表 2-86 坚果与籽类食品感官指标

项 目	要 求
滋味、气味	不应有酸败等异味
霉变粒（%）： 带壳产品 去壳产品	≤2.0 ≤0.5
杂质	无正常视力可见外来异物

3. 理化指标

见表 2-87。

表 2-87 坚果与籽类食品理化指标

项 目	生 干		熟 制
	坚果	籽类	
过氧化值*（以脂肪计）（g/100 g）	≤0.08	≤0.40	≤0.50
酸价*（mg/g）	≤3		

*脂肪含量低的板栗等食品，其酸价、过氧化值不作要求。

4. 卫生指标

应符合 GB 2761、GB 2762、GB 2763、GB 2763.1、GB 29921 等标准的规定，微生物限量见表2-88。

表 2-88 坚果与籽类食品微生物限量

项 目	采样方案[①]及限量（若非指定，均以 CFU/g 表示）			
	n	c	m	M
大肠菌群	5	2	10	10^2
霉菌[②]	≤25			

① 样品的采集及处理按 GB 4789.1 执行。

② 仅适用于烘炒工艺加工的熟制坚果与籽类食品。

二、国家标准《坚果与籽类食品质量通则》（GB/T 22165—2022）

代替《坚果炒货食品通则》（GB/T 22165—2008），2022 年 7 月 11 日发布，2023 年 8 月 1 日实施，适用于坚果与籽类食品的生产、销售和检验。坚果与籽类食品是指以坚果、籽类或其果仁为主要原料，经加工制成的食品。此处仅列出与坚果有关的食品的相关要求。

1. 分类

按照不同加工方式分为烘炒坚果与籽类食品（烘炒类）、油炸坚果与籽类食品（油炸类）、其他坚果与籽类食品（其他类）。根据是否带壳分为带壳类烘炒坚果与籽类食品（带壳类）、去壳类烘炒坚果与籽类食品（去壳类）。

2. 感官指标

见表 2 - 89。

表 2 - 89　坚果食品感官指标

项　目	要求	
	带壳类	去壳类
色泽	具该品种应有的色泽	
颗粒形态	具该品种应有的颗粒形态	
滋味与气味	滋味与气味纯正，不应有酸败等异味	
杂质	无正常视力可见的外来异物	
坏仁粒（%）： 　巴基斯坦乔松松籽	≤7.5	
核桃、山核桃、夏威夷果、东北红松松籽、扁桃核、杏核	≤5.0	≤2.0
其他	≤3.0	
虫蛀粒（%）： 　扁桃核	≤3.0	≤2.0
其他	≤2.0	≤1.0
空瘪粒（%）： 　碧根果、核桃、扁桃核、杏核、香榧	≤3.0	
夏威夷果	≤2.0	—
其他	≤1.0	

注：手剥类山核桃产品不设置空瘪粒指标要求。

3. 理化指标

见表 2 - 90。

表 2 - 90　坚果食品理化指标

项　目	烘炒类	油炸类	其他类		
			混合类	即食生干类	其他
水分（g/100 g）	≤5	≤5	≤15	≤16（松籽） ≤6（其他坚果）	—
坚果果仁含量 （g/100 g）	—	—	≥40	—	—

我国现有干果产品标准 28 项，覆盖干枣、枸杞、梨干、荔枝干、罗汉果、木菠萝干、苹果干、葡萄干、柿饼、酸角、杏干、椰干等 10 余种干果；以干枣产品标准最多，达 9 项。干果产品标准对干果质量安全的要求主要包括安全/卫生指标（农药残留、污染物、微生物等）、理化指标、质量等级/规格、感官等方面，有的标准还含有基本要求、原料要求等。28 项标准中，国家标准 15 项，农业行业标准 9 项，林业行业标准 2 项，国内贸易行业标准和供销合作行业标准各 1 项；15 项标准于 2000—2010 年发布实施，7 项标准于 2011—2020 年发布实施，6 项标准发布于 2021 年及其之后。

第一节　槟榔干果

我国制定有农业行业标准《槟榔干果》（NY/T 487—2002）。该标准于 2002 年 1 月 4 日发布，2002 年 2 月 1 日实施，适用于槟榔干果的质量评定和贸易。

1. 基本要求

洁净，无异味，无腐烂果。

2. 等级指标

见表 3-1。

表 3-1　槟榔干果等级指标

项　　目	优　　等	一　　等	二　　等
同一类品种特征率（%）	≥95	≥85	≥70
皱纹均匀率（%）	≥98	≥95	≥80
色泽一致率（%）	≥98	≥95	≥80
果实完整率（%）	≥98	≥95	≥80
虫果率（%）	0	≤2	≤5
病果率（%）	0	≤2	≤5
畸形果率（%）	≤1	≤3	≤6
果实均匀指数	≥0.9	≥0.7	≥0.6
果实含水率（%）	≤12	≤12	≤15

3. 卫生指标

应符合 GB 2762、GB 2763、GB 2763.1、GB 29921 等标准的规定。

第二节　干　枣

一、国家标准《干制红枣》（GB/T 5835—2009）

代替《红枣》（GB 5835—1986），2009 年 3 月 28 日发布，2009 年 8 月 1 日实施，适用于干制红枣的外观质量分级、检验、包装和储运。

1. 分类

干制红枣分为干制小红枣和干制大红枣两类。干制小红枣用金丝小枣、鸡心枣、无核小枣等品种和类似品种干制而成。干制大红枣用灰枣、板枣、郎枣、圆铃枣（核桃纹枣、紫枣）、长红枣、赞皇大枣、灵宝大枣（屯屯枣）、壶瓶枣、相枣、骏枣、扁核酸枣、婆枣、山西（陕西）木枣、大荔圆枣、晋枣、油枣、大马牙、圆木枣等品种和类似品种干制而成。

2. 干制小红枣等级指标

见表 3-2。

表 3-2　干制小红枣等级指标

项目	果形和果实大小	品　质	损伤和缺陷	含水率（%）	容许度（%）	总不合格果百分率（%）
特等	果形饱满，具有本品种应有的特征，果实大小均匀	肉质肥厚，具有本品种应有的色泽，身干，手握不粘个，总糖含量≥75%，一般杂质≤0.5%	无霉变、浆头、不熟果和病虫害。允许破头、油头果之和≤3%	≤28	≤5	≤3
一等	果形饱满，具有本品种应有的特征，果实大小均匀	肉质肥厚，具有本品种应有的色泽，身干，手握不粘个，总糖含量≥70%，一般杂质≤0.5%，鸡心枣允许肉质肥厚度较低	无霉变、浆头、不熟果和病果。允许虫果、破头、油头果之和≤5%	≤28	≤5	≤5
二等	果形良好，具有本品种应有的特征，果实大小均匀	肉质较肥厚，具有本品种应有的色泽，身干，手握不粘个，总糖含量≥65%，一般杂质≤0.5%	无霉变、浆头果。允许病虫果、破头、油头果和干条之和≤10%（其中病虫果≤5%）	≤28	≤10	≤10
三等	果形正常，具有本品种应有的特征，果实大小较均匀	肉质肥瘦不均，允许有≤10%的果实色泽稍浅，身干，手握不粘个，总糖含量≥60%，一般杂质≤0.5%	无霉变果。允许浆头、病虫果、破头、油头果和干条之和≤15%（其中病虫果≤5%）	≤28	≤15	≤15

3. 干制大红枣等级指标

干制大红枣等级指标见表3-3。干制红枣主要品种果实大小分级见表3-4。

表3-3 干制大红枣等级指标

项目	果形和果实大小	品质	损伤和缺陷	含水率（％）	容许度（％）	总不合格果百分率（％）
一等	果形饱满，具有本品种应有的特征，果实大小均匀	肉质肥厚，具有本品种应有的色泽，身干，手握不粘个，总糖含量≥70％，一般杂质≤0.5％	无霉变、浆头、不熟果和病果。虫果、破头果之和≤5％	≤25	≤5	≤5
二等	果形良好，具有本品种应有的特征，果实大小均匀	肉质较肥厚，具有本品种应有的色泽，身干，手握不粘个，总糖含量≥65％，一般杂质≤0.5％	无霉变果。允许浆头≤2％，不熟果≤3％，病虫果、破头果之和≤5％	≤25	≤10	≤10
三等	果形正常，果实大小较均匀	肉质肥瘦不均，允许有≤10％的果实色泽稍浅，身干，手握不粘个，总糖含量≥60％，一般杂质≤0.5％	无霉变果。允许浆头≤5％，不熟果≤5％，病虫果、破头果之和≤10％（其中病虫果≤5％）	≤25	≤15	≤20

注：干制红枣品种繁多，各品种果实大小差异较大，该标准对干制红枣每千克果数不作统一规定，产地可根据当地品种特性，按等级要求自行规定。

表3-4 干制红枣主要品种果实大小分级（千克粒数）

单位：粒

品 种	特 级	一 级	二 级	三 级	等 外 果
金丝小枣	<260	260～300	301～350	351～420	>420
无核小枣	<400	400～510	511～670	671～900	>900
婆 枣	<125	125～140	141～165	166～190	>190
圆铃枣	<120	120～140	141～160	161～180	>180
扁核酸	<180	180～240	241～300	301～360	>360
灰 枣	<120	120～145	146～170	171～200	>200
赞皇大枣	<100	100～110	111～130	131～150	>150

4. 卫生指标

应符合 GB 2762、GB 2763、GB 2763.1、GB 29921 等标准的规定。

二、林业行业标准《干制红枣质量等级》（LY/T 1780—2018）

代替《干制红枣质量等级》（LY/T 1780—2008），2018年12月29日发布，2019年5月1日实施，适用于干制红枣的质量等级划定。

1. 等级指标

干制红枣等级指标见表3-5。主要枣品种干制红枣的果个大小分级见表3-6。

表 3-5 干制红枣等级指标

项 目	特 级	一 级	二 级	三 级
基本要求	品种一致，具有本品种特征，果形完整，小枣含水量≤28%，大枣含水量≤25%，无大的沙土、石粒、枝段、金属物等杂质，无异味，几乎无尘土			
果形	果形饱满	果形饱满	果形较饱满	果形不饱满
果实色泽	色泽良好	色泽较好	色泽一般	色泽差
果个大小	果个大，均匀一致	果个较大，均匀一致	果个中等，较均匀	果个较小，不均匀
总糖含量	≥75%	≥70%	≥65%	≥60%
缺陷果	无虫果，无浆头，无干条，油头和破头之和≤2%，病虫果≤1%	无干条，病虫果≤2%，浆烂、油头和破头之和≤3%	病虫果≤2%，浆烂、油头和破头之和≤5%，干条≤5%	病虫果≤2%，浆烂、油头和破头之和≤10%，干条≤10%
杂质含量	≤0.1%	≤0.3%	≤0.5%	≤0.5%

注：由于品种间果个大小差异很大，每千克果个数不作统一规定，各地可根据品种特性，按等级自行规定。

表 3-6 主要品种干制红枣果个大小分级（千克粒数）

单位：粒

品 种	特 级	一 级	二 级	三 级	等外果
金丝小枣	<260	260~300	301~350	351~420	>420
无核小枣	<400	400~510	511~670	671~900	>900
婆枣	<125	125~140	141~165	166~190	>190
圆铃枣	<120	120~140	141~160	161~180	>180
扁核酸	<180	180~240	241~300	301~360	>360
灰枣	<120	120~145	146~170	171~200	>200
赞皇大枣	<100	100~110	111~130	131~150	>150

2. 卫生指标

应符合 GB 2762、GB 2763、GB 2763.1、GB 29921 等标准的规定。

三、国家标准《免洗红枣》（GB/T 26150—2019）

代替《免洗红枣》（GB/T 26150—2010），2019 年 8 月 30 日发布，2020 年 3 月 1 日实施，适用于免洗红枣的品质认定及等级划分。

1. 分类

（1）**按水分分类** 免洗红枣按水分含量高低可分为以下两类：低含水量制品，水分含量不高于 25%；高含水量制品，水分含量大于 25%且不高于 35%。

（2）**按品种分类** 免洗红枣按品种可分为以下两类：免洗小红枣，包括金丝枣、鸡心枣等；免洗大红枣，包括灰枣、板枣、郎枣、圆铃枣、长红枣、赞皇大枣、灵宝大枣、壶瓶枣、相枣、骏枣、扁核酸枣、婆枣、木枣、大荔圆枣、晋枣、油枣、大马牙枣、圆木枣等。

2. 质量要求

（1）原料要求　红枣原料应选用符合 GB/T 5835 规定的成熟干枣或 GB/T 22345 规定的成熟鲜枣的要求，其中灰枣、骏枣原料还应符合表 3-7、表 3-8 的要求。

表 3-7　灰枣原料感官等级要求

项　目	特　级	一　级	二　级	三　级	等外果
基本要求	具有灰枣应有的特征，呈椭圆形，果皮光滑，紫红色，果肉肥厚，核小				
粒数（粒/kg）	≤200	201～260	261～320	321～370	>370
损伤或缺陷	无霉烂果，残次果（浆头、病果、虫果、破头果）≤2%	无霉烂果，残次果（浆头、病果、虫果、破头果）≤5%	无霉烂果，残次果（浆头、病果、虫果、破头果）≤5%	无霉烂果，残次果（浆头、病果、虫果、破头果）≤5%	无霉烂果，残次果（浆头、病果、虫果、破头果）≤5%
杂质含量	≤0.1%	≤0.3%	≤0.5%	≤0.5%	≤0.5%

表 3-8　骏枣原料感官等级要求

项　目	特　级	一　级	二　级	三　级	等外果
基本要求	具有骏枣应有的特征，个大，果皮光滑，呈深红色或枣红色，果肉肥厚，稍具酸味				
粒数（粒/kg）	≤83	84～111	112～142	143～200	>200
损伤或缺陷	无霉烂果，残次果（浆头、病果、虫果、破头果）≤2%	无霉烂果，残次果（浆头、病果、虫果、破头果）≤5%	无霉烂果，残次果（浆头、病果、虫果、破头果）≤5%	无霉烂果，残次果（浆头、病果、虫果、破头果）≤5%	无霉烂果，残次果（浆头、病果、虫果、破头果）≤5%
杂质含量	≤0.1%	≤0.3%	≤0.5%	≤0.5%	≤0.8%

（2）理化指标　见表 3-9。

表 3-9　免洗红枣理化指标

项　目	低含水量制品	高含水量制品
水分（%）	≤25	25<水分≤35
总糖（%）	≥70	

注：总糖以可食部分干物质计。

（3）等级指标　免洗小红枣应符合表 3-10 的规定，免洗大红枣应符合表 3-11 的规定。

表 3-10 免洗小红枣等级指标

项 目	特 级	一 级	二 级	三 级	等外果
品质	果肉肥厚，具有红枣应有的色泽，无肉眼可见外来杂质				
果形和大小	果形饱满，果粒均匀度≥90%，具有红枣应有的特征，每千克450～500粒	果形饱满，果粒均匀度≥80%，具有红枣应有的特征，每千克501～600粒	果形饱满，果粒均匀度≥70%，具有红枣应有的特征，每千克601～800粒	果形饱满，果粒均匀度≥60%，具有红枣应有的特征，每千克801～1000粒	不在以上等级内的均为等外果
损伤和缺陷	无霉烂果、不熟果，残次果（浆头、病果、虫果、破头果）≤1%	无霉烂果、不熟果，残次果（浆头、病果、虫果、破头果）≤1%	无霉烂果、不熟果，残次果（浆头、病果、虫果、破头果）≤3%	无霉烂果、不熟果，残次果（浆头、病果、虫果、破头果）≤3%	无霉烂果、不熟果，残次果（浆头、病果、虫果、破头果）≤8%

表 3-11 免洗大红枣等级指标

项 目		特 级	一 级	二 级	三 级	等外果
品质		果肉肥厚，具有红枣应有的色泽，无肉眼可见外来杂质				
果形和大小	骏枣	果形饱满，果粒均匀度≥90%，具有红枣应有的特征，每千克≤83粒	果形饱满，果粒均匀度≥80%，具有红枣应有的特征，每千克84～111粒	果形饱满，果粒均匀度≥70%，具有红枣应有的特征，每千克112～142粒	果形饱满，果粒均匀度≥60%，具有红枣应有的特征，每千克143～200粒	不在以上等级内的均为等外果
	其他免洗大红枣	果形饱满，果粒均匀度≥90%，具有红枣应有的特征，每千克≤200粒	果形饱满，果粒均匀度≥80%，具有红枣应有的特征，每千克201～260粒	果形饱满，果粒均匀度≥70%，具有红枣应有的特征，每千克261～320粒	果形饱满，果粒均匀度≥60%，具有红枣应有的特征，每千克321～370粒	不在以上等级内的均为等外果
损伤和缺陷		无霉烂果、不熟果，残次果（浆头、病果、虫果、破头果）≤1%	无霉烂果、不熟果，残次果（浆头、病果、虫果、破头果）≤1%	无霉烂果、不熟果，残次果（浆头、病果、虫果、破头果）≤3%	无霉烂果、不熟果，残次果（浆头、病果、虫果、破头果）≤3%	无霉烂果、不熟果，残次果（浆头、病果、虫果、破头果）≤8%

（4）卫生指标 应符合 GB 2760、GB 2762、GB 2763、GB 2763.1、GB 29921 等标准的规定。

四、农业行业标准《板枣》（NY/T 700—2003）

2003 年 12 月 1 日发布，2004 年 3 月 1 日实施，适用于板枣干制品。

1. 等级指标

见表 3-12。

表 3 - 12　板枣等级指标

项　目	特　级	一　级	二　级	三　级
基本要求	具有板枣应有的特征，色泽光亮，果皮呈黑红色至暗红色，身干，手握不粘个，无霉烂，可食率≥92%			
果形	果形饱满	果形饱满	果形较饱满	果形正常
肉质	肉质肥厚	肉质肥厚	肉质较肥厚	肉质肥厚不均
千克粒数（粒）	≤170	171～220	221～270	≥271
均匀度	个头大小均匀	个头大小均匀	个头大小较均匀	个头大小不均匀
允许度	杂质≤0.2%，破口、油头之和≤2%	杂质≤0.5%，虫果≤1%，破口、油头之和≤3%	杂质≤0.5%，浆头≤2%，不熟果≤3%，病虫果、破口之和≤5%	杂质≤0.5%，浆头≤5%，不熟果≤5%，病虫果、破口之和≤5%

2. 理化指标

见表 3 - 13。

表 3 - 13　板枣理化指标

项　目	总糖（%）	水分（%）
指标	≥70	≤25

3. 卫生指标

应符合 GB 2762、GB 2763、GB 2763.1、GB 29921 等标准的规定。

五、国家标准《灰枣》（GB/T 40634—2021）

2021 年 10 月 11 日发布，2021 年 10 月 11 日实施，适用于干制灰枣。

1. 基本要求

见表 3 - 14。

表 3 - 14　灰枣基本要求

项　目	指　标
感官要求	具有灰枣应有的特征，呈椭圆形，果皮红色至紫红色，肉质肥厚，核小，无霉烂果
均匀度允差（%）	≤60
杂质含量（%）	≤0.1
残次果率（%）	≤5

2. 理化指标

见表 3 - 15。

表 3-15　灰枣理化指标

项　目	指　标
水分（%）	15～25
总糖（以可食部分干物质计）（%）	≥70

3. 等级指标

见表 3-16。

表 3-16　灰枣等级指标

项　目	特　级	一　级	二　级	三　级
千克粒数（粒）	120～180	181～230	231～290	291～350

六、农业行业标准《哈密大枣》（NY/T 871—2004）

2005 年 1 月 4 日发布，2005 年 2 月 1 日实施，适用于哈密大枣干制品。

1. 外观指标

见表 3-17。

表 3-17　哈密大枣外观指标

项　目	特　级	一　级	二　级
果形	饱满，椭圆或近圆		
果面	光滑无明显皱纹	皱纹浅	皱纹浅
色泽	紫红色		
整齐度	整齐	比较整齐	比较整齐
缺陷果实	无		

2. 理化指标

见表 3-18。

表 3-18　哈密大枣理化指标

项　目	特　级	一　级	二　级
单果重（g）	≥12	≥9	≥7
含水率（%）	≤15		
可食率（%）	≥93		
可溶性固形物（%）	≥80		

3. 卫生指标

应符合 GB 2762、GB 2763、GB 2763.1、GB 29921 等标准的规定。

七、国家标准《骏枣》(GB/T 40492—2021)

2021年8月20日发布，2021年8月20日实施，适用于干制骏枣。

1. 基本要求
见表3-19。

表3-19　骏枣基本要求

项　目	指　标
感官要求	具有骏枣应有的特征，果实大，果皮红色至紫红色，肉质肥厚，稍具酸味，无霉烂果
均匀度允差（%）	≤60
杂质含量（%）	≤0.1
残次果率（%）	≤5

2. 理化指标
见表3-20。

表3-20　骏枣理化指标

项　目	指　标（mg/kg）
水分（%）	15～25
总糖（以可食部分干物质计）（%）	≥70

3. 等级指标
见表3-21。

表3-21　骏枣等级指标

项　目	特　级	一　级	二　级	三　级
千克粒数（粒）	60～83	84～111	112～142	143～200

八、国家标准《地理标志产品　灵宝大枣》(GB/T 22741—2008)

2008年12月28日发布，2009年6月1日实施，适用于国家质量监督检验检疫行政主管部门根据《地理标志产品保护规定》批准保护的干制灵宝大枣。

1. 品种
圆枣、屯屯枣，以及由其选育并通过审定的新品种。

2. 等级规格
应符合表3-22的规定。

表3-22　地理标志产品灵宝大枣等级规格

项　目	特　等	一　等	二　等	三　等
基本要求	果实呈圆屯形，底部和顶部凹陷，色泽深红，果皮薄，皱纹粗浅，味甘甜，身干，手握不粘个。无霉烂，杂质不超过0.5%			

（续）

项　目	特　等	一　等	二　等	三　等
直径（mm）	≥36	≥32	≥26	≥26
果形	果形饱满，具有本品种应有的特征、个大、均匀	果形较饱满，具有本品种应有的特征、个大、均匀	果形较饱满，个头均匀	果形较饱满
品质	弹性好，有光泽，肉质肥厚	弹性好，有光泽，肉质肥厚	弹性好，肉质肥厚	肉质肥瘦不均，允许有≤10%的果实色泽稍浅
损伤及缺陷	无浆头，无不熟果，无病果、虫果，破头≤2%	无浆头，无不熟果，无病果、虫果，破头≤4%	允许浆头≤2%，不熟果≤3%，病虫果≤5%，破头≤5%	允许浆头≤5%，不熟果≤5%，病虫果、破头之和≤15%（其中，病虫果≤5%）

3. 理化指标

应符合表 3-23 的规定。

表 3-23　地理标志产品灵宝大枣理化指标

项　目	指　标
可溶性总糖（以还原糖计）（%）	≥70
维生素 C（mg/100 g）	≥13
可食率（%）	≥92
总酸（%）	≤1.1
水分（%）	≤25

4. 卫生指标

应符合 GB 2762、GB 2763、GB 2763.1、GB 29921 等标准的规定。

九、国家标准《地理标志产品　延川红枣》（GB/T 23401—2009）

2009 年 3 月 30 日发布，2009 年 10 月 1 日实施，适用于国家质量监督检验检疫行政主管部门根据《地理标志产品保护规定》批准保护的干制延川红枣。

1. 品种

主要品种为大木枣、条枣、圆枣、狗头枣、骏枣。

2. 等级指标

见表 3-24。

表 3-24　地理标志产品延川红枣等级指标

项　目	特　级	一　级	二　级
基本要求	果实发育充分，果形完整，大小均匀，无异味，无明显异物，无不正常的外来水分，具有本品种固有的特征		

（续）

项　目		特　级	一　级	二　级
色泽		具有本品种应有的色泽		
形状		果形正常		
损伤和缺陷		无霉烂。浆头果、病虫果、破头果之和不超过2%	无霉烂。浆头果、不完熟果、病虫果、破头果之和不超过5%；其中，病虫果数不超过2%	无霉烂。浆头果、不完熟果、病虫果、破头果不超过8%；其中，病虫果数不超过3%
单果重（g）	大木枣	≥8.0	≥7.0	≥6.0
	条枣	≥7.0	≥6.0	≥5.0
	圆枣	≥6.9	≥5.0	≥4.0
	狗头枣	≥7.0	≥6.0	≥5.0
	骏枣	≥12.0	≥10.0	≥9.0

3. 理化指标

见表 3 - 25。

表 3 - 25　地理标志产品延川红枣理化指标

项　　目	总糖（以还原糖计）（%）	水分（%）	可食率（%）
大木枣	≥60		
条枣	≥60		
圆枣	≥65	≤25	≥90
狗头枣	≥61		
骏枣	≥62		

4. 卫生指标

应符合 GB 2762、GB 2763、GB 2763.1、GB 29921 等标准的规定。

第三节　枸　　杞

一、国家标准《枸杞》（GB/T 18672—2014）

代替《枸杞（枸杞子）》（GB/T 18672—2002），2014 年 6 月 9 日发布，2014 年 10 月 27 日实施，适用于经干燥加工制成的各品种的枸杞成熟果实。

1. 感官指标

见表 3 - 26。

表 3 - 26　枸杞感官指标

项　　目	特　优	特　级	甲　级	乙　级
形状	类纺锤形略扁，稍皱缩			
杂质	不得检出			

（续）

项 目	特 优	特 级	甲 级	乙 级
色泽	果皮鲜红、紫红色或枣红色			
滋味、气味	具有枸杞应有的滋味、气味			
不完善粒（%）	≤1.0	≤1.5	≤3.0	≤3.0
无使用价值颗粒	不允许有			

2. 理化指标

见表 3-27。

表 3-27 枸杞理化指标

项 目	特 优	特 级	甲 级	乙 级
粒度（粒/50 g）	≤280	≤370	≤580	≤900
枸杞多糖（g/100 g）	≥3.0			
水分（g/100 g）	≤13.0			
总糖（以葡萄糖计）（g/100 g）	≥45.0	≥39.8	≥24.8	≥24.8
蛋白质（g/100 g）	≥10.0			
脂肪（g/100 g）	≤5.0			
灰分（g/100 g）	≤6.0			
百粒重（g/100 粒）	≥17.8	≥13.5	≥8.6	≥5.6

二、国家标准《地理标志产品 宁夏枸杞》（GB/T 19742—2008）

代替《原产地域产品 宁夏枸杞》（GB 19742—2005），2008 年 7 月 31 日发布，2008 年 11 月 1 日实施，适用于国家质量监督检验检疫行政主管部门根据《地理标志产品保护规定》批准保护的宁夏枸杞。

1. 感官指标

干果形状类纺锤形略扁，长 12.0～20.2 mm，直径 5.4～9.9 mm，稍皱缩；干果紫红或枣红色，基部具明显白色果柄痕迹。其余按 GB/T 18672 规定执行。

2. 理化指标

枸杞多糖含量≥3.1%，总糖含量≥39.8%，其余按照 GB/T 18672 规定执行。

3. 卫生指标

应符合 GB 2762、GB 2763、GB 2763.1、GB 29921 等标准的规定。

第四节 梨 干

我国制定有国家标准《梨干 技术规格和试验方法》（GB/T 23353—2009）。该标准于 2009 年 3 月 28 日发布，2009 年 8 月 1 日实施，适用于经自然干燥或人工干燥制成的梨干产品，不适用于蜜饯梨干。梨干指经自然干燥或人工干燥制成的梨干。用于加工梨干的果实应具有适宜的成熟度，对半纵切成片状或块状，去掉果梗和萼端。

注：通常情况下，用于加工梨干的果实不去皮，也不去果心（受损情况下例外），只修整梨果受损部位。

1. 基本要求

——完整洁净；

——具有本品种固有的气味和滋味，无异味；

——无虫、螨类及其他寄生菌和霉菌，无啮齿动物啃咬痕迹（特殊情况下，可用放大镜观察；如果放大率超过10倍，应在试验报告中予以陈述。）；

——存在于梨干中或附着其上的灰尘、果皮碎片、花萼、叶片、果梗、枝条、木屑、土块及其他外来杂质的比例不应超过表3-28规定的限值；

——虫害梨干、受损梨干的比例不应超过表3-28规定的限值；

——未成熟果梨干的百分数不应超过表3-28规定的限值；

——梨干色泽应鲜亮，呈奶油色（黄白色），切口边缘褐变极不明显或呈浅褐色；

——梨干中酸不溶性灰分含量不超过1g/kg。

2. 等级划分

（1）特级　梨干应具有优良的质量和本品种固有的特征，色泽应均匀一致，无影响产品外观、质量的缺陷，不应超出表3-28列出的各项缺陷所允许的百分数。

（2）一级　梨干应具有良好的质量和本品种固有的特征，应满足表3-28列出的要求。产品在不影响外观、质量的前提下，允许存在轻微缺陷的表皮缺陷、色泽缺陷。

（3）二级　产品不符合特级、一级要求，但需满足表3-28列出的要求。产品在保持外观、质量主要特征的前提下，允许有表皮缺损、色泽缺陷、梨干碎片。

表3-28　梨干等级指标

项　　目	特　　级	一　　级	二　　级
虫害梨干（%）	≤1	≤2	≤3
受损梨干（%）	≤2	≤3	≤4
未成熟果梨干（%）	≤1	≤2	≤4
外来杂质（%）	≤0.5	≤1.0	≤1.5
色泽	鲜亮，呈奶油色，切边褐变轻微	鲜亮，呈奶油色，切边褐变轻微	浅褐色
杂色梨干（%）	≤2	≤5	≤10
带硬渣的梨干（%）	≤1	≤2	≤3
整梨或半梨中碎片存有率（%）	0	≤5	≤10
带果梗或种子的梨干*（%）	≤2	≤5	≤7
发酵梨干（%）	≤0.25	≤1.0	≤2.0
带果核心皮的梨干*（%）	≤5	≤10	≤15

* 以个数占比计。

3. 规格划分

根据大小进行规格划分。大小按最宽处的直径测量。表 3 - 29 是各等级所要求的最小直径。同等级包装内最大的和最小的梨干之间直径差别不应超过 20 mm。大小要求对特级和一级产品是强制性的，但对切块或切片的梨干不作要求。

表 3 - 29　梨干等级最小直径

类　别	特　级	一　级	二　级
不去皮的梨干最小直径（mm）	35 mm	25 mm	20 mm
去皮的梨干最小直径（mm）	30 mm	22 mm	18 mm

4. 卫生指标

应符合 GB 2762、GB 2763、GB 2763.1 等标准的规定。

第五节　荔　枝　干

我国制定有农业行业标准《荔枝干》（NY/T 709—2003）。该标准于 2003 年 12 月 1 日发布，2004 年 3 月 1 日实施，适用于以新鲜荔枝经焙烘干燥而制成的带壳荔枝干。

1. 原料

荔枝果应选用成熟的，无裂果、污垢、腐烂、异味、病虫害的去梗鲜果。

2. 等级指标

见表 3 - 30。

表 3 - 30　荔枝干等级指标

项　目		一　级	二　级	三　级
规格（粒/kg）		≤160	161～199	200～240
破壳率（%）		≤3	≤5	≤8
色泽	果壳	色泽均匀，呈红褐色，有光泽	色泽较均匀，呈褐色	
	果肉	色泽均匀，呈浅褐色，有光泽	色泽较均匀，呈棕色至深棕色	
外观		果粒完整，大小均匀，果壳表面粗糙，可有凹陷，不应附着药迹、泥浆等不净之物，不应有无蒂果、霉变和虫蛀		
风味		具有本品应有的风味，无异味		
杂质		无		

3. 理化指标

见表 3 - 31。

表 3 - 31　荔枝干理化指标

项　目	指　标（%）
果肉含水率	≤25

（续）

项　目	指　标（%）
总糖	≥50
总酸（以柠檬酸计）	≤1.5

4. 卫生指标

应符合 GB 2762、GB 2763、GB 2763.1、GB 29921 等标准的规定。

第六节　罗　汉　果

一、国家标准《罗汉果质量等级》（GB/T 35476—2017）

2017 年 12 月 29 日发布，2018 年 7 月 1 日实施。该标准适用于干燥后罗汉果的质量等级评定，不适用于新鲜罗汉果。

1. 感官指标

见表 3 - 32。

表 3 - 32　罗汉果感官指标

项　目	要　求
色泽	金黄色、黄褐色、褐色或绿褐色，有光泽
形态	果形呈球形、卵形、圆柱形或椭圆形，不破损、无霉变、无病虫害、无响果
滋味和气味	具有罗汉果的清甜香味，无烟味、无异味、无苦果

2. 等级指标

见表 3 - 33。

表 3 - 33　罗汉果等级指标

等　级	果实横径（cm）		皂苷 V（g/100 g）	水浸出物（%）	水分（%）
	圆形果	长形果			
特级	≥6.36	≥5.74	≥1.40		
一级	≥5.74	≥5.26	≥1.10		
二级	≥5.26	≥4.78	≥0.80	≥30.0	≤15.0
三级	≥4.78	≥4.46	≥0.50		

3. 卫生指标

应符合 GB 2762、GB 2763、GB 2763.1、GB 29921 等标准的规定。

二、农业行业标准《罗汉果》（NY/T 694—2022）

代替《罗汉果》（NY/T 694—2003），2022 年 11 月 11 日发布，2023 年 3 月 1 日实施，适用于罗汉果干果质量评定和贸易。

1. 等级指标

罗汉果的感官指标和理化指标见表 3 - 34 和表 3 - 35。

表 3 - 34　罗汉果感官指标

等级	分级要求	基本要求
特级	滋味和气味：具有罗汉果的清甜香味，无苦果 果皮表面：无烤焦，无斑痕 缺陷：无响果，无裂损果	色泽：金黄色、黄褐色或绿褐色，有光泽 果形：果形呈球形、卵形或椭圆形 缺陷：无霉变、沾污物、虫害、杂质、异味 气孔：真空微波干燥的罗汉果允许有排气孔
一级	滋味和气味：具有罗汉果的清甜香味，无苦果 果皮表面：无烤焦，单果斑痕面积≤5% 缺陷：响果比例≤2%，无裂损果	
二级	滋味和气味：具有罗汉果的清甜香味，苦果比例≤2% 果皮表面：单果烤焦面积≤2%，单果斑痕面积≤10% 缺陷：响果比例≤4%，裂损果比例≤2%	
三级	滋味和气味：具有罗汉果的清甜香味，苦果比例≤4% 果皮表面：单果烤焦面积≤5%，单果斑痕面积≤15% 缺陷：响果比例≤6%，裂损果比例≤6%	

表 3 - 35　罗汉果理化指标

项　目	特　级	一　级	二　级	三　级
皂苷 V（K）	≥1.4	1.1～<1.4	0.8～<1.1	0.5～<0.8
水浸出物（%）	≥30			
水分（%）	≤13			

2. 规格划分

见表 3 - 36。

表 3 - 36　罗汉果规格划分

规　格	果实横径（cm）	
	长形果	圆形果
特果	≥5.7	≥6.4
大果	5.3～<5.7	5.7～<6.4
中果	4.8～<5.3	5.3～<5.7
小果	<4.8	<5.3

三、国家标准《地理标志产品　永福罗汉果》（GB/T 20357—2006）

2006 年 5 月 25 日发布，2006 年 10 月 1 日实施，适用于国家质量监督检验检疫行政主管部门根据《地理标志产品保护规定》批准保护的永福罗汉果。

1. 感官指标

干罗汉果感官指标见表3-37。罗汉果品种特征见表3-38。

表3-37　干罗汉果感官指标

项　　目	长形果	圆形果
外观形态	呈长椭圆形，具有品种的特征（参见表3-38），烘烤干爽有弹性。相碰有清脆音，果柄剪口黄色，果皮黄褐色有光泽，绒毛多。果不破，不响、不霉、不花、不凹	呈圆形、梨形、椭圆形，具有品种的特征（参见表3-38），烘烤干爽有弹性。相碰有清脆音，果柄剪口黄色，果皮黄揭色有光泽，绒毛多。果不破，不响、不霉、不花、不凹
滋味气味	有罗汉果清甜香味。无苦味、烟火等异味	有罗汉果清甜香味。无苦味、烟火等异味
肉质形态	皮薄、肉多、籽少，呈黄棕色。纤维绒细、呈海绵状。种子小呈长椭圆形。不焦黑，不显湿状，无病虫，无霉变	皮厚、籽多、肉少，呈黄棕色。纤维绒粗、呈海绵状。籽大呈圆形或瓜子形。不焦黑，不显湿状，无病虫，无霉变

表3-38　罗汉果品种特征

品　　种	特　　征
长滩果	果实呈长椭圆形或卵状椭圆形，果顶微凹，果皮细嫩，被稀疏柔毛，具明显细脉纹9～11条
拉江果	果实呈椭圆形、长形或梨形，果面尤其近基部密被锈色柔毛
冬瓜果	果实呈长圆柱形，两端平截大小整齐，果面密被短柔毛，呈六棱形
青皮果	果实呈圆形或椭圆形，果面从基部至顶部具脉纹，被细短白柔毛
红毛果	果实呈梨状短圆形，子房、幼果、嫩蔓均密被红腺毛，果面被短柔毛
茶山果	果实呈圆形，较小，绒毛多

2. 等级指标

见表3-39。

表3-39　干罗汉果等级指标

等　　级	果实最大横径（cm）	
	长形果	圆形果
特级（特果）	≥5.74	≥6.36
一级（大果）	≥5.26	≥5.74
二级（中果）	≥4.78	≥5.26
三级（小果）	≥4.46	≥4.78

注：纵横径比大于1.2的果实为长形果。

3. 理化指标

见表 3-40。

表 3-40　干罗汉果理化指标

项　　目	总糖（%）	水浸出物（%）	水分（%）
指　　标	>15.0	>30.0	≤15.0

4. 卫生指标

应符合 WM/T 2、GB 2762、GB 2763、GB 2763.1、GB 29921 等标准的规定。

第七节　木菠萝干

我国制定有农业行业标准《木菠萝干》（NY/T 949—2006）。该标准于 2006 年 1 月 26 日发布，2006 年 4 月 1 日实施，适用于以木菠萝为原料、经加工制成的木菠萝干。

1. 原料

木菠萝果实要求成熟、新鲜，果苞完整，无霉烂。植物油应符合 GB 2716 的规定。

2. 感官指标

见表 3-41。

表 3-41　木菠萝干感官指标

项　　目	要　　求
色泽	呈淡黄色或黄色，无霉变
滋味和口感	具有木菠萝干特有的滋味和香气，口感酥脆，无异味
形态	片状基本完整
杂质	无肉眼可见外来杂质

3. 理化指标

见表 3-42。

表 3-42　木菠萝干理化指标

项　　目		特　　级
净含量允许负偏差（%）	≤200 g/袋	≤4.5（每批平均净含量不应低于标明量）
	>200 g/袋	≤9.0（每批平均净含量不应低于标明量）
水分（%）		≤5.0
酸价（mg/g）		≤3
过氧化值（g/100 g）		≤0.25

4. 卫生指标

应符合 GB 2762、GB 2763、GB 2763.1、GB 29921 等标准的规定。

第八节　苹　果　干

我国制定有国家标准《苹果干　技术规格和试验方法》（GB/T 23352—2009）。该标准于 2009 年 3 月 28 日发布，2009 年 8 月 1 日实施，不适用于脱水苹果、苹果丁、蜜饯苹果干和苹果粉。苹果干指经自然干燥或人工干燥制成的苹果干。用于加工苹果干的果实应成熟、质地致密，经去皮、去心后，切成片状或环状片。

1. 基本要求

——完整洁净；

——具有本品种固有的气味和滋味，无异味；

——无虫、螨类及其他寄生菌和霉菌，无啮齿动物啃咬痕迹；特殊情况下，可用放大镜观察（如果放大率超过 10 倍，应在试验报告中予以陈述）；

——外来杂质的比例不应超过表 3-43 中按等级所列出的数值；

——虫害苹果干、受损苹果干的比例不应超过表 3-43 中按等级所列出的数值；

——色泽应鲜亮，具有本品种固有的特征；切口边缘轻微褐变或呈浅褐色；

——水分含量不应超过 25%；

——酸不溶性灰分不应超过 1 g/kg。

2. 等级划分

（1）特级　应具有优良的质量和本品种固有的特征，色泽应均匀一致，不应存在影响产品外观、质量的缺陷，不应超出表 3-43 列出的各项缺陷所允许的质量分数。

（2）一级　应具有良好的质量和本品种固有的特征，应满足表 3-43 列出的要求。产品在不影响外观、质量的前提下，允许存在形状轻微缺陷、色泽轻微缺陷、带有心皮。

（3）二级　不符合特级、一级要求，但需满足表 3-43 列出的要求。产品在保持外观、质量主要特征的前提下，允许存在形状缺损；色泽褐变、变暗，但不呈黑色；带有心皮、果梗或种子。

表 3-43　苹果干等级指标

项　目	特　级	一　级	二　级
虫害苹果干（%）	≤1	≤2	≤3
受损苹果干（%）	≤2	≤3	≤4
破碎苹果干（%）	≤5	≤10	≤15
苹果碎片（%）	≤1	≤2	≤4
带心皮的苹果干*（%）	≤5	≤10	≤15
带果梗或种子的苹果干*（%）	≤2	≤5	≤7
色泽	鲜亮，具有本品种固有特征，切边褐变轻微	鲜亮，具有本品种固有特征，切边褐变轻微	浅褐色
杂色苹果干（%）	≤2	≤5	≤10
外来杂质（%）	≤0.5	≤1.0	≤1.5

*以个数占比计。带心皮的苹果干指带有直径超过 12 mm 心皮的苹果干。

3. 大小要求

（1）片　直径为 10～25 mm 的产品不少于 90％。

（2）环　外直径不小于 30 mm。

4. 卫生指标

应符合 GB 2762、GB 2763、GB 2763.1 等标准的规定。

第九节　葡　萄　干

一、农业行业标准《葡萄干》（NY/T 705—2023）

代替《无糖葡萄干》（NY/T 705—2003），2023 年 2 月 17 日发布，2023 年 6 月 1 日实施，适用于以鲜食葡萄为原料、经自然晾晒或人工干燥制成的葡萄干；不适用于特征涂层的葡萄干，如酸奶葡萄干、巧克力葡萄干等。

1. 等级指标

见表 3－44。

表 3－44　葡萄干等级指标

项　目		特　级	一　级	二　级
感官	色泽	具有本产品应有的色泽		
		色泽均匀	色泽较均匀	色泽基本均匀
	果粒	大、饱满、均匀	大、饱满、均匀	较大、较饱满、较均匀
	滋味	具有本品种的风味，无异味		
劣质果率（g/100 g）		≤2.5	≤5.0	≤7.5
杂质（g/100 g）		≤0.5	≤1.0	≤1.5
虫蛀果粒		不应检出		
霉变果粒		不应检出		

2. 理化指标

见表 3－45。

表 3－45　葡萄干理化指标

项　目	要　求
水分（g/100 g）	≤15
总酸（以酒石酸计）（g/100 g）	≤2.5
总糖（以葡萄糖计）（g/100 g）	≥65

3. 卫生指标

应符合 GB 2760、GB 2762、GB 2763、GB 2763.1、GB 16325、GB 29921 等标准的规定。

二、国家标准《地理标志产品　吐鲁番葡萄干》（GB/T 19586—2008）

代替《原产地域产品　吐鲁番葡萄干》（GB 19586—2004），2008 年 6 月 25 日发布，

2008 年 10 月 1 日实施，适用于国家质量监督检验检疫行政主管部门根据《地理标志产品保护规定》批准保护的吐鲁番葡萄干。

1. 等级指标

见表 3 - 46。

表 3 - 46　地理标志产品吐鲁番葡萄干等级指标

项　　目	特　级	一　级	二　级	三　级
外观	粒大、饱满	粒大、饱满	果粒大小较均匀	
滋味	具有本品种风味，无异味			
总糖（%）	≥70	≥65		
水分（%）	≤15			
果粒均匀度（%）	≥90	≥80	≥70	≥60
果粒色泽度（%）	≥95	≥90	≥80	≥70
破损果粒（%）	≤1	≤2	≤3	≤5
杂质（%）	≤0.1	≤0.3	≤0.5	≤0.8
霉变果粒	不得检出			
虫蛀果粒	不得检出			

2. 卫生指标

应符合 GB 2762、GB 2763、GB 2763.1、GB 29921 等标准的规定。

第十节　柿　　饼

我国制定有国家标准《柿子产品质量等级》（GB/T 20453—2022），代替《柿子产品质量等级》（GB/T 20453—2006）。该标准于 2022 年 12 月 30 日发布，2023 年 7 月 1 日实施，适用于柿子产品的质量要求及等级划分。

1. 等级指标

见表 3 - 47。

表 3 - 47　柿饼等级指标

项　　目		特　　级	一　　级	二　　级
基本要求		削皮彻底，允许保留柿蒂和果顶外缘 1.0 cm 以内表皮，无花皮，剪除果柄，摘净萼片，干湿均匀，无涩味，无假柿霜，无人工染色		
外观	形状	有一定形状，纵向压扁呈圆形，柿蒂在饼面中央，柿蒂与果顶上下紧贴在一起；或横向压扁呈卵形，柿蒂位于一端		
	干湿	内外一致，无干皮现象	允许有极薄干皮	允许有轻度干皮，或表面潮湿，但不出水
	整齐度（g）	允许质量相差±5	允许质量相差±8	允许质量相差±10
	杂质（%）	无有害杂质[a]，一般杂质[b]含量≤0.1	无有害杂质[a]，一般杂质[b]含量≤0.2	无有害杂质[a]，一般杂质[b]含量≤0.4

（续）

项　目		特　级	一　级	二　级
外观	破损 破裂缝长（cm）	无	＜0.5	＜1.0
	破损 破饼率（%）	无	＜5	＜10
	柿霜 白（霜）饼（%）	柿霜洁白，覆盖面≥80	柿霜白或灰色，无污黄色，覆盖面≥50	柿霜白或灰色，无污黄色，覆盖面≥30
	柿霜 红饼（%）	无	无	＜5
品质	核（粒）	0～1	0～2	0～3
	含水量（%）	28～32	26～35	21～38
	肉色	棕红色、透亮	棕红、棕黄或棕黑透亮或半透亮	颜色不限，半透亮或不透亮
	质地	柔软有弹性，切面如软糖	柔软或稍硬，切面颜色一致	柔软或稍硬，切面颜色一致
	纤维	扯开柿饼，无丝状物	无明显的丝状物	允许有丝状物

a 有害杂质：各种有害有毒物质，包括玻璃碎片、矿物质、动物皮发、昆虫尸体等。

b 一般杂质：混入不属于有害杂质的非本品物质，包括枝叶、萼片碎屑、散落果核、杂草等。

2. 卫生指标

应符合 GB 2762、GB 2763、GB 2763.1、GB 29921 等标准的规定。

第十一节　酸　　角

我国制定有林业行业标准《酸角果实》（LY/T 1741—2018）。该标准代替《酸角果实》（LY/T 1741—2008），2018 年 12 月 29 日发布，2019 年 5 月 1 日实施，适用于酸角果实的质量评价，也可参考用于进口酸角果实的质量评价。酸角又名罗望子、酸豆。

1. 感官指标

见表 3-48。

表 3-48　酸角感官指标

项　目	酸　型		甜　型	
	一级	二级	一级	二级
色泽	外果皮呈灰色至深褐色		外果皮呈灰色至褐色	
滋味气味	原有的滋味和气味、酸味适口，无异味		原有的滋味和气味、甜味适口，无异味	
果形	果实弯曲，近马蹄形，果形大小基本均匀一致	果实弯曲，近马蹄形，果形大小较均匀	果实直、弯曲，近圆柱形或马蹄形，果形大小基本均匀一致	果实直、弯曲，近圆柱形或马蹄形，果形大小较均匀

（续）

项 目	酸 型		甜 型	
	一级	二级	一级	二级
组织形态	果肉细嫩，软硬适中，无机械损伤或病虫害斑痕	果肉细嫩，软硬适中，无明显机械损伤或病虫害斑痕	果肉细嫩，软硬适中，无机械损伤或病虫害斑痕	果肉细嫩，软硬适中，无机械损伤或病虫害斑痕

2. 物理指标

见表 3-49。

表 3-49　酸角物理指标

项 目	酸 型		甜 型	
	一级	二级	一级	二级
千克粒数（粒）	≤52	≤70	≤36	≤78
杂质（%）	≤0.5	≤1.0	≤0.5	≤1.0
果肉率（%）	≥55	≥50	≥60	≥55
水分（%）	≤14	≤17	≤16	≤19
缺陷果率（%）	≤5	≤7	≤5	≤7

3. 卫生指标

应符合 GB 2762、GB 2763、GB 2763.1 等标准的规定执。

第十二节　干制无花果

我国制定有农业行业标准《干制无花果》（GH/T 1364—2021）。该标准于 2021 年 12 月 24 日发布，2022 年 3 月 1 日实施，适用于以鲜无花果或冷冻无花果为原料，经预处理、人工干制或自然晾晒等工艺制成的产品。

1. 原料要求

新鲜、果形完整，无畸形果，成熟适度，无腐烂果、病虫果，无明显机械伤。

2. 生产过程卫生要求

生产加工过程卫生要求应符合 GB 14881 的要求。

3. 感官要求

见表 3-50 和表 3-51。

表 3-50　冻干无花果

项 目	特 级	一 级	二 级
外观	块型完整，大小均匀，无病斑，无虫蛀，无霉变	块型完整，大小比较均匀，无病斑，无虫蛀，无霉变	块型较完整，大小不均匀，无病斑，无虫蛀，无霉变

（续）

项　目	特　级	一　级	二　级
色泽	与原料色泽相近，产品颜色均匀	与原料色泽比较相近，产品颜色较均匀	与原料色泽比较相近或允许表皮有轻微变化
气味、滋味和口感	具有本品特有的滋味和气味，无异味，口感酥脆		具有本品种特有的滋味和气味，无异味，口感较酥脆
杂质	无肉眼可见外来杂质		
复水性	可恢复到与脱水前状态基本一致		

表 3 - 51　烘烤、晾晒无花果

项　目	特　级	一　级	二　级
外观	果肉肥厚，产品规格均匀一致，无虫蛀，无霉变	果肉较肥厚，产品规格比较均匀，无虫蛀，无霉变	果肉较肥厚，产品规格不均匀，无虫蛀，无霉变
色泽	呈现加工后应有的色泽		呈现加工后应有的色泽，允许表皮有轻微变化
气味、滋味和口感	具有本品固有的滋味和气味，无异味，肉体柔软适中		
杂质	无肉眼可见外来杂质		

4. 理化指标

见表 3 - 52。

表 3 - 52　干制无花果理化指标

项　目	冻干无花果	烘烤、晾晒无花果
水分（g/100 g）	≤8.0	≤20
总酸（以柠檬酸计）（g/kg）	≤17	≤15
总糖（以葡萄糖计）（g/100 g）	≥30	≥30
灰分（以干基计）（%）	≤4.0	≤4.0

5. 卫生指标

应符合 GB 2762、GB 2763、GB 2763.1、GB 29921 的要求。

第十三节　杏　干

我国制定有农业行业标准《杏干产品等级规格》（NY/T 3338—2018）。该标准于 2018 年 12 月 19 日发布，2019 年 6 月 1 日实施，适用于杏干产品的分等分级。

1. 基本要求

——具有产品本品种的典型色泽；

——具有产品本品种的典型风味；

——具有产品本品种的饱满度；

——无可见霉变；

——无异味。

2. 等级指标

见表 3-53。

表 3-53 杏干产品等级指标

项 目	特 级	一 级[①]	二 级[②]
色泽	黄色	黄褐色	褐色或深褐色
风味	具有本产品典型风味，风味浓郁	具有本产品典型风味，风味较浓郁	基本具有本产品典型风味，无异味
饱满度	产品形态饱满	产品形态较饱满	产品形态基本饱满
瑕疵果	无	≤5%	≤10%
虫蛀果[③]	无	≤5%	≤10%
干瘪果	无	≤1%	≤2%
杂质	无	无	带果梗的果≤5%

① 一级产品的瑕疵果、虫蛀果和干瘪果合计≤10%。

② 二级产品的瑕疵果、虫蛀果和干瘪果合计≤20%。

③ 虫蛀果指有明显虫蛀孔洞的杏干，无可见虫体或碎片。

3. 规格划分

见表 3-54。

表 3-54 杏干产品规格划分

规 格	大（L）	中（M）	小（S）
果实侧径（LD）（mm）	LD≥22	16≤LD<22	LD<16

4. 卫生指标

应符合 GB 2762、GB 2763、GB 2763.1、GB 29921 等标准的规定。

第十四节　椰　　干

我国制定有农业行业标准《食用椰干》（NY/T 786—2004）。该标准于 2004 年 4 月 16 日发布，2004 年 6 月 1 日实施，适用于以成熟的椰子果实为原料，经过剥衣、去壳、去种皮、清洗、粉碎、榨汁（或不榨汁）、烘干等工序生产的颗粒状产品（俗称椰蓉），不适用于其他产品。

1. 原料要求

所选用的原料必须是充分成熟、不腐烂、不长芽的椰子果实。

2. 感官要求

见表 3 - 55。

表 3 - 55　食用椰干感官要求

项　　目	要　　求
色泽	白色
形状	松散颗粒状，颗粒大小均匀，不结块
滋味和口感	具有椰子特有的香气和滋味，无刺激、焦煳、酸味及其他异味
杂质	无肉眼可见的外来杂质

3. 理化指标

见表 3 - 56。

表 3 - 56　食用椰干理化指标

项　　目	榨　　汁	不榨汁
水分（％）	≤3.0	≤3.0
蛋白质（％）	≥2.5	≥4.0
脂肪（以干基计）（％）	≥15.0	≥40.0

4. 卫生指标

应符合 GB 2762、GB 2763、GB 2763.1、GB 29921 等标准的规定。

第十五节　干果类果品

我国制定有国内贸易行业标准《干果类果品流通规范》（SB/T 11027—2013）。该标准于 2013 年 6 月 14 日发布，2014 年 3 月 1 日实施，适用于以新鲜水果（如葡萄、杏、柿子等）为原料，经晾晒、干燥等脱水工艺加工制成的制品。

1. 基本要求

应整齐、均匀，无碎屑、无虫蛀、无霉变、无有害杂质。片状制品应片型完整，片厚均匀；块状制品应大小均匀，形状规则。应具有与原料相应的色泽。应具有本品种固有的滋味及气味，无异味。

2. 等级指标

见表 3 - 57。

表 3 - 57　干果类果品等级指标

指　　标	一　　级	二　　级	三　　级
完整度	无损伤、破损、病虫伤	允许有轻微损伤、破损、病虫伤	允许有损伤、破损、病虫伤
含水率	同一包装中产品含水率偏差为±2％	同一包装中产品含水率偏差为±5％	同一包装中产品含水率偏差为±8％

（续）

指　标	一　级	二　级	三　级
均匀度	色泽、大小均匀，同一包装中干果重量差异应≤5%	色泽、大小较均匀，同一包装中干果重量差异应≤10%	色泽、大小尚均匀，同一包装中干果重量差异应≤15%
碎片含量	≤1%	≤2%	≤4%
杂质含量	≤0.5%	≤1%	≤1.5%

3. 卫生指标

应符合 GB 2762、GB 2763、GB 2763.1、GB 29921 等标准的规定。

第十六节　干果食品

我国制定有国家标准《干果食品标准卫生标准》（GB 16325—2005），2005 年 1 月 25 日发布，2005 年 10 月 1 日实施，代替《干果食品卫生标准》（GB 16325—1996），适用于以新鲜水果（如桂圆、荔枝、葡萄、柿子等）为原料，经晾晒、干燥等脱水工艺加工制成的干果食品。

1. 感官指标

无虫蛀、霉变、异味。

2. 理化指标

见表 3 - 58。

表 3 - 58　干果食品理化指标

指　标	桂　圆	荔　枝	葡萄干	柿　饼
水分（g/100 g）	≤25	≤25	≤20	≤35
总酸（g/100 g）	≤1.5	≤1.5	≤2.5	≤6

3. 微生物指标

应符合 GB 29921 等标准的规定。

我国果品绿色食品产品标准均为农业行业标准，其制定始于 20 世纪 90 年代。最初是按树种分别制定产品标准，后改为按大类制定产品标准。截至 2023 年，我国共有 9 项果品及其制品绿色食品产品标准，均在最近 10 年内发布实施，涵盖温带水果、热带和亚热带水果、柑橘类水果、枸杞及枸杞制品、西甜瓜、速冻水果、水果脆片、坚果、干果。在这些产品标准中，对产品质量安全要求主要包括感官、理化、农药残留限量、污染物限量、微生物限量、真菌毒素限量、食品添加剂限量等几个方面；除在标准正文中规定了应符合的质量安全要求外，还以规范性附录的形式规定了绿色食品申报检验还应检验的项目。

第一节　温带水果

我国制定有农业行业标准《绿色食品　温带水果》（NY/T 844—2017），代替《绿色食品　温带水果》（NY/T 844—2010）。该标准于 2017 年 6 月 12 日发布，2017 年 10 月 1 日实施，适用于绿色食品温带水果，包括草莓、醋栗、蓝莓、梨、李、梅、猕猴桃、奈子、苹果、葡萄、桑葚、山楂、石榴、柿、树莓、桃、无花果、杏、樱桃、枣等。

1. 感官要求

见表 4-1。

表 4-1　绿色食品温带水果感官要求

项　　目	要　　求
果实外观	具有本品种固有的形状和成熟时应有的特征色泽；果实完整，果形端正，整齐度好，无裂果及畸形果；新鲜清洁，无可见异物；无霉（腐）烂，无冻伤及机械损伤；无不正常外来水分
病虫害	无病果、虫果，无病斑，果肉无褐变
气味和滋味	具有本品种正常的气味和滋味，无异味
成熟度	发育充分、正常，具有适合市场或储存要求的成熟度

2. 理化指标

见表 4-2。

表 4-2　绿色食品温带水果理化指标

水　　果		可溶性固形物（%）	可滴定酸（%）
草莓		≥7	≤1.3
蓝莓		≥10	≤2.5
梨		≥11	≤0.3
李		≥10	≤1.8
猕猴桃	生理成熟期	≥6	≤1.5
	后熟期	≥10	
奈子		≥11	≤1.2
苹果		≥11	≤0.4
葡萄		≥14	≤0.7
山楂		≥9	≥2.0
石榴		≥15	≤0.8
柿		≥16	—
树莓		≥8	≤2.2
桃		≥10*	≤0.6
杏		≥12*	≤2.0
樱桃		≥13	≤1.0
枣		≥20	≤1.0

注：其他未列入的水果，其理化指标不作为判定依据。

*早熟品种的可溶性固形物的含量可在此基础上降低 1%（提示：1%即 1 个百分点）。

3. 农药残留限量

应符合 GB 2763、GB 2763.1 及相关规定，同时应符合表 4-3 的规定。

表 4-3　绿色食品温带水果农药残留限量

项　　目	指标（mg/kg）
百菌清	≤0.01
苯醚甲环唑	≤0.01
敌敌畏	≤0.01
毒死蜱	≤0.5（梨、苹果）
多菌灵	≤0.5（草莓、醋栗、黑莓、李、猕猴桃、樱桃、枣）；≤2（梨、苹果、葡萄、桃、杏）
克百威	≤0.01
氯氟氰菊酯	≤0.2
氯氰菊酯	≤0.07（草莓）；≤0.2（葡萄）；≤1（梨、李、梅、苹果、桃、杏、樱桃、枣）
氰戊菊酯	≤0.01
烯酰吗啉	≤0.05（草莓）；≤2（葡萄）
溴氰菊酯	≤0.01
氧乐果	≤0.01

4. 申报检验

除满足上述规定外，依据食品安全国家标准和绿色食品生产实际情况，绿色食品申报检验还应检验表 4-4 所列项目。

表 4-4 污染物和农药残留项目

项　　目	指标（mg/kg）
镉（以 Cd 计）	≤0.05
铅（以 Pb 计）	≤0.2（草莓、蓝莓、猕猴桃、葡萄、树莓）；≤0.1（醋栗、梨、李、梅、奈子、苹果、山楂、石榴、柿、桃、杏、樱桃、枣）
吡虫啉	≤0.5（梨、苹果）
丙溴磷	≤0.05（苹果）

第二节　热带、亚热带水果

我国制定有农业行业标准《绿色食品　热带、亚热带水果》（NY/T 750—2020），代替《绿色食品　热带、亚热带水果》（NY/T 750—2011）。该标准于 2020 年 8 月 26 日发布，2021 年 1 月 1 日实施，适用于绿色食品热带和亚热带水果，包括菠萝、菠萝蜜、番荔枝、番木瓜、番石榴、橄榄、红毛丹、黄皮、火龙果、荔枝、莲雾、龙眼、芒果、毛叶枣、枇杷、青梅、人心果、山竹、西番莲、香蕉、杨梅、杨桃。

1. 感官要求

见表 4-5。

表 4-5 绿色食品热带、亚热带水果感官要求

项　　目	要　　求
果实外观	具有本品种成熟时固有的形状和色泽；果实完整，果形端正，新鲜，无裂果、变质、腐烂、可见异物和机械伤
病虫害	无果肉褐变、病果、虫果、病斑
气味和滋味	具有本品种正常的气味和滋味，无异味
成熟度	发育正常，具有适于鲜食或加工要求的成熟度

2. 理化指标

见表 4-6。

表 4-6 绿色食品热带、亚热带水果理化指标

水　果	可食率（%）	可溶性固形物（%）	可滴定酸（以柠檬酸计）（%）
菠萝	≥58	≥12	≤0.9
菠萝蜜	≥41	≥17	≤0.4
番荔枝	≥52	≥17	≤0.4

（续）

水　果	可食率（%）	可溶性固形物（%）	可滴定酸（以柠檬酸计）（%）
番木瓜	≥76	≥10	≤0.3
番石榴	—	≥10	≤0.3
橄榄	—	≥11	≤1.2
红毛丹	≥40	≥14	≤1.5
黄皮	—	≥13	—
火龙果	≥62	≥10	≤0.5
荔枝	≥63	≥16	≤0.4
莲雾	—	≥6	≤0.3
龙眼	≥62	≥16	≤0.1
芒果	≥57	≥10	≤1.1
毛叶枣	≥78	≥9	≤0.8
枇杷	≥60	≥9	≤0.8
青梅	≥75	≥6	≤4.3
人心果	≥78	≥18	≤1.0
山竹	≥30	≥13	≤0.6
西番莲*	≥30	≥13	≤4.0
香蕉	≥55	≥21	≤0.6
杨梅	—	≥10	≤1.2
杨桃	—	≥7.5	≤0.4

*其可食率为果汁率。

3. 农药残留限量和食品添加剂限量

应符合 GB 2760、GB 2763、GB 2763.1 及相关规定，同时符合表 4-7 的规定。

表 4-7　绿色食品热带、亚热带水果农药残留限量

项　目	指标（mg/kg）
百菌清	≤0.01
倍硫磷	≤0.01
敌敌畏	≤0.01
毒死蜱	≤0.01（荔枝、龙眼）
多菌灵	≤0.5（菠萝、橄榄、荔枝、芒果、香蕉）
甲氰菊酯	≤2
克百威	≤0.01
氯氟氰菊酯	≤0.01（番荔枝、番石榴、橄榄、红毛丹、黄皮、火龙果、荔枝、莲雾、龙眼、芒果、毛叶枣、枇杷、人心果、香蕉、杨桃）
氯氰菊酯	≤0.01（番木瓜、橄榄、红毛丹、荔枝、龙眼、芒果、毛叶枣、杨桃）

（续）

项　目	指标（mg/kg）
咪鲜胺	≤0.01
灭多威	≤0.01
氰戊菊酯	≤0.01
溴氰菊酯	≤0.01
氧乐果	≤0.01
二氧化硫	≤30（荔枝、龙眼）

4. 申报检验

除满足上述规定外，依据食品安全国家标准和绿色食品生产实际情况，绿色食品申报检验还应检验表4-8所列项目。

表4-8　污染物和农药残留项目

项　目	指标（mg/kg）
镉（以 Cd 计）	≤0.05
铅（以 Pb 计）	≤0.1
啶虫脒	≤2

第三节　柑橘类水果

我国制定有农业行业标准《绿色食品　柑橘类水果》（NY/T 426—2021），代替《绿色食品　柑橘》（NY/T 426—2012）。该标准于2021年5月7日发布，2021年11月1日实施，适用于绿色食品宽皮柑橘类、甜橙类、柚类、柠檬类、金柑类、杂交柑橘类等柑橘类水果的鲜果。柑橘类水果类别及代表品种参见表4-9。

表4-9　柑橘类水果类别及代表品种

类　别	代表品种
宽皮柑橘类	温州蜜柑、南丰蜜橘、椪柑、皇帝柑（贡柑）、蕉柑、红橘、砂糖橘、本地早等
甜橙类	新会橙、锦橙、脐橙、血橙、冰糖橙、夏橙等
柚类	琯溪蜜柚、沙田柚、文旦柚、胡柚、鸡尾葡萄柚、马叙葡萄柚等
柠檬类	尤力克、里斯本、北京柠檬、香柠檬等
金柑类	金橘、罗浮、金弹、长寿金柑、四季橘等
杂交柑橘类	爱媛28号、春见、不知火、沃柑、濑户香、明日见、甘平、清见、默科特、大雅柑等

1. 感官要求

见表4-10。

表 4 - 10　绿色食品柑橘类水果感官要求

项　　目	要　　求
果形	具有该品种特征果形，形状一致；果蒂完整、平齐、无萎蔫现象
色泽	具有该品种成熟果实特征色泽，着色均匀
果面	洁净
风味	具有该品种特征香气，汁液丰富，酸甜适度，无异味
缺陷果	无机械伤、雹伤、裂果、冻伤、腐烂现象。允许单果有轻微的日灼伤、干疤、油斑、网纹、病虫斑等缺陷，但单果斑点不超过 4 个；小果型品种每个斑点直径≤1.5 mm，其他果型品种每个斑点直径≤2.5 mm。无水肿、枯水果，允许有极轻微浮皮果

2. 理化指标

见表 4 - 11。

表 4 - 11　绿色食品柑橘类水果理化指标

项　　目	宽皮柑橘类	甜橙类	柚　类	柠檬类	金柑类	杂交柑橘类
可溶性固形物（%）	≥9.5	≥10.0	≥10.0	≥7.0	≥10.0	≥11.0
可滴定酸（g/100 mL）	≤1.0	≤1.0	≤1.0	≥4.5	≤1.0	≤1.0
维生素 C（mg/100 g）	≥10.0	≥30.0	≥30.0	≥20.0	≥10.0	≥20.0

3. 农药残留限量

应符合 GB 2763、GB 2763.1 及相关规定，同时符合表 4 - 12 的规定。

表 4 - 12　绿色食品柑橘类水果农药残留限量

项　　目	指标（mg/kg）
阿维菌素	≤0.01
苯醚甲环唑	≤0.2
吡虫啉	≤0.7
丙溴磷	≤0.01
啶虫脒	≤0.5
多菌灵	≤0.5
甲氰菊酯	≤2
克百威	≤0.01
乐果	≤0.01
联苯菊酯	≤0.01
螺螨酯	≤0.4
马拉硫磷	≤0.01
咪鲜胺	≤0.01
氰戊菊酯	≤0.01

（续）

项 目	指标（mg/kg）
三氯杀螨醇	≤0.01
杀扑磷	≤0.01
水胺硫磷	≤0.01
溴螨酯	≤0.01
溴氰菊酯	≤0.01
乙螨唑	≤0.1

4. 申报检验

除满足上述规定外，依据食品安全国家标准和绿色食品生产实际情况，绿色食品柑橘类水果申报检验时还应检验表4-13所列项目。

表4-13　污染物和农药残留项目

项 目	指标（mg/kg）
镉（以 Cd 计）	≤0.05
铅（以 Pb 计）	≤0.1
吡唑醚菌酯	≤2
噻螨酮	≤0.5
噻嗪酮	≤0.5
抑霉唑	≤5

第四节　枸杞及枸杞制品

我国制定有农业行业标准《绿色食品　枸杞及枸杞制品》（NY/T 1051—2014），代替《绿色食品　枸杞》（NY/T 1051—2006）。该标准于2014年10月17日发布，2015年1月1日实施，适用于绿色食品枸杞及枸杞制品（包括枸杞鲜果、枸杞原汁、枸杞干果、枸杞原粉）。

1. 感官要求

见表4-14。

表4-14　绿色食品枸杞及枸杞制品感官要求

项 目	枸杞鲜果	枸杞原汁	枸杞干果	枸杞原粉
形状	长椭圆形、矩圆形或近球形，顶端有尖头或平截或稍凹陷	液体	类纺锤形，略扁，稍皱缩	粉末状，少量结块
杂质	不得检出	—	不得检出	—
色泽	果粒鲜红或橙黄色	红色或橙黄色	果皮鲜红、紫红色或枣红色	红色或橙黄色

（续）

项　目	枸杞鲜果	枸杞原汁	枸杞干果	枸杞原粉
滋味、气味	具有枸杞应有的滋味、气味	具有枸杞应有的滋味、气味	具有枸杞应有的滋味、气味	具有枸杞应有的滋味、气味
不完善粒（%）	不允许	—	≤1.5	—
无使用价值颗粒	不允许	—	不允许	—

2. 理化指标

见表 4 - 15。

表 4 - 15　绿色食品枸杞及枸杞制品理化指标

项　目	枸杞鲜果	枸杞原汁	枸杞干果	枸杞原粉
粒度（粒/50 g）	≤100	—	≤580	—
水分（%）	—	—	≤13	≤13
干物质（%）	—	≥20.0	—	—
枸杞多糖（%）	≥0.7	≥0.7	≥3.0	≥3.0
总糖（以葡萄糖计）（%）	≥10.0	≥10.0	≥40.0	≥40.0

3. 食品添加剂限量、污染物、农药残留

应符合 GB 2760、GB 2762、GB 2763、GB 2763.1 及相关规定，同时符合表 4 - 16 的规定。若食品安全国家标准及相关国家规定中上述项目和限量值有调整，且严于该标准中规定，按最新国家标准及规定执行。

表 4 - 16　绿色食品枸杞及枸杞制品污染物、农药残留、食品添加剂限量

项　目	指标（mg/kg）			
	枸杞鲜果	枸杞原汁	枸杞干果	枸杞原粉
二氧化硫	—	≤50	≤50	≤50
镉（以 Cd 计）	≤0.05	≤0.05	≤0.3	≤0.3
铅（以 Pb 计）	≤0.2	≤0.2	≤1	≤1
砷（以 As 计）	—	—	≤1	≤1
阿维菌素	≤0.01			
苯醚甲环唑	≤0.01			
吡虫啉	≤5			
哒螨灵	≤0.01			
毒死蜱	≤0.1			
多菌灵	≤1			
克百威	≤0.01			
氯氟氰菊酯	≤0.2			
氯氰菊酯	≤0.05			

（续）

项 目	指标（mg/kg）			
	枸杞鲜果	枸杞原汁	枸杞干果	枸杞原粉
三唑磷	≤0.01			
三唑酮	≤1			
氧化乐果	≤0.01			
唑螨酯	≤0.5			

4. 微生物限量

见表 4-17。

表 4-17 绿色食品枸杞及枸杞制品微生物限量

项 目	指标（MPN/g）
大肠菌群	≤3.0

5. 申报检验项目

除满足上述规定外，依据食品安全国家标准和绿色食品生产实际情况，绿色食品申报检验还应检验表 4-18 和表 4-19 所列项目。若食品安全国家标准及相关国家规定中上述项目和限量值有调整，且严于该标准中规定，按最新国家标准及规定执行。

表 4-18 农药残留项目

项 目	指标（mg/kg）			
	枸杞鲜果	枸杞原汁	枸杞干果	枸杞原粉
啶虫脒	≤2			
氰戊菊酯	≤0.2			

表 4-19 致病菌项目

项 目	采样方案及限量（若非指定，均以 25 g 或 25 mL 样品中含量表示）			
	n	c	m	M
沙门氏菌	5	0	0	—
金黄色葡萄球菌	5	1	100CFU/g（mL）	1 000CFU/g（mL）
大肠埃希氏菌 O157：H7	5	0	0	—

注：①n 为同一批次产品应采集的样品件数。c 为最大允许超出 m 值的样品数。m 为致病菌指标值可接受水平的限量值。M 为致病菌指标的最高安全限量值。

②"大肠埃希氏菌 O157：H7"项目仅适用于枸杞鲜果、枸杞干果。

第五节 西 甜 瓜

我国制定有农业行业标准《绿色食品 西甜瓜》（NY/T 427—2016），代替《绿色食品 西甜瓜》（NY/T 427—2007）。该标准于 2016 年 10 月 26 日发布，2017 年 4 月 1 日实施，适用于绿色食品西瓜和甜瓜（包括薄皮甜瓜和厚皮甜瓜）。

1. 感官要求

见表 4-20。

表 4-20　绿色食品西甜瓜感官要求

项　目	西　瓜	薄皮甜瓜	厚皮甜瓜
果实外观	果实完整，新鲜洁净，果形端正，具有本品种应有的形状和特征		
滋味、气味	具有本品种应有的滋味	具有本品种应有的滋味和气味，无异味	
果面缺陷	无明显果面缺陷（缺陷包括雹伤、日灼伤、病虫斑、机械伤等）		
成熟度	发育充分，成熟适度，具有适于市场或储存要求的成熟度		

2. 理化指标

见表 4-21。

表 4-21　绿色食品西甜瓜理化指标

项　目	西　瓜	薄皮甜瓜	厚皮甜瓜
可溶性固形物（％）	≥10.5	≥9.0	≥11.0
总酸（以柠檬酸计）（g/kg）	≤2.0		

3. 农药残留限量

应符合 GB 2763、GB 2763.1 及相关规定，同时符合表 4-22 的规定。

表 4-22　绿色食品西甜瓜农药残留限量

项　目	指标（mg/kg）	
	西　瓜	薄皮甜瓜
啶虫脒	—	≤0.01
啶酰菌胺	≤0.01	—
毒死蜱	≤0.015	
多菌灵	—	≤0.01
甲霜灵	—	≤0.01
腈苯唑	≤0.2	≤0.01
氯氟氰菊酯	—	≤0.01
醚菌酯	≤1	—
嘧菌酯	—	≤0.01
噻虫嗪	—	≤0.01
霜霉威	—	≤0.01
戊唑醇	≤0.15	≤0.01
烯酰吗啉	≤0.01	—

4. 申报检验项目

除满足上述规定外，按食品安全国家标准和绿色食品生产实际情况，绿色食品申报检验还应检验表 4 - 23 所列项目。

表 4 - 23　污染物、农药残留项目

项　　目	指标（mg/kg）	
	西　瓜	甜　瓜
镉（以 Cd 计）	≤0.05	
铅（以 Pb 计）	≤0.1	
吡唑醚菌酯	≤0.5	
啶虫脒	≤2	—
啶酰菌胺	—	≤3
多菌灵	≤0.5	—
甲霜灵	≤0.2	—
氯氟氰菊酯	≤0.05	—
醚菌酯	—	≤1
嘧菌酯	≤1	—
噻虫嗪	≤0.2	—
霜霉威	≤5	—
烯酰吗啉	—	≤0.5

第六节　速冻水果

我国制定有农业行业标准《绿色食品　速冻水果》（NY/T 2983—2016）。该标准于
2016 年 10 月 26 日发布，2017 年 4 月 1 日实施，适用于绿色食品速冻水果。

1. 感官要求

见表 4 - 24。

表 4 - 24　绿色食品速冻水果感官要求

项　　目	要　　求
形态	为同一品种或相似品种，具有本品应有的形态，形态规则、大小均一、质地良好，无粘连、结块、结霜和风干现象
色泽	具有本品应有色泽
滋味和气味	具有本品应有的气味及滋味，无异味
杂质	洁净，无果柄、叶片、沙粒、石砾及其他肉眼可见外来杂质

2. 污染物限量

应符合 GB 2762 及相关规定，同时符合表 4 - 25 的规定。

表 4-25　绿色食品速冻水果污染物限量

项　目	指标（mg/kg）
镉（以 Cd 计）	≤0.05
铅（以 Pb 计）	≤0.1

3. 微生物限量

应符合表 4-26 的规定。

表 4-26　绿色食品速冻水果微生物限量

项　目	指　标
菌落总数（CFU/g）	≤10 000
大肠菌群（MPN/g）	≤3.0

4. 申报检验项目

除满足上述规定外，依据食品安全国家标准和绿色食品生产实际情况，绿色食品申报检验还应检验表 4-27 和表 4-28 所列项目。

表 4-27　食品添加剂限量

项　目	指标（g/kg）
阿斯巴甜	≤2.0
抗坏血酸	≤5.0

表 4-28　致病菌项目

项　目	采样方案及限量（若非指定，均以/25 g 表示）			
	n	c	m	M
沙门氏菌	5	0	0	—
金黄色葡萄球菌	5	1	100CFU/g	1 000CFU/g
大肠埃希氏菌 O157：H7	5	0	0	—

注：n 为同一批次产品应采集的样品件数。c 为最大允许超出 m 值的样品数。m 为致病菌指标值可接受水平的限量值。M 为致病菌指标的最高安全限量值。

第七节　水果脆片

我国制定有农业行业标准《绿色食品　水果、蔬菜脆片》（NY/T 435—2021），代替《绿色食品　水果、蔬菜脆片》（NY/T 435—2012）。该标准于 2021 年 5 月 7 日发布，2021 年 11 月 1 日实施，适用于绿色食品水果、蔬菜（含食用菌）脆片，本书仅介绍水果脆片方面的内容。

1. 感官要求

见表 4-29。

表 4 - 29　绿色食品水果脆片感官要求

项　　目	指　　标
色泽	色泽均匀，具有该水果经加工后应有的正常色泽
滋味、香气和口感	具有该水果经加工后应有的滋味与香气，无异味，口感酥脆
组织形态	块状、片状、条状或该品种应有的形状，各种形态应基本完好，厚薄均匀
杂质	无肉眼可见外来杂质

2. 理化指标

见表 4 - 30。

表 4 - 30　绿色食品水果脆片理化指标

项　　目	油炸型	非油炸型
筛下物（%）	≤5.0	
水分（%）	≤5.0	
脂肪（g/100 g）	≤20.0	≤5.0
酸价（mg/g）	≤3.0	—
过氧化值（以脂肪计）（g/100 g）	≤0.25	—
二氧化硫残留量（mg/kg）	不得检出（<3.0）	

3. 污染物、食品添加剂和真菌毒素限量

应符合 GB 2760、GB 2761、GB 2762 及相关规定，同时符合表 4 - 31 的规定。

表 4 - 31　绿色食品水果脆片污染物、食品添加剂和真菌毒素限量

项　　目	指　　标
总汞（以 Hg 计）	≤0.01 mg/kg
铅（以 Pb 计）	≤0.2 mg/kg
镉（以 Cd 计）	≤0.1 mg/kg
无机砷（以 As 计）	≤0.2 mg/kg
苯甲酸及其钠盐	不得检出（<0.05 g/kg）
糖精钠	不得检出（<0.05 g/kg）
乙酰磺胺酸钾	不得检出（<1.0 mg/kg）
环己基氨基磺酸钠	不得检出（<0.1 g/kg）
丁基羟基茴香醛（BHA，以脂肪计）[①]	≤150 mg/kg
二丁基羟基甲苯（BHT，以脂肪计）[①]	≤50 mg/kg
特丁基对苯二酚（TBHQ，以脂肪计）[①]	≤100 mg/kg
没食子酸丙酯（PG，以脂肪计）[①]	≤100 mg/kg
BHA、BHT、TBHQ、PG 中任何两种及以上 混合使用的总量[①]	混合使用时各自用量占其最大 使用量的比例之和≤1 mg/kg

（续）

项　目	指　标
胭脂红及其铝色淀②	不得检出（＜0.5 mg/kg）
苋菜红及其铝色淀②	不得检出（＜0.2 mg/kg）
赤藓红及其铝色淀②	不得检出（＜0.5 mg/kg）
柠檬黄及其铝色淀②	不得检出（＜0.5 mg/kg）
日落黄及其铝色淀②	不得检出（＜0.5 mg/kg）
新红及其铝色淀②	不得检出（＜0.5 mg/kg）
亮蓝及其铝色淀②	不得检出（＜0.2 mg/kg）
展青霉素③	不得检出（＜6 μg/kg）

① 仅适用于油炸型水果脆片。

② 根据产品的颜色只测定相应的着色剂，如红色产品只测胭脂红、苋菜红、赤藓红和新红；对于复合型产品需将同一颜色类型的部分组成分析样品进行测定。

③ 仅适用于以苹果和山楂为原料制成的水果脆片。

4. 微生物限量

应符合表 4-32 的规定。

表 4-32　绿色食品水果脆片微生物限量

微生物	采样方案及限量			
	n	c	m	M
菌落总数（CFU/g）	≤500			
霉菌和酵母（CFU/g）	≤50			
大肠菌群（MPN/g）	＜3			
沙门氏菌（/25 g）	5	0	0	—
金黄色葡萄球菌（/25 g）	5	0	0	—

注：n 为同一批次产品应采集的样品件数。c 为最大可允许超出 m 值的样品数。m 为微生物指标可接受水平的限量值。M 为微生物指标的最高安全限量值。菌落总数、大肠菌群等采样方案以最新国家标准为准。

第八节　坚　果

我国制定有农业行业标准《绿色食品　坚果》（NY/T 1042—2017），代替《绿色食品坚果》（NY/T 1042—2014）。该标准于 2017 年 6 月 12 日发布，2017 年 10 月 1 日实施，适用于绿色食品澳洲坚果（夏威夷果）、板栗、鲍鱼果、扁桃（巴旦木）、核桃、开心果、莲子、菱角、芡实（米）、山核桃、松子、香榧、橡子、杏仁、腰果、银杏、榛子等鲜或干的坚果及其仁，也适用于以坚果为主要原料，不添加辅料，经水煮、蒸煮等工艺制成的原味坚果制品；不适用于坚果类烘炒制品。

1. 感官要求

见表 4 - 33。

表 4 - 33 绿色食品坚果感官要求

项 目	要 求
色泽	具有该产品固有的色泽
气味和滋味	具有该产品固有的气味、滋味，无异味
杂质	无肉眼可见外来杂质
组织形态	具有该产品固有的形态，外形完整、均匀一致，无霉变，无虫蚀

2. 理化指标

见表 4 - 34。

表 4 - 34 绿色食品坚果理化指标

项 目	绿色食品鲜或干的坚果及其果仁[①]	绿色食品原味坚果制品[②]	绿色食品坚果类烘炒制品[③]
酸价 （mg/g）	≤3		—
过氧化值（以脂肪计）（g/100 g）	≤0.08	≤0.50	—

① 包括澳洲坚果（夏威夷果）、鲍鱼果、扁桃（巴旦木）、核桃、开心果、山核桃、松子、香榧、杏仁、腰果、榛子等鲜或干的坚果及其果仁。

② 包括以澳洲坚果（夏威夷果）、鲍鱼果、扁桃（巴旦木）、核桃、开心果、山核桃、松子、香榧、杏仁、腰果、榛子等坚果为原料的原味坚果制品。

③ 包括板栗、菱角、芡实（米）、橡子、银杏、莲子等鲜或干的坚果及其果仁；以板栗、莲子、菱角、芡实（米）、橡子、银杏等坚果为原料的原味坚果制品。

3. 污染物限量、农药残留限量、食品添加剂限量和真菌毒素限量

应符合 GB 2760、GB 2761、GB 2762、GB 2763、GB 2763.1 及相关规定，同时应符合表 4 - 35 的规定。

表 4 - 35 绿色食品坚果农药残留限量

项 目	指标 （mg/kg）
敌敌畏	≤0.01
多菌灵	≤0.1
乐果	≤0.01
氯菊酯	≤0.05
氯氰菊酯	≤0.05
氰戊菊酯	≤0.01
杀螟硫磷	≤0.5
溴氰菊酯	≤0.01

4. 微生物限量

直接食用生干坚果及原味坚果制品的微生物限量应符合表 4-36 的规定。

表 4-36　绿色食品坚果微生物限量

项　目	n	c	m	M
大肠菌群	5	2	10CFU/g	100CFU/g

注：n 为同一批次产品应采集的样品件数。c 为最大允许超出 m 值的样品数。m 为微生物指标值可接受水平的限量值。M 为微生物指标的最高安全限量值。

5. 申报检验项目

除满足上述规定外，依据食品安全国家标准和绿色食品坚果生产实际情况，绿色食品坚果申报检验还应检验表 4-37 和表 4-38 所列项目。

表 4-37　污染物和真菌毒素项目

项　目	指　标
铅（以 Pb 计）（mg/kg）	≤0.2
黄曲霉毒素 B_1（μg/kg）	≤5.0

表 4-38　致病菌项目

项　目	n	c	m
沙门氏菌*	5	0	0/25 g

注：n 为同一批次产品应采集的样品件数。c 为最大允许超出 m 值的样品数。m 为致病指标值的最高安全限量值。
*仅适用于原味坚果制品。

第九节　干　果

我国制定有农业行业标准《绿色食品　干果》（NY/T 1041—2018），代替《绿色食品干果》（NY/T 1041—2010）。该标准于 2018 年 5 月 7 日发布，2018 年 9 月 1 日实施，适用于以绿色食品水果为原料，经脱水，未经糖渍，添加或不添加食品添加剂而制成的荔枝干、桂圆干、葡萄干、柿饼、干枣、杏干（不包括包仁杏干）、香蕉片、无花果干、酸梅（乌梅）干、山楂干、苹果干、菠萝干、芒果干、梅干、桃干、猕猴桃干、草莓干、酸角干、包仁杏干。

1. 感官要求

见表 4-39。

表 4 - 39 绿色食品干果感官要求

品 种	外 观	色 泽	气味及滋味	组织状态	杂 质
菠萝干	外观完整，无破损，无虫蛀，无霉变	呈浅黄色、金黄色	具有本品固有的甜香味，无异味	组织致密	
草莓干	外观完整，无破损，无虫蛀，无霉变	呈浅褐红色	具有本品固有的甜香味，无异味	组织致密	
干枣	外观完整，无破损，无虫蛀，无霉变	根据鲜果的外皮颜色分别呈枣红色、紫色或黑色，色泽均匀	具有本品固有的甜香味，无异味	果肉柔软适中	
桂圆干	外观完整，无破损，无虫蛀，无霉变	果肉呈黄亮棕色或深棕色	具有本品固有的甜香味，无异味，无焦苦味	组织致密	
荔枝干	外观完整，无破损，无虫蛀，无霉变	果肉呈棕色或深棕色	具有本品固有的甜酸味，无异味	组织致密	
芒果干	外观完整，无破损，无虫蛀，无霉变	呈浅黄色或金黄色	具有本品固有的甜香味，无异味	组织致密	
梅干	外观完整，无破损，无虫蛀，无霉变	呈橘红色或浅褐红色	具有本品固有的甜香味，无异味	皮质致密，肉体柔软适中	
猕猴桃干	外观完整，无破损，无虫蛀，无霉变	果肉呈绿色，果籽呈褐色	具有本品固有的甜香味，无异味	皮质致密，肉体柔软适中	
苹果干	外观完整，无破损，无虫蛀，无霉变	呈黄色或褐黄色	具有本品固有的甜香味，无异味	组织致密	
葡萄干	大小整齐，颗粒完整，无破损，无虫蛀，无霉变	根据鲜果的颜色分别呈黄绿色、红棕色、棕色或黑色，色泽均匀	具有本品固有的甜香味，略带酸味，无异味	柔软适中	无肉眼可见杂质
山楂干	外观完整，无破损，无虫蛀，无霉变	皮质呈暗红色，肉质呈黄色或棕黄色	具有本品固有的酸甜味	组织致密	
柿饼	完整，不破裂，蒂贴肉而不翘，无虫蛀，无霉变	表层呈白色或灰白色霜，剖面呈橘红至棕褐色	具有本品固有的甜香味，无异味，无涩味	果肉致密，具有韧性	
酸角干	外观完整，无破损，无虫蛀，无霉变	呈灰色至深褐色	具有本品固有的气味及滋味，无异味	皮质致密，肉体柔软适中	
酸梅（乌梅）干	外观完整，无破损，无虫蛀，无霉变	呈紫黑色	具有本品固有的酸味	组织致密	
桃干	外观完整，无破损，无虫蛀，无霉变	呈褐色	具有本品固有的甜香味，无异味	皮质致密，肉体柔软适中	
无花果干	外观完整，无破损，无虫蛀，无霉变	表皮呈不均匀的乳黄色，果肉呈浅绿色，果籽棕色	具有本品固有的甜香味，无异味	皮质致密，肉体柔软适中	
香蕉片	片状，无破损，无虫蛀，无霉变	呈浅黄色、金黄色或褐黄色	具有本品固有的甜香味，无异味	组织致密	
杏干（不包括包仁杏干）	外观完整，无破损，无虫蛀，无霉变	呈杏黄色或暗黄色，色泽均匀	具有本品固有的甜香味，略带酸味，无异味	组织致密，柔软适中	
包仁杏干	外观完整，无破损，无虫蛀，无霉变	呈杏黄色或暗黄色，仁体呈白色	具有本品固有的甜香味，略带酸味，无异味，无苦涩味	组织致密，柔软适中，仁体致密	

2. 理化指标

见表 4-40。

表 4-40　绿色食品干果理化指标

项目	指标（%）										
	香蕉片	荔枝干、桂圆干	桃干	干枣	草莓干、梅干	葡萄干、菠萝干、猕猴桃干、无花果干、苹果干	酸梅（乌梅）干	芒果干、山楂干	杏干（包括包仁杏干）	柿饼	酸角干
水分	≤15	≤25	≤30	干制小枣≤28，干制大枣≤25，干制小枣和干制大枣的定义应符合 GB/T 5835	≤25	≤20	≤25	≤20	≤30	≤35	≤16
总酸	≤1.5	≤1.5	≤2.5	≤2.5	≤2.5	≤2.5	≤6.0	≤6.0	≤6.0	≤6.0	—

3. 污染物限量、农药残留限量、食品添加剂限量和真菌毒素限量

应符合 GB 2760、GB 2761、GB 2762、GB 2763、GB 2763.1 及相关规定，同时符合表 4-41 和表 4-42 的规定。以温带水果和热带、亚热带水果为原料的干果分别执行 NY/T 844 和 NY/T 750 中规定的污染物和农药残留项目，其指标值除保留不得检出或检出限外，均应乘以表 4-41 规定的倍数。

表 4-41　绿色食品干果污染物和农药残留限量的倍数

项目	干枣	无花果干	酸梅（乌梅）干	荔枝干	香蕉片、酸角干	杏干（包括包仁杏干）、梅干、桃干	桂圆干、柿饼、山楂干	草莓干	葡萄干	苹果干、猕猴桃干	菠萝干、芒果干
倍数	1.5			2.0					2.5		

表 4-42　绿色食品干果食品添加剂和真菌毒素限量

项　　目	指标（mg/kg）
糖精钠	不得检出（<5）
诱惑红及其铝色淀（以诱惑红计）	不得检出（<25）
黄曲霉毒素 B_1[①]	≤0.002
赭曲霉毒素 A[②]	≤0.010
展青霉素[③]	≤0.025

① 仅适用于红色干果。

② 仅适用于葡萄干。

③ 仅适用于苹果干和山楂干。

4. 申报检验项目

除满足上述规定外，依据食品安全国家标准和绿色食品生产实际情况，绿色食品申报检

验还应检验表4-43和表4-44所列项目。

表4-43　食品添加剂项目

项　　目	指标（mg/kg）
二氧化硫①	≤100
苯甲酸及其钠盐（以苯甲酸计）①	不得检出（<5）
环己基氨基磺酸钠及环己基氨基磺酸钙（以环己基氨基磺酸钠计）	不得检出（<0.03）
阿力甜	不得检出（<5）
新红及其铝色淀（以新红计）②	不得检出（<0.5）
赤藓红及其铝色淀（以赤藓红计）②	不得检出（<0.2）

① 不适用于干枣产品。
② 仅适用于红色产品。

表4-44　致病菌项目

项目	采样方案及限量（若非指定，均以25 g样品中含量表示）			
	n	c	m	M
沙门氏菌	5	0	0	
金黄色葡萄球菌	5	1	100CFU/g	1 000CFU/g
大肠埃希氏菌 O157:H7	5	0	0	—

注：n为同一批次产品应采集的样品件数。c为最大允许超出m值的样品数。m为致病菌指标值可接受水平的限量值。M为致病菌指标的最高安全限量值。

　　果品安全主要涉及农药残留、污染物、真菌毒素、致病菌4个方面。我国从1970年代开始制定农药残留限量标准和污染物限量标准，2003年发布了首个真菌毒素限量标准，2013年发布了首个致病菌限量标准。目前，我国在上述4个方面均制定了限量标准，分别是《食品安全国家标准　食品中农药最大残留限量》（GB 2763—2021）、《食品安全国家标准　食品中污染物限量》（GB 2762—2022）、《食品安全国家标准　食品中真菌毒素限量》（GB 2761—2017）和《食品安全国家标准　预包装食品中致病菌限量》（GB 29921—2021）。《食品安全国家标准　食品中2,4-滴丁酸钠盐等112种农药最大残留限量》（GB 2763.1—2022）对GB 2763—2021进行了增补。5项标准均为强制性国家标准。根据《标准化法》，强制性标准必须执行。除这5项标准外，我国制定了《食品中放射性物质限制浓度标准》（GB 14882—1994），以限制食品中放射性物质的浓度；另制定了《热带水果中二氧化硫残留限量》（NY 1440—2007），规定荔枝和龙眼二氧化硫限量指标≤30 mg/kg。

第一节　农药残留

　　我国农药残留限量标准的制定始于1970年代，GBn 53—1977是我国制定的第一项农药残留限量标准。1982年6月1日，《粮食、蔬菜等食品中六六六、滴滴涕残留量标准》（GB 2763—1981）发布，代替GBn 53—1977。此后，我国加强了农药残留限量标准的制定，截至1998年，涉及果品的农药残留限量国家标准已达24项（图5-1），共规定果品中农药最大残留限量53项。2005年1月25日，《食品中农药最大残留限量》（GB 2763—2005）发布，废止和代替所有此前发布实施的农药残留限量国家标准。该标准共规定果品中农药最大残留限量107项，涉及农药70种。2010—2012年我国又先后发布了《食品中百菌清等12种农药最大残留限量》（GB 25193—2010）、《食品中百草枯等54种农药最大残留限量》（GB 26130—2010）和《食品安全国家标准　食品中阿维菌素等85种农药最大残留限量》（GB 28260—2011）。

　　2012年11月16日，《食品安全国家标准　食品中农药最大残留限量》（GB 2763—2012）发布，代替GB 2763—2005、GB 25193—2010、GB 26130—2010和GB 28260—2011，并废止NY 773—2004、NY 831—2004、NY 1500系列标准等农药残留限量农业行业标准。至此，GB 2763—2012成为我国唯一的食品中农药残留限量标准，共规定果品中农药

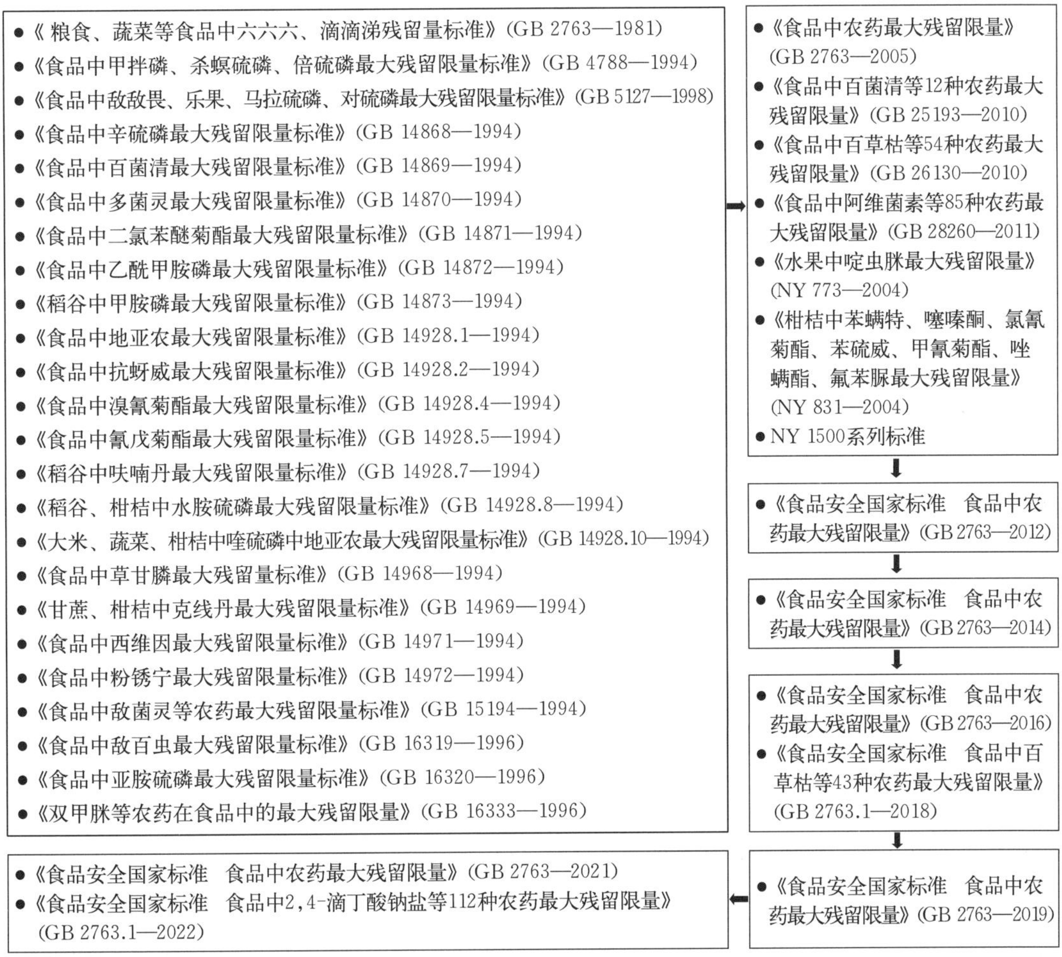

- 《粮食、蔬菜等食品中六六六、滴滴涕残留量标准》（GB 2763—1981）
- 《食品中甲拌磷、杀螟硫磷、倍硫磷最大残留量标准》（GB 4788—1994）
- 《食品中敌敌畏、乐果、马拉硫磷、对硫磷最大残留量标准》（GB 5127—1998）
- 《食品中辛硫磷最大残留量标准》（GB 14868—1994）
- 《食品中百菌清最大残留量标准》（GB 14869—1994）
- 《食品中多菌灵最大残留量标准》（GB 14870—1994）
- 《食品中二氯苯醚菊酯最大残留量标准》（GB 14871—1994）
- 《食品中乙酰甲胺磷最大残留量标准》（GB 14872—1994）
- 《稻谷中甲胺磷最大残留量标准》（GB 14873—1994）
- 《食品中地亚农最大残留量标准》（GB 14928.1—1994）
- 《食品中抗蚜威最大残留量标准》（GB 14928.2—1994）
- 《食品中溴氰菊酯最大残留量标准》（GB 14928.4—1994）
- 《食品中氰戊菊酯最大残留量标准》（GB 14928.5—1994）
- 《稻谷中呋喃丹最大残留量标准》（GB 14928.7—1994）
- 《稻谷、柑桔中水胺硫磷最大残留量标准》（GB 14928.8—1994）
- 《大米、蔬菜、柑桔中喹硫磷中地亚最大残留量标准》（GB 14928.10—1994）
- 《食品中草甘膦最大残留量标准》（GB 14968—1994）
- 《甘蔗、柑桔中克线丹最大残留量标准》（GB 14969—1994）
- 《食品中西维因最大残留量标准》（GB 14971—1994）
- 《食品中粉锈宁最大残留量标准》（GB 14972—1994）
- 《食品中敌菌灵等农药最大残留量标准》（GB 15194—1994）
- 《食品中敌百虫最大残留量标准》（GB 16319—1996）
- 《食品中亚胺硫磷最大残留量标准》（GB 16320—1996）
- 《双甲脒等农药在食品中的最大残留量》（GB 16333—1996）

- 《食品安全国家标准　食品中农药最大残留限量》（GB 2763—2021）
- 《食品安全国家标准　食品中2,4-滴丁酸钠盐等112种农药最大残留限量》（GB 2763.1—2022）

- 《食品中农药最大残留限量》（GB 2763—2005）
- 《食品中百菌清等12种农药最大残留限量》（GB 25193—2010）
- 《食品中百草枯等54种农药最大残留限量》（GB 26130—2010）
- 《食品中阿维菌素等85种农药最大残留限量》（GB 28260—2011）
- 《水果中啶虫脒最大残留限量》（NY 773—2004）
- 《柑桔中苯螨特、噻嗪酮、氯氰菊酯、苯硫威、甲氰菊酯、唑螨酯、氟苯脲最大残留限量》（NY 831—2004）
- NY 1500系列标准

- 《食品安全国家标准　食品中农药最大残留限量》（GB 2763—2012）

- 《食品安全国家标准　食品中农药最大残留限量》（GB 2763—2014）

- 《食品安全国家标准　食品中农药最大残留限量》（GB 2763—2016）
- 《食品安全国家标准　食品中百草枯等43种农药最大残留限量》（GB 2763.1—2018）

- 《食品安全国家标准　食品中农药最大残留限量》（GB 2763—2019）

图 5-1　我国果品农药残留限量标准变迁图

最大残留限量 257 项，涉及农药 162 种。2014 年和 2016 年，我国两次对该标准进行了修订。《食品安全国家标准　食品中农药最大残留限量》（GB 2763—2016）共规定果品中农药最大残留限量 1 233 项（含 169 项临时限量和 55 项再残留限量），涉及 237 种农药；其中包括 103 种杀虫剂、88 种杀菌剂、17 种杀螨剂、15 种除草剂、8 种植物生长调节剂和 6 种其他农药。2018 年，我国发布《食品安全国家标准　食品中百草枯等 43 种农药最大残留限量》（GB 2763.1—2018），对 GB 2763—2016 进行增补，针对果品，新增 8 种农药 37 项最大残留限量。

2019 年 8 月 15 日，我国发布《食品安全国家标准　食品中农药最大残留限量》（GB 2763—2019），代替 GB 2763—2016 和 GB 2763.1—2018，共规定果品中农药最大残留限量 2 050 项（含 367 项临时限量和 55 项再残留限量），涉及 277 种农药，包括 113 种杀虫剂、102 种杀菌剂、27 种除草剂、18 种杀螨剂、8 种植物生长调节剂、3 种杀虫/杀螨剂、2 种杀线虫剂、2 种熏蒸剂、1 种杀软体动物剂和 1 种增效剂。2021 年 3 月 3 日，我国发布《食品安全国家标准　食品中农药最大残留限量》（GB 2763—2021），代替 GB 2763—2019，2021 年 9 月 3 日正式实施。该标准共规定了果品中农药最大残留限量 2 816 项（包括 2 147 项正式限量和 669 项临时限量），涉及 341 种农药，包括 128 种杀虫剂、116 种杀菌剂、48 种除草剂、25 种杀螨剂、10 种植物生长调节剂、4 种杀虫/杀螨剂、3 种杀线虫剂、2 种熏蒸剂、1 种杀虫/除草剂、1 种杀螨/杀菌剂、1 种杀螺剂、1 种杀软体动物剂和 1 种增效剂。

2 816 项农药最大残留限量的取值共有 42 个，最小为 0.001 mg/kg，最大为 60 mg/kg，以取值为 0.01 mg/kg、0.5 mg/kg、5 mg/kg、1 mg/kg、2 mg/kg、0.05 mg/kg、0.2 mg/kg、0.02 mg/kg 和 0.1 mg/kg 的农药最大残留限量最多，占比分别达到了 13.35%、10.65%、9.87%、9.27%、9.16%、8.74%、7.46%、6.00% 和 5.47%（图 5-2）。

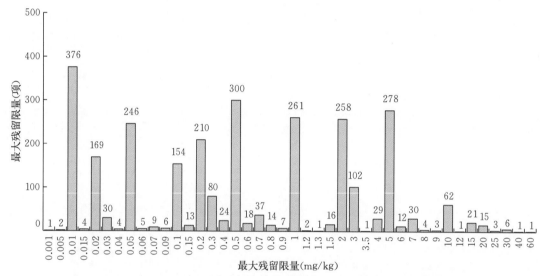

图 5-2　GB 2763—2021 中规定的果品中农药残留限量取值分布图

对不同果品规定的农药最大残留限量项数差异很大（表 5-1）。对苹果、葡萄、橙、仁果类水果、柑、瓜果类水果、橘、核果类水果和柑橘类水果规定的农药最大残留限量均接近或超过了 100 项，最多的达 126 项；对浆果和其他小型类水果、草莓、热带和亚热带类水果、坚果、梨、香蕉、桃、西瓜、葡萄干、樱桃、枸杞（干）规定的农药残留限量为 86～50 项。

表 5-1　GB 2763—2021 中规定的果品中农药最大残留限量产品分布统计

序号	产品	限量（项）
1	澳洲坚果	2
2	波森莓	1
3	菠萝	19
4	草莓	83
5	橙	114
6	醋栗	24
7	鳄梨	15
8	番木瓜	35

（续）

序号	产品	限量（项）
9	番石榴	2
10	佛手柑	9
11	覆盆子	6
12	柑	107
13	柑橘类水果	99
14	柑橘类水果（柑、橘、橙、金橘除外）	2
15	柑橘类水果（柑、橘、橙、柠檬、金橘除外）	1
16	柑橘类水果（柑、橘、橙、柠檬、柚除外）	3
17	柑橘类水果（柑、橘、橙、柠檬、柚和金橘除外）	1
18	柑橘类水果（柑、橘、橙除外）	15
19	柑橘类水果（金橘除外）	1
20	柑橘类水果（柠檬除外）	1
21	柑橘脯	6
22	柑橘肉（干）	3
23	橄榄	17
24	干制水果	45
25	干制无花果	3
26	枸杞（干）	50
27	枸杞（鲜）	19
28	瓜果类水果	107
29	瓜果类水果（西瓜、甜瓜除外）	3
30	瓜果类水果（西瓜除外）	2
31	瓜果类水果（甜瓜除外）	3
32	瓜果类水果（甜瓜类水果除外）	2
33	瓜类水果	1
34	哈密瓜	3
35	核果类水果	104
36	核果类水果（李子除外）	1
37	核果类水果（桃、李子除外）	1
38	核果类水果（桃、樱桃除外）	1
39	核果类水果（桃、油桃、杏、李子、樱桃除外）	2
40	核果类水果（桃除外）	3
41	核果类水果（樱桃除外）	3

（续）

序号	产品	限量（项）
42	核果类水果［枣（鲜）除外］	1
43	核果类水果［桃、枣（鲜）、李子、樱桃除外］	1
44	核果类水果［枣（鲜）除外］	3
45	核桃	9
46	黑莓	17
47	火龙果	12
48	加仑子	23
49	坚果	77
50	坚果（开心果除外）	3
51	坚果（榛子、澳洲坚果除外）	1
52	浆果和其他小型类水果	86
53	浆果和其他小型类水果（草莓除外）	2
54	浆果和其他小型类水果（醋栗、葡萄、草莓除外）	1
55	浆果和其他小型类水果（黑莓、醋栗、葡萄、猕猴桃、草莓除外）	1
56	浆果和其他小型类水果（黑莓、蓝莓、覆盆子、葡萄、猕猴桃、草莓除外）	1
57	浆果和其他小型类水果（猕猴桃除外）	3
58	浆果和其他小型类水果（葡萄、猕猴桃、草莓除外）	1
59	浆果和其他小型类水果（葡萄除外）	1
60	浆果和其他小型类水果（越橘、草莓除外）	1
61	浆果和其他小型类水果（越橘、葡萄、草莓除外）	1
62	浆果和其他小型类水果［枸杞（鲜）、猕猴桃除外］	1
63	浆果和其他小型类水果［枸杞（鲜）、葡萄除外］	1
64	浆果和其他小型类水果［枸杞（鲜）、越橘、葡萄、猕猴桃除外］	1
65	浆果和其他小型类水果［黑莓、醋栗、露莓（包括波森莓和罗甘莓）、草莓除外］	1
66	金橘	13
67	橘	107
68	开心果	6
69	蓝莓	23
70	梨	76
71	李子	39
72	李子干	36
73	荔枝	36
74	莲雾	6

（续）

序号	产品	限量（项）
75	榴莲	1
76	龙眼	11
77	露莓（包括波森莓和罗甘莓）	6
78	杧果	38
79	猕猴桃	46
80	酿酒葡萄	1
81	柠檬	31
82	皮不可食的热带和亚热带类水果（香蕉除外）	1
83	皮不可食热带和亚热带类水果（荔枝、龙眼、杧果、香蕉、火龙果除外）	1
84	枇杷	33
85	苹果	126
86	苹果干	2
87	葡萄	121
88	葡萄干	55
89	青梅	5
90	热带和亚热带类水果	79
91	热带和亚热带类水果（橄榄除外）	1
92	热带和亚热带类水果（杧果除外）	1
93	热带和亚热带类水果（柿子、橄榄除外）	1
94	热带和亚热带类水果（香蕉、番木瓜除外）	1
95	热带和亚热带类水果（香蕉除外）	1
96	热带和亚热带类水果（杨梅、香蕉、番木瓜、火龙果除外）	1
97	仁果类水果	111
98	仁果类水果（梨除外）	3
99	仁果类水果（苹果、梨、山楂除外）	1
100	仁果类水果（苹果、梨除外）	4
101	仁果类水果（苹果、山楂除外）	2
102	仁果类水果（苹果除外）	12
103	桑葚	6
104	山核桃	18
105	山楂	34
106	山竹	1
107	石榴	8

（续）

序号	产品	限量（项）
108	柿子	6
109	水果（苹果、梨、桃、樱桃、油桃、李子、蓝莓、越橘、西瓜、甜瓜类水果除外）	1
110	唐棣	1
111	桃	63
112	藤蔓和灌木类水果	1
113	甜瓜	13
114	甜瓜类水果	33
115	甜瓜类水果（哈密瓜除外）	1
116	甜瓜类水果（香瓜除外）	1
117	榅桲	29
118	无花果	3
119	无花果蜜饯	1
120	西番莲	4
121	西瓜	60
122	香瓜	4
123	香瓜茄	1
124	香蕉	64
125	杏	29
126	杏仁	23
127	悬钩子	4
128	杨梅	12
129	杨桃	3
130	腰果	1
131	樱桃	52
132	油桃	39
133	柚	29
134	越橘	32
135	枣（鲜）	26
136	榛子	7

我国各种果品的农药最大残留限量详见表5-2。需要说明的是，虽然 GB 2763—2021将枸杞（干）归入药用植物，但枸杞（干）为食药同源产品，本书也将其归为果品；规定某种农药的最大残留限量应用于某一果品类别时，在该果品类别下的所有果品均适用，有特别

规定的除外；GB 2763—2021 还提供了食品类别及测定部位（表 5-3），用于界定农药最大残留限量应用范围；GB 2763—2021 还提供了豁免规定食品中最大残留限量标准的农药名单（表 5-4），用于界定不需要规定食品中农药最大残留限量的范围。

表 5-2　GB 2763—2021 规定的果品农药最大残留限量一览表

农药	用途	ADI (mg/kg bw)	残留物	产品	最大残留限量 (mg/kg)
2,4-滴和 2,4-滴钠盐 2,4-D and 2,4-D Na	除草剂	0.01	2,4-滴	柑橘类水果（柑、橘、橙除外）	1
				柑	0.1
				橘	0.1
				橙	0.1
				仁果类水果	0.01
				核果类水果	0.05
				浆果和其他小型类水果	0.1
				坚果	0.2
2甲4氯（钠） MCPA（sodium）	除草剂	0.1	2甲4氯	柑	0.1
				橘	0.1
				橙	0.1
				苹果	0.05
阿维菌素 abamectin	杀虫剂	0.001	阿维菌素 B1a	柑橘类水果（柑、橘、橙除外）	0.01
				柑	0.02
				橘	0.02
				橙	0.02
				苹果	0.02
				梨	0.02
				山楂	0.1
				桃	0.03
				油桃	0.02
				杏	0.03
				枣（鲜）	0.05
				樱桃	0.07
				枸杞（鲜）	0.1
				黑莓	0.2
				覆盆子	0.2
				葡萄	0.03
				猕猴桃	0.02
				草莓	0.02
				杨梅	0.02
				荔枝	0.2

（续）

农药	用途	ADI（mg/kg bw）	残留物	产品	最大残留限量（mg/kg）
阿维菌素 abamectin	杀虫剂	0.001	阿维菌素 B1a	龙眼	0.1
				杧果	0.05
				鳄梨	0.015
				香蕉	0.05
				番木瓜	0.1
				菠萝	0.1
				火龙果	0.1
				瓜果类水果（甜瓜、西瓜除外）	0.01
				甜瓜	0.02
				西瓜	0.02
				葡萄干	0.1
				杏仁	0.01
				核桃	0.01
				枸杞（干）	0.1
胺苯吡菌酮 fenpyrazamine	杀菌剂	0.3	胺苯吡菌酮	桃	4*
				油桃	4*
				杏	4*
				李子	2*
				樱桃	3*
				黑莓	5*
				蓝莓	4*
				覆盆子	5*
				越橘	4*
				加仑子	4*
				葡萄	4*
				草莓	3*
				葡萄干	12*
胺苯磺隆 ethametsulfuron	除草剂	0.2	胺苯磺隆	柑橘类水果	0.01
				仁果类水果	0.01
				核果类水果	0.01
				浆果和其他小型类水果	0.01
				热带和亚热带类水果	0.01
				瓜果类水果	0.01
				干制水果	0.01
				坚果	0.02

（续）

农药	用途	ADI （mg/kg bw）	残留物	产品	最大残留限量 （mg/kg）
巴毒磷 crotoxyphos	杀虫剂	—	巴毒磷	柑橘类水果	0.02*
				仁果类水果	0.02*
				核果类水果	0.02*
				浆果和其他小型类水果	0.02*
				热带和亚热带类水果	0.02*
				瓜果类水果	0.02*
				干制水果	0.02*
				坚果	0.02*
百草枯 paraquat	除草剂	0.005	百草枯阳离子，以 二氯百草枯表示	柑橘类水果（柑、橘、橙除外）	0.02*
				柑	0.2*
				橘	0.2*
				橙	0.2*
				仁果类水果（苹果除外）	0.01*
				苹果	0.05*
				核果类水果	0.01*
				浆果和其他小型类水果	0.01*
				橄榄	0.1*
				皮不可食的热带和亚热带类水果（香蕉除外）	0.01*
				香蕉	0.02*
				瓜果类水果	0.02*
				坚果	0.05*
百菌清 chlorothalonil	杀菌剂	0.02	百菌清	柑	1
				橘	1
				橙	1
				苹果	1
				梨	1
				桃	0.2
				樱桃	0.5
				越橘	5
				醋栗	20
				葡萄	10
				草莓	5
				荔枝	0.2
				香蕉	0.2

（续）

农药	用途	ADI （mg/kg bw）	残留物	产品	最大残留限量 （mg/kg）
百菌清 chlorothalonil	杀菌剂	0.02	百菌清	加仑子	20
				枸杞（鲜）	10
				番木瓜	20
				西瓜	5
				甜瓜类水果	5
				开心果	0.3
				枸杞（干）	20
保棉磷 azinphos‐methyl	杀虫剂	0.03	保棉磷	水果（苹果、梨、桃、樱桃、油桃、李子、蓝莓、越橘、西瓜、甜瓜类水果除外）	1
				苹果	2
				梨	2
				桃	2
				樱桃	2
				油桃	2
				李子	2
				蓝莓	5
				越橘	0.1
				西瓜	0.2
				甜瓜类水果	0.2
				李子干	2
				杏仁	0.05
				山核桃	0.3
倍硫磷 fenthion	杀虫剂	0.007	倍硫磷及其氧类似物（亚砜、砜化合物）之和，以倍硫磷表示	柑橘类水果	0.05
				仁果类水果	0.05
				核果类水果（樱桃除外）	0.05
				樱桃	2
				浆果和其他小型类水果	0.05
				热带和亚热带类水果（橄榄除外）	0.05
				橄榄	1
				瓜果类水果	0.05
苯并烯氟菌唑 benzovindiflupyr	杀菌剂	0.05	苯并烯氟菌唑	仁果类水果	0.2*
				葡萄	1*
				瓜果类水果	0.2*
				葡萄干	3*

（续）

农药	用途	ADI （mg/kg bw）	残留物	产品	最大残留限量 （mg/kg）
苯丁锡 fenbutatin oxide	杀螨剂	0.03	苯丁锡	柑	1
				橘	1
				橙	5
				柠檬	5
				柚	5
				佛手柑	5
				金橘	5
				苹果	5
				梨	5
				山楂	5
				枇杷	5
				榅桲	5
				桃	7
				李子	3
				樱桃	10
				葡萄	5
				草莓	10
				香蕉	10
				柑橘脯	25
				李子干	10
				葡萄干	20
				杏仁	0.5
				核桃	0.5
				山核桃	0.5
苯氟磺胺 dichlofluanid	杀菌剂	0.3	苯氟磺胺	苹果	5
				梨	5
				桃	5
				加仑子	15
				悬钩子	7
				醋栗	15
				葡萄	15
				草莓	10
苯菌灵 benomyl	杀菌剂	0.1	苯菌灵和多菌灵 之和，以多菌灵 表示	柑	5
				橘	5
				橙	5

（续）

农药	用途	ADI（mg/kg bw）	残留物	产品	最大残留限量（mg/kg）
苯菌灵 benomyl	杀菌剂	0.1	苯菌灵和多菌灵之和，以多菌灵表示	苹果	5
				梨	3
				香蕉	2
苯菌酮 metrafenone	杀菌剂	0.3	苯菌酮	仁果类水果	1*
				桃	0.7*
				油桃	0.7*
				杏	0.7*
				樱桃	2*
				葡萄	5*
				草莓	0.6*
				瓜果类水果	0.5*
				葡萄干	20*
苯硫威 fenothiocarb	杀螨剂	0.007 5（临时）	苯硫威	柑	0.5*
				橘	0.5*
				橙	0.5*
苯螨特 benzoximate	杀螨剂	0.15（临时）	苯螨特	柑	0.3*
				橘	0.3*
				橙	0.3*
苯醚甲环唑 difenoconazole	杀菌剂	0.01	苯醚甲环唑	柑橘类水果（柑、橘、橙除外）	0.6
				柑	0.2
				橘	0.2
				橙	0.2
				苹果	0.5
				梨	0.5
				山楂	0.5
				枇杷	0.5
				榅桲	0.5
				桃	0.5
				油桃	0.5
				李子	0.2
				樱桃	0.2
				葡萄	0.5
				猕猴桃	5
				西番莲	0.05
				草莓	3

（续）

农药	用途	ADI（mg/kg bw）	残留物	产品	最大残留限量（mg/kg）
苯醚甲环唑 difenoconazole	杀菌剂	0.01	苯醚甲环唑	杨梅	5
				橄榄	2
				莲雾	0.5
				荔枝	0.5
				杧果	0.2
				石榴	0.1
				鳄梨	0.6
				香蕉	1
				番木瓜	0.2
				菠萝	0.2
				火龙果	2
				瓜果类水果（西瓜、甜瓜除外）	0.7
				西瓜	0.1
				甜瓜	0.5
				李子干	0.2
				葡萄干	6
				坚果	0.03
				榛子	0.1
苯嘧磺草胺 saflufenacil	除草剂	0.05	苯嘧磺草胺	柑橘类水果（柑、橘、橙除外）	0.01*
				柑	0.05*
				橘	0.05*
				橙	0.05*
				仁果类水果	0.01*
				核果类水果	0.01*
				葡萄	0.01*
				石榴	0.01*
				香蕉	0.01*
				坚果	0.01*
苯霜灵 benalaxyl	杀菌剂	0.07	苯霜灵	葡萄	0.3
				西瓜	0.1
				甜瓜类水果	0.3
苯酰菌胺 zoxamide	杀菌剂	0.5	苯酰菌胺	葡萄	5
				瓜果类水果	2
				葡萄干	15

（续）

农药	用途	ADI（mg/kg bw）	残留物	产品		最大残留限量（mg/kg）
苯线磷 fenamiphos	杀虫剂	0.000 8	苯线磷及其氧类似物（亚砜、砜化合物）之和，以苯线磷表示	柑橘类水果		0.02
				仁果类水果		0.02
				核果类水果		0.02
				浆果和其他小型类水果		0.02
				热带和亚热带类水果		0.02
				瓜果类水果		0.02
苯氧威 fenoxycarb	杀虫剂	0.053	苯氧威	柑		0.5*
				橘		0.5*
				橙		0.5*
吡丙醚 pyriproxyfen	杀虫剂	0.1	吡丙醚	柑橘类水果（柑、橘、橙除外）		0.5
				柑		2
				橘		2
				橙		2
吡草醚 pyraflufen‑ethyl	除草剂	0.2	吡草醚	苹果		0.03
吡虫啉 imidacloprid	杀虫剂	0.06	吡虫啉	柑		1
				橘		1
				橙		1
				柠檬		2
				柚		1
				佛手柑		1
				金橘		1
				苹果		0.5
				梨		0.5
				桃		0.5
				油桃		0.5
				杏		0.5
				枣（鲜）		5
				李子		0.2
				樱桃		0.5
				浆果和其他小型类水果（越橘、葡萄、草莓除外）		5
				越橘		0.05
				葡萄		1
				草莓		0.5

（续）

农药	用途	ADI（mg/kg bw）	残留物	产品	最大残留限量（mg/kg）
吡虫啉 imidacloprid	杀虫剂	0.06	吡虫啉	橄榄	2
				杧果	0.2
				石榴	1
				番石榴	2
				香蕉	0.05
				番木瓜	1
				瓜果类水果（甜瓜除外）	0.2
				甜瓜	0.1
				柑橘肉（干）	10
				李子干	5
				坚果	0.01
				枸杞（干）	1
吡氟禾草灵和精吡氟禾草灵 fluazifop and fluazifop - P - butyl	除草剂	0.004	吡氟禾草灵和吡氟禾草酸之和，以吡氟禾草酸表示	柑橘类水果	0.01
				仁果类水果	0.01
				核果类水果	0.01
				黑莓	0.01
				覆盆子	0.01
				加仑子	0.01
				醋栗	0.01
				葡萄	0.01
				草莓	0.3
				橄榄	0.01
				香蕉	0.01
				柑橘肉（干）	0.06
				杏仁	0.01*
				核桃	0.01*
				山核桃	0.01*
				澳洲坚果	0.01*
吡噻菌胺 penthiopyrad	杀菌剂	0.1	吡噻菌胺	仁果类水果	0.4*
				核果类水果	4*
				草莓	3*
				坚果	0.05*
吡蚜酮 pymetrozine	杀虫剂	0.03	吡蚜酮	桃	0.5
				枸杞（鲜）	10
				枸杞（干）	2

（续）

农药	用途	ADI （mg/kg bw）	残留物	产品	最大残留限量 （mg/kg）
吡唑醚菌酯 pyraclostrobin	杀菌剂	0.03	吡唑醚菌酯	柑橘类水果（柑、橘、橙、柠檬、柚和金橘除外）	2
				柑	3
				橘	3
				橙	3
				柠檬	7
				柚	3
				金橘	5
				苹果	0.5
				梨	0.5
				枇杷	3
				桃	1
				油桃	0.3
				杏	3
				枣（鲜）	1
				李子	0.8
				樱桃	3
				黑莓	3
				蓝莓	4
				醋栗	3
				葡萄	2
				猕猴桃	5
				草莓	2
				柿子	5
				杨梅	10
				无花果	5
				杨桃	5
				莲雾	1
				荔枝	0.1
				龙眼	5
				杧果	0.05
				香蕉	1
				番木瓜	3
				菠萝	1
				西瓜	0.5

（续）

农药	用途	ADI (mg/kg bw)	残留物	产品	最大残留限量 (mg/kg)
吡唑醚菌酯 pyraclostrobin	杀菌剂	0.03	吡唑醚菌酯	甜瓜类水果（哈密瓜除外）	0.5
				哈密瓜	0.2
				李子干	0.8
				葡萄干	5
				干制无花果	30
				坚果（开心果除外）	0.02
				开心果	1
吡唑萘菌胺 isopyrazam	杀菌剂	0.06	吡唑萘菌胺 （异构体之和）	核果类水果	0.4*
				香蕉	0.06*
				西瓜	0.1*
				甜瓜类水果	0.15*
				苹果干	3*
苄嘧磺隆 bensulfuron- methyl	除草剂	0.2	苄嘧磺隆	柑	0.02
				橘	0.02
				橙	0.02
丙环唑 propiconazole	杀菌剂	0.07	丙环唑	橙	9
				苹果	0.1
				枇杷	0.1
				桃	5
				枣（鲜）	5
				李子	0.6
				越橘	0.3
				香蕉	1
				菠萝	0.02
				李子干	0.6
				榛子	0.05
				山核桃	0.02
丙硫多菌灵 albendazole	杀菌剂	0.05	丙硫多菌灵	葡萄	2*
				香蕉	0.2*
				西瓜	0.05*
丙硫菌唑 prothioconazole	杀菌剂	0.01	脱硫丙硫菌唑	蓝莓	1.5*
				越橘	1.5*
				加仑子	1.5*

（续）

农药	用途	ADI （mg/kg bw）	残留物	产品	最大残留限量 （mg/kg）
丙炔氟草胺 flumioxazin	除草剂	0.02	丙炔氟草胺	柑	0.05
				橘	0.05
				橙	0.05
				仁果类水果	0.02
				核果类水果	0.02
				蓝莓	0.02
				越橘	0.02
				加仑子	0.02
				葡萄	0.02
				橄榄	0.02
				石榴	0.02
				瓜果类水果	0.02
				坚果	0.02*
丙森锌 propineb	杀菌剂	0.007	二硫代氨基甲酸盐 （或酯），以二硫化碳 表示	柑	5
				橘	5
				橙	5
				苹果	5
				梨	5
				山楂	5
				枇杷	5
				榅桲	5
				核果类水果（樱桃除外）	7
				樱桃	0.2
				越橘	5
				葡萄	5
				草莓	5
				荔枝	5
				杧果	5
				香蕉	1
				番木瓜	5
				西瓜	1
				甜瓜	3
				杏仁	0.1
				山核桃	0.1

（续）

农药	用途	ADI（mg/kg bw）	残留物	产品	最大残留限量（mg/kg）
丙溴磷 profenofos	杀虫剂	0.03	丙溴磷	柑	0.2
				橘	0.2
				橙	0.2
				苹果	0.05
				桑葚	0.1
				杧果	0.2
				山竹	10
丙酯杀螨醇 chloropropylate	杀虫剂	—	丙酯杀螨醇	柑橘类水果	0.02*
				仁果类水果	0.02*
				核果类水果	0.02*
				浆果和其他小型类水果	0.02*
				热带和亚热带类水果	0.02*
				瓜果类水果	0.02*
				干制水果	0.02*
				坚果	0.02*
草铵膦 glufosinate - ammonium	除草剂	0.01	草铵膦	柑橘类水果（柑、橘、橙除外）	0.05
				柑	0.5
				橘	0.5
				橙	0.5
				仁果类水果	0.1
				核果类水果［枣（鲜）除外］	0.15
				枣（鲜）	0.1
				蓝莓	0.1
				加仑子	1
				悬钩子	0.1
				醋栗	0.1
				葡萄	0.1
				猕猴桃	0.6
				草莓	0.3
				热带和亚热带类水果（香蕉、番木瓜除外）	0.1
				香蕉	0.2
				番木瓜	0.2
				李子干	0.3*
				坚果	0.1*

（续）

农药	用途	ADI （mg/kg bw）	残留物	产品	最大残留限量 （mg/kg）
草甘膦 glyphosate	除草剂	1	草甘膦	柑橘类水果（柑、橘、橙除外）	0.1
				柑	0.5
				橘	0.5
				橙	0.5
				仁果类水果（苹果除外）	0.1
				苹果	0.5
				核果类水果	0.1
				浆果和其他小型类水果	0.1
				热带和亚热带类水果	0.1
				瓜果类水果	0.1
草枯醚 chlornitrofen	除草剂	—	草枯醚	柑橘类水果	0.01*
				仁果类水果	0.01*
				核果类水果	0.01*
				浆果和其他小型类水果	0.01*
				热带和亚热带类水果	0.01*
				瓜果类水果	0.01*
				干制水果	0.01*
				坚果	0.01*
草芽畏 2,3,6 - TBA	除草剂	—	草芽畏	柑橘类水果	0.01*
				仁果类水果	0.01*
				核果类水果	0.01*
				浆果和其他小型类水果	0.01*
				热带和亚热带类水果	0.01*
				瓜果类水果	0.01*
				干制水果	0.01*
				坚果	0.01*
虫螨腈 chlorfenapyr	杀虫剂	0.03	虫螨腈	柑	1
				橘	1
				橙	1
				苹果	1
				梨	1
				桑葚	2
				猕猴桃	7
				火龙果	0.7

（续）

农药	用途	ADI （mg/kg bw）	残留物	产品	最大残留限量 （mg/kg）
虫酰肼 tebufenozide	杀虫剂	0.02	虫酰肼	柑橘类水果	2
				仁果类水果（苹果除外）	1
				苹果	3
				桃	0.5
				油桃	0.5
				蓝莓	3
				越橘	0.5
				醋栗	2
				葡萄	2
				猕猴桃	0.5
				鳄梨	1
				番木瓜	2
				甜瓜	2
				葡萄干	2
				杏仁	0.05
				核桃	0.05
				山核桃	0.01
除草定 bromacil	除草剂	0.1	除草定	柑	0.1
				橘	0.1
				橙	0.1
				菠萝	0.1
除虫菊素 pyrethrins	杀虫剂	0.04	除虫菊素Ⅰ与 除虫菊素Ⅱ之和	柑橘类水果	0.05
				枸杞（鲜）	0.5
				干制水果	0.2
				坚果	0.5
				枸杞（干）	0.5
除虫脲 diflubenzuron	杀虫剂	0.02	除虫脲	柑橘类水果（柑、橘、橙、柠檬、柚除外）	0.5
				柑	1
				橘	1
				橙	1
				柠檬	1
				柚	1
				苹果	5
				梨	1

（续）

农药	用途	ADI（mg/kg bw）	残留物	产品		最大残留限量（mg/kg）
除虫脲 diflubenzuron	杀虫剂	0.02	除虫脲	山楂		5
				枇杷		5
				榅桲		5
				桃		0.5
				油桃		0.5
				李子		0.5
				荔枝		0.5
				李子干		0.5
				坚果		0.2
春雷霉素 kasugamycin	杀菌剂	0.113	春雷霉素	柑		0.1*
				橘		0.1*
				橙		0.1*
				桃		1*
				猕猴桃		2*
				荔枝		0.05*
				西瓜		0.1*
哒螨灵 pyridaben	杀螨剂	0.01	哒螨灵	柑		2
				橘		2
				橙		2
				苹果		2
				枸杞（鲜）		3
				猕猴桃		5
				枸杞（干）		3
代森铵 amobam	杀菌剂	0.03	二硫代氨基甲酸盐（或酯），以二硫化碳表示	橙		5
				苹果		5
				梨		5
				山楂		5
				枇杷		5
				榅桲		5
				樱桃		0.2
				越橘		5
				葡萄		5
				草莓		5

（续）

农药	用途	ADI （mg/kg bw）	残留物	产品	最大残留限量 （mg/kg）
代森铵 amobam	杀菌剂	0.03	二硫代氨基甲酸盐 （或酯），以二硫化碳 表示	杧果	5
				香蕉	1
				番木瓜	5
				西瓜	1
代森联 metiram	杀菌剂	0.03	二硫代氨基甲酸盐 （或酯），以二硫化碳 表示	柑	5
				橘	5
				橙	5
				苹果	5
				梨	5
				山楂	5
				枇杷	5
				榅桲	5
				核果类水果（桃、樱桃除外）	7
				桃	5
				樱桃	0.2
				越橘	5
				加仑子	10
				醋栗	10
				葡萄	5
				草莓	5
				荔枝	5
				杧果	5
				香蕉	1
				番木瓜	5
				西瓜	1
				甜瓜类水果	0.5
				杏仁	0.1
				山核桃	0.1
代森锰锌 mancozeb	杀菌剂	0.03	二硫代氨基甲酸盐 （或酯），以二硫化碳 表示	柑	5
				橘	5
				橙	5
				苹果	5
				梨	5
				山楂	5
				枇杷	5

（续）

农药	用途	ADI （mg/kg bw）	残留物	产品	最大残留限量 （mg/kg）
代森锰锌 mancozeb	杀菌剂	0.03	二硫代氨基甲酸盐（或酯），以二硫化碳表示	楂椁	5
				枣（鲜）	2
				樱桃	0.2
				黑莓	5
				越橘	5
				醋栗	10
				葡萄	5
				猕猴桃	2
				草莓	5
				杨梅	7
				荔枝	5
				杧果	5
				香蕉	1
				番木瓜	5
				菠萝	2
				火龙果	10
				西瓜	1
				杏仁	0.1
				山核桃	0.1
代森锌 zineb	杀菌剂	0.03	二硫代氨基甲酸盐（或酯），以二硫化碳表示	柑	5
				橘	5
				橙	5
				苹果	5
				樱桃	0.2
				杧果	5
				西瓜	1
				甜瓜	3
				杏仁	0.1
				山核桃	0.1
单甲脒和 单甲脒盐酸盐 semiamitraz and semiamitraz chloride	杀虫剂	0.004	单甲脒	柑	0.5
				橘	0.5
				橙	0.5
				苹果	0.5
				梨	0.5

（续）

农药	用途	ADI（mg/kg bw）	残留物	产品	最大残留限量（mg/kg）
单氰胺 cyanamide	植物生长调节剂	0.002	单氰胺	葡萄	0.05*
稻丰散 phenthoate	杀虫剂	0.003	稻丰散	柑	1
				橘	1
				橙	1
稻瘟灵 isoprothiolane	杀菌剂	0.1	稻瘟灵	西瓜	0.1
敌百虫 trichlorfon	杀虫剂	0.002	敌百虫	柑橘类水果	0.2
				仁果类水果	0.2
				核果类水果［枣（鲜）除外］	0.2
				枣（鲜）	0.3
				浆果和其他小型类水果	0.2
				热带和亚热带类水果	0.2
				瓜果类水果	0.2
敌草胺 napropamide	除草剂	0.3	敌草胺	西瓜	0.05
敌草腈 dichlobenil	除草剂	0.01	2,6-二氯苯甲酰胺	藤蔓和灌木类水果	0.2*
				葡萄	0.05*
				瓜果类水果	0.01*
				葡萄干	0.15*
敌草快 diquat	除草剂	0.006	敌草快阳离子，以二溴化合物表示	柑橘类水果（柑、橘、橙除外）	0.02
				柑	0.1
				橘	0.1
				橙	0.1
				仁果类水果（苹果除外）	0.02
				苹果	0.1
				核果类水果	0.02
				草莓	0.05
				香蕉	0.02
				腰果	0.02
敌敌畏 dichlorvos	杀虫剂	0.004	敌敌畏	柑橘类水果	0.2
				仁果类水果（苹果除外）	0.2
				苹果	0.1
				香蕉	0.05
				核果类水果（桃除外）	0.2

（续）

农药	用途	ADI（mg/kg bw）	残留物	产品	最大残留限量（mg/kg）
敌敌畏 dichlorvos	杀虫剂	0.004	敌敌畏	桃	0.1
				浆果和其他小型类水果	0.2
				热带和亚热带类水果	0.2
				瓜果类水果	0.2
敌磺钠 fenaminosulf	杀菌剂	0.02	敌磺钠	西瓜	0.1*
敌螨普 dinocap	杀菌剂	0.008	敌螨普的异构体和敌螨普酚的总量，以敌螨普表示	苹果	0.2*
				桃	0.1*
				葡萄	0.5*
				草莓	0.5*
				瓜果类水果（甜瓜类水果除外）	0.05*
				甜瓜类水果	0.5*
地虫硫磷 fonofos	杀虫剂	0.002	地虫硫磷	柑橘类水果	0.01
				仁果类水果	0.01
				核果类水果	0.01
				浆果和其他小型类水果	0.01
				热带和亚热带类水果	0.01
				瓜果类水果	0.01
丁苯吗啉 fenpropimorph	杀菌剂	0.004	丁苯吗啉	香蕉	2
丁氟螨酯 cyflumetofen	杀螨剂	0.1	丁氟螨酯	柑橘类水果（柑、橘、橙除外）	0.3
				柑	5
				橘	5
				橙	5
				仁果类水果	0.4
				葡萄	0.6
				草莓	0.6
				葡萄干	1.5
				坚果	0.01
丁硫克百威 carbosulfan	杀虫剂	0.01	丁硫克百威	柑橘类水果	0.01
				仁果类水果	0.01
				核果类水果	0.01
				浆果和其他小型类水果	0.01
				热带和亚热带类水果	0.01
				瓜果类水果	0.01
				干制水果	0.01

（续）

农药	用途	ADI （mg/kg bw）	残留物	产品	最大残留限量 （mg/kg）
丁醚脲 diafenthiuron	杀虫剂/ 杀螨剂	0.003	丁醚脲	柑	0.2
				橘	0.2
				橙	0.2
				苹果	0.2
丁香菌酯 coumoxystrobin	杀菌剂	0.045	丁香菌酯	苹果	0.2*
啶虫脒 acetamiprid	杀虫剂	0.07	啶虫脒	柑橘类水果（柑、橘、橙、柠檬、金橘除外）	2
				柑	0.5
				橘	0.5
				橙	0.5
				柠檬	0.5
				金橘	0.5
				仁果类水果（苹果除外）	2
				苹果	0.8
				核果类水果	2
				浆果和其他小型类水果［枸杞（鲜）、葡萄除外］	2
				枸杞（鲜）	1
				葡萄	0.5
				热带和亚热带类水果（杨梅、香蕉、番木瓜、火龙果除外）	2
				杨梅	0.2
				香蕉	3
				番木瓜	0.5
				火龙果	0.2
				瓜果类水果（西瓜、甜瓜除外）	2
				西瓜	0.2
				甜瓜	0.2
				李子干	0.6
				坚果	0.06
				枸杞（干）	2
啶酰菌胺 boscalid	杀菌剂	0.04	啶酰菌胺	柑橘类水果	2
				苹果	2
				山楂	30

（续）

农药	用途	ADI（mg/kg bw）	残留物	产品	最大残留限量（mg/kg）
啶酰菌胺 boscalid	杀菌剂	0.04	啶酰菌胺	核果类水果	3
				浆果和其他小型类水果（葡萄、猕猴桃、草莓除外）	10
				葡萄	5
				猕猴桃	5
				草莓	3
				杧果	5
				番木瓜	20
				甜瓜类水果	3
				柑橘脯	6
				葡萄干	10
				坚果（开心果除外）	0.05
				开心果	1
啶氧菌酯 picoxystrobin	杀菌剂	0.09	啶氧菌酯	枣（鲜）	5
				葡萄	1
				杧果	0.5
				香蕉	1
				西瓜	0.05
毒虫畏 chlorfenvinphos	杀虫剂	0.000 5	毒虫畏（E型和Z型异构体之和）	柑橘类水果	0.01
				仁果类水果	0.01
				核果类水果	0.01
				浆果和其他小型类水果	0.01
				热带和亚热带类水果	0.01
				瓜果类水果	0.01
				干制水果	0.01
				坚果	0.01
毒菌酚 hexachlorophene	杀菌剂	0.000 3	毒菌酚	柑橘类水果	0.01*
				仁果类水果	0.01*
				核果类水果	0.01*
				浆果和其他小型类水果	0.01*
				热带和亚热带类水果	0.01*
				瓜果类水果	0.01*
				干制水果	0.01*
				坚果	0.01*

（续）

农药	用途	ADI （mg/kg bw）	残留物	产品	最大残留限量 （mg/kg）
毒死蜱 chlorpyrifos	杀虫剂	0.01	毒死蜱	柑	1
				橘	1
				橙	2
				柠檬	2
				柚	2
				佛手柑	1
				金橘	1
				苹果	1
				梨	1
				山楂	1
				枇杷	1
				榅桲	1
				桃	3
				杏	3
				李子	0.5
				枸杞（鲜）	1
				越橘	1
				葡萄	0.5
				猕猴桃	2
				草莓	0.3
				荔枝	1
				龙眼	1
				香蕉	2
				李子干	0.5
				葡萄干	0.1
				杏仁	0.05
				核桃	0.05
				山核桃	0.05
				枸杞（干）	1
对硫磷 parathion	杀虫剂	0.004	对硫磷	柑橘类水果	0.01
				仁果类水果	0.01
				核果类水果	0.01
				浆果和其他小型类水果	0.01
				热带和亚热带类水果	0.01
				瓜果类水果	0.01

（续）

农药	用途	ADI （mg/kg bw）	残留物	产品	最大残留限量 （mg/kg）
多果定 dodine	杀菌剂	0.1	多果定	仁果类水果	5*
				桃	5*
				油桃	5*
				樱桃	3*
多菌灵 carbendazim	杀菌剂	0.03	多菌灵	柑	5
				橘	5
				橙	5
				柠檬	0.5
				柚	0.5
				苹果	5
				梨	3
				山楂	3
				枇杷	3
				榅桲	3
				桃	2
				油桃	2
				杏	2
				枣（鲜）	0.5
				李子	0.5
				樱桃	0.5
				浆果和其他小型类水果（黑莓、醋栗、葡萄、猕猴桃、草莓除外）	1
				黑莓	0.5
				醋栗	0.5
				葡萄	3
				猕猴桃	5
				草莓	0.5
				橄榄	0.5
				无花果	0.5
				荔枝	0.5
				杧果	2
				香蕉	2
				菠萝	0.5
				西瓜	2
				李子干	0.5
				坚果	0.1

（续）

农药	用途	ADI（mg/kg bw）	残留物	产品	最大残留限量（mg/kg）
多抗霉素 polyoxins	杀菌剂	10	多抗霉素 B	苹果	0.5*
				梨	0.1*
				葡萄	10*
				猕猴桃	0.1*
				西瓜	0.5*
多杀霉素 spinosad	杀虫剂	0.02	多杀霉素 A 和 多杀霉素 D 之和	柑橘类水果	0.3*
				苹果	0.1*
				核果类水果	0.2*
				黑莓	1*
				蓝莓	0.4*
				越橘	0.02*
				醋栗	1*
				露莓（包括波森莓和罗甘莓）	1*
				葡萄	0.5*
				猕猴桃	0.05*
				西番莲	0.7*
				瓜果类水果	0.2*
				葡萄干	1*
				坚果	0.07
多效唑 paclobutrazol	植物生长调节剂	0.1	多效唑	苹果	0.5
				荔枝	0.5
				杧果	0.05
噁霉灵 hymexazol	杀菌剂	0.2	噁霉灵	猕猴桃	0.1*
				西瓜	0.5*
				甜瓜	1*
噁唑菌酮 famoxadone	杀菌剂	0.006	噁唑菌酮	柑	1
				橘	1
				橙	1
				柠檬	1
				柚	1
				苹果	0.2
				梨	0.2
				葡萄	5
				香蕉	0.5
				西瓜	0.2
				葡萄干	5

（续）

农药	用途	ADI（mg/kg bw）	残留物	产品	最大残留限量（mg/kg）
二苯胺 diphenylamine	杀菌剂	0.08	二苯胺	苹果	5
				梨	5
二甲戊灵 pendimethalin	除草剂	0.1	二甲戊灵	柑橘类水果	0.03
				坚果	0.05
二氯喹啉酸 quinclorac	除草剂	0.4	二氯喹啉酸	越橘	1.5
二嗪磷 diazinon	杀虫剂	0.005	二嗪磷	仁果类水果	0.3
				桃	0.2
				李子	1
				樱桃	1
				黑莓	0.1
				越橘	0.2
				加仑子	0.2
				醋栗	0.2
				波森莓	0.1
				猕猴桃	0.2
				草莓	0.1
				菠萝	0.1
				哈密瓜	0.2
				李子干	2
				杏仁	0.05
				核桃	0.01
二氰蒽醌 dithianon	杀菌剂	0.01	二氰蒽醌	柑	3*
				橘	3*
				橙	3*
				柚	3*
				仁果类水果（苹果、梨除外）	1*
				苹果	5*
				梨	2*
				桃	2*
				油桃	2*
				杏	2*
				枣（鲜）	2*
				李子	2*
				樱桃	2*

（续）

农药	用途	ADI （mg/kg bw）	残留物	产品	最大残留限量 （mg/kg）
二氰蒽醌 dithianon	杀菌剂	0.01	二氰蒽醌	青梅	2*
				加仑子	2*
				葡萄	2*
				酿酒葡萄	5*
				西瓜	1*
				葡萄干	3.5*
				杏仁	0.05*
二溴磷 naled	杀虫剂	0.002	二溴磷	柑橘类水果	0.01*
				仁果类水果	0.01*
				核果类水果	0.01*
				浆果和其他小型类水果	0.01*
				热带和亚热带类水果	0.01*
				瓜果类水果	0.01*
				干制水果	0.01*
				坚果	0.01*
				枸杞（干）	0.01*
粉唑醇 flutriafol	杀菌剂	0.01	粉唑醇	仁果类水果	0.3
				桃	0.6
				油桃	0.6
				杏	0.6
				李子	0.4
				樱桃	0.8
				葡萄	0.8
				草莓	1
				香蕉	0.3
				瓜果类水果	0.3
				李子干	0.9
				葡萄干	2
呋虫胺 dinotefuran	杀虫剂	0.2	呋虫胺	柑	1
				橘	1
				橙	1
				苹果	1
				梨	1
				桃	0.8
				油桃	0.8

（续）

农药	用途	ADI（mg/kg bw）	残留物	产品	最大残留限量（mg/kg）
呋虫胺 dinotefuran	杀虫剂	0.2	呋虫胺	枣（鲜）	20
				枸杞（鲜）	0.5
				越橘	0.15
				葡萄	0.9
				西瓜	1
				甜瓜	0.2
				葡萄干	3
伏杀硫磷 phosalone	杀虫剂	0.02	伏杀硫磷	仁果类水果	2
				核果类水果	2
				杏仁	0.1
				榛子	0.05
				核桃	0.05
氟苯虫酰胺 flubendiamide	杀虫剂	0.02	氟苯虫酰胺	仁果类水果	0.8*
				核果类水果	2*
				葡萄	2*
				坚果	0.1*
氟苯脲 teflubenzuron	杀虫剂	0.005	氟苯脲	柑	0.5
				橘	0.5
				橙	0.5
				柠檬	0.5
				佛手柑	0.5
				仁果类水果	1
				李子	0.1
				葡萄	0.7
				番木瓜	0.4
				甜瓜类水果	0.3
				李子干	0.1
氟吡呋喃酮 flupyradifurone	杀虫剂	0.08	氟吡呋喃酮	柑	1*
				橘	1*
				橙	1*
				柠檬	1.5*
				柚	0.7*
				仁果类水果	0.9*
				蓝莓	4*
				越橘	4*

（续）

农药	用途	ADI（mg/kg bw）	残留物	产品		最大残留限量（mg/kg）
氟吡呋喃酮 flupyradifurone	杀虫剂	0.08	氟吡呋喃酮	加仑子		4*
				葡萄		3*
				草莓		1.5*
				甜瓜类水果		0.4*
				葡萄干		8*
				苹果干		2*
				山核桃		0.015*
氟吡甲禾灵和高效氟吡甲禾灵 haloxyfop-methyl and haloxyfop-P-methyl	除草剂	0.000 7	氟吡甲禾灵、氟吡禾灵及其共轭物之和，以氟吡甲禾灵表示	柑橘类水果		0.02*
				仁果类水果		0.02*
				核果类水果		0.02*
				葡萄		0.02*
				香蕉		0.02*
				西瓜		0.1*
氟吡菌胺 fluopicolide	杀菌剂	0.08	氟吡菌胺	葡萄		2*
				西瓜		0.1*
				葡萄干		10*
氟吡菌酰胺 fluopyram	杀菌剂	0.01	氟吡菌酰胺	柑		1*
				橘		1*
				橙		1*
				仁果类水果		0.5*
				桃		1*
				油桃		1*
				杏		1*
				李子		0.5*
				樱桃		0.7*
				黑莓		3*
				覆盆子		3*
				葡萄		2*
				草莓		0.4*
				香蕉		0.3*
				西瓜		0.1*
				葡萄干		5*
				坚果		0.04*

（续）

农药	用途	ADI （mg/kg bw）	残留物	产品	最大残留限量 （mg/kg）
氟虫腈 fipronil	杀虫剂	0.000 2	氟虫腈、氟甲腈、 氟虫腈砜、氟虫腈硫醚 之和，以氟虫腈表示	柑橘类水果	0.02
				仁果类水果	0.02
				核果类水果	0.02
				浆果和其他小型类水果	0.02
				热带和亚热带类水果（香蕉除外）	0.02
				香蕉	0.005
				瓜果类水果	0.02
氟虫脲 flufenoxuron	杀虫剂	0.04	氟虫脲	柑	0.5
				橘	0.5
				橙	0.5
				柠檬	0.5
				柚	0.5
				苹果	1
				梨	1
氟除草醚 fluoronitrofen	除草剂	—	氟除草醚	柑橘类水果	0.01*
				仁果类水果	0.01*
				核果类水果	0.01*
				浆果和其他小型类水果	0.01*
				热带和亚热带类水果	0.01*
				瓜果类水果	0.01*
				干制水果	0.01*
				坚果	0.01*
氟啶胺 fluazinam	杀菌剂	0.01	氟啶胺	柑	2
				橘	2
				橙	2
				苹果	2
				番木瓜	0.5
氟啶虫胺腈 sulfoxaflor	杀虫剂	0.05	氟啶虫胺腈	柑	2*
				橘	2*
				橙	2*
				柠檬	0.4*
				柚	0.15*
				仁果类水果（苹果除外）	0.3*
				苹果	0.5*
				桃	0.4*

（续）

农药	用途	ADI (mg/kg bw)	残留物	产品	最大残留限量 (mg/kg)
氟啶虫胺腈 sulfoxaflor	杀虫剂	0.05	氟啶虫胺腈	油桃	0.4*
				杏	0.4*
				李子	0.5*
				樱桃	1.5*
				葡萄	2*
				草莓	0.5*
				瓜果类水果	0.5*
				葡萄干	6*
氟啶虫酰胺 flonicamid	杀虫剂	0.07	氟啶虫酰胺	仁果类水果（苹果除外）	0.8
				苹果	1
				桃	0.7
				油桃	0.7
				杏	0.7
				李子	0.1
				樱桃	0.9
				越橘	1.2
				草莓	1.2
				瓜果类水果	0.2
				杏仁	0.01
				山核桃	0.01
氟啶脲 chlorfluazuron	杀虫剂	0.005	氟啶脲	柑	0.5
				橘	0.5
				橙	0.5
氟硅唑 flusilazole	杀菌剂	0.007	氟硅唑	柑	2
				橘	2
				橙	2
				仁果类水果（苹果、梨除外）	0.3
				苹果	0.2
				梨	0.2
				桃	0.2
				油桃	0.2
				杏	0.2
				葡萄	0.5
				草莓	1
				香蕉	1

（续）

农药	用途	ADI （mg/kg bw）	残留物	产品	最大残留限量 （mg/kg）
氟硅唑 flusilazole	杀菌剂	0.007	氟硅唑	番木瓜	1
				葡萄干	0.3
氟环唑 epoxiconazole	杀菌剂	0.02	氟环唑	柑	1
				橘	1
				橙	1
				苹果	0.5
				葡萄	0.5
				香蕉	3
氟节胺 flumetralin	植物生长 调节剂	0.5	氟节胺	柑	0.2
				橘	0.2
				橙	0.2
				荔枝	0.5
氟菌唑 triflumizole	杀菌剂	0.04	氟菌唑及其代谢物 〔4-氯-α，α，α- 三氟-N-（1-氨基- 2-丙氧基亚乙基）- o-甲苯胺〕之和， 以氟菌唑表示	梨	0.5*
				樱桃	4*
				葡萄	1*
				草莓	2*
				番木瓜	2*
				西瓜	0.2*
氟氯氰菊酯和 高效氟氯氰菊酯 cyfluthrin and beta-cyfluthrin	杀虫剂	0.04	氟氯氰菊酯 （异构体之和）	柑橘类水果	0.3
				苹果	0.5
				梨	0.1
				桃	0.5
				枣（鲜）	0.3
				猕猴桃	0.5
				西瓜	0.1
				柑橘脯	2
氟吗啉 flumorph	杀菌剂	0.16	氟吗啉	葡萄	5*
				荔枝	0.1*
氟氰戊菊酯 flucythrinate	杀虫剂	0.02	氟氰戊菊酯	苹果	0.5
				梨	0.5
氟噻虫砜 fluensulfone	杀线虫剂	0.01	氟噻虫砜和代谢物 3,4,4-三氟丁-3- 烯-1-磺酸之和， 以氟噻虫砜表示	越橘	0.5*
				草莓	0.5*
				西瓜	0.3*
				甜瓜类水果	0.3*

（续）

农药	用途	ADI （mg/kg bw）	残留物	产品	最大残留限量 （mg/kg）
氟噻唑吡乙酮 oxathiapiprolin	杀菌剂	4	氟噻唑吡乙酮	瓜果类水果	0.2*
				葡萄干	1.3*
氟酰脲 novaluron	杀虫剂	0.01	氟酰脲	仁果类水果	3
				核果类水果	7
				蓝莓	7
				草莓	0.5
				李子干	3
氟唑菌酰胺 fluxapyroxad	杀菌剂	0.02	氟唑菌酰胺	橙	0.3*
				仁果类水果	0.9*
				核果类水果（桃、油桃、杏、李子、樱桃除外）	2*
				桃	1.5*
				油桃	1.5*
				杏	1.5*
				李子	1.5*
				樱桃	3*
				浆果和其他小型类水果（草莓除外）	7*
				草莓	2*
				杧果	0.7*
				香蕉	0.5*
				瓜果类水果	0.2*
				葡萄干	15*
				李子干	5*
				坚果	0.04*
福美双 thiram	杀菌剂	0.01	二硫代氨基甲酸盐（或酯），以二硫化碳表示	柑	5
				橘	5
				橙	5
				苹果	5
				梨	5
				山楂	5
				枇杷	5
				榅桲	5
				樱桃	0.2
				越橘	5
				葡萄	5

（续）

农药	用途	ADI（mg/kg bw）	残留物	产品		最大残留限量（mg/kg）
福美双 thiram	杀菌剂	0.01	二硫代氨基甲酸盐（或酯），以二硫化碳表示	草莓		5
				荔枝		5
				杧果		5
				香蕉		1
				番木瓜		5
				杏仁		0.1
				山核桃		0.1
福美锌 ziram	杀菌剂	0.003	二硫代氨基甲酸盐（或酯），以二硫化碳表示	橙		5
				苹果		5
				梨		5
				山楂		5
				枇杷		5
				榅桲		5
				樱桃		0.2
				越橘		5
				葡萄		5
				草莓		5
				杧果		5
				香蕉		1
				番木瓜		5
				西瓜		1
腐霉利 procymidone	杀菌剂	0.1	腐霉利	葡萄		5
				草莓		10
复硝酚钠 sodium nitrophenolate	植物生长调节剂	0.003	5-硝基邻甲氧基苯酚钠、邻硝基苯酚钠和对硝基苯酚钠之和	柑		0.1*
				橘		0.1*
				橙		0.1*
咯菌腈 fludioxonil	杀菌剂	0.4	咯菌腈	柑橘类水果		10
				仁果类水果		5
				核果类水果		5
				黑莓		5
				蓝莓		2
				醋栗		5
				露莓（包括波森莓和罗甘莓）		5
				葡萄		2
				猕猴桃		15

（续）

农药	用途	ADI（mg/kg bw）	残留物	产品	最大残留限量（mg/kg）
咯菌腈 fludioxonil	杀菌剂	0.4	咯菌腈	草莓	3
				杧果	2
				石榴	2
				鳄梨	0.4
				西瓜	0.05
				开心果	0.2
格螨酯 2,4-dichlorophenyl benzenesulfonate	杀螨剂	—	格螨酯	柑橘类水果	0.01*
				仁果类水果	0.01*
				核果类水果	0.01*
				浆果和其他小型类水果	0.01*
				热带和亚热带类水果	0.01*
				瓜果类水果	0.01*
				干制水果	0.01*
				坚果	0.01*
				枸杞（干）	0.01*
庚烯磷 heptenophos	杀虫剂	0.003（临时）	庚烯磷	柑橘类水果	0.01*
				仁果类水果	0.01*
				核果类水果	0.01*
				浆果和其他小型类水果	0.01*
				热带和亚热带类水果	0.01*
				瓜果类水果	0.01*
				干制水果	0.01*
				坚果	0.01*
				枸杞（干）	0.01*
环螨酯 cycloprate	杀螨剂	—	环螨酯	柑橘类水果	0.01*
				仁果类水果	0.01*
				核果类水果	0.01*
				浆果和其他小型类水果	0.01*
				热带和亚热带类水果	0.01*
				瓜果类水果	0.01*
				干制水果	0.01*
				坚果	0.01*
				枸杞（干）	0.01*
环酰菌胺 fenhexamid	杀菌剂	0.2	环酰菌胺	桃	10*
				油桃	10*

（续）

农药	用途	ADI（mg/kg bw）	残留物	产品	最大残留限量（mg/kg）
环酰菌胺 fenhexamid	杀菌剂	0.2	环酰菌胺	杏	10*
				李子	1*
				樱桃	7*
				黑莓	15*
				蓝莓	5*
				越橘	5*
				加仑子	5*
				悬钩子	5*
				醋栗	15*
				桑葚	5*
				唐棣	5*
				露莓（包括波森莓和罗甘莓）	15*
				葡萄	15*
				猕猴桃	15*
				草莓	10*
				李子干	1*
				葡萄干	25*
				杏仁	0.02*
活化酯 acibenzolar-S-methyl	杀菌剂	0.08	活化酯和其代谢物阿拉酸式苯之和，以活化酯表示	柑橘类水果	0.015
				苹果	0.3
				桃	0.2
				油桃	0.2
				杏	0.2
				越橘	0.15
				猕猴桃	0.03
				草莓	0.15
				香蕉	0.06
				瓜果类水果	0.8
己唑醇 hexaconazole	杀菌剂	0.005	己唑醇	苹果	0.5
				梨	0.5
				枸杞（鲜）	0.5
				葡萄	0.1
				猕猴桃	3
				西瓜	0.05
				枸杞（干）	2

（续）

农药	用途	ADI（mg/kg bw）	残留物	产品	最大残留限量（mg/kg）
甲氨基阿维菌素苯甲酸盐 emamectin benzoate	杀虫剂	0.000 5	甲氨基阿维菌素 B1a	柑	0.01
				橘	0.01
				橙	0.01
				苹果	0.02
				梨	0.02
				山楂	0.02
				枇杷	0.05
				榅桲	0.02
				桃	0.03
				油桃	0.03
				枣（鲜）	0.05
				葡萄	0.03
				猕猴桃	0.02
				草莓	0.1
				荔枝	0.1
				龙眼	0.1
				杧果	0.02
				香蕉	0.05
				番木瓜	0.02
				西瓜	0.1
				甜瓜	0.02
				坚果	0.001*
甲胺磷 methamidophos	杀虫剂	0.004	甲胺磷	柑橘类水果	0.05
				仁果类水果	0.05
				核果类水果	0.05
				浆果和其他小型类水果	0.05
				热带和亚热带类水果	0.05
				瓜果类水果	0.05
甲拌磷 phorate	杀虫剂	0.000 7	甲拌磷及其氧类似物（亚砜、砜）之和，以甲拌磷表示	柑橘类水果	0.01
				仁果类水果	0.01
				核果类水果	0.01
				浆果和其他小型类水果	0.01
				热带和亚热带类水果	0.01
				瓜果类水果	0.01
				干制水果	0.01
				枸杞（干）	0.01

（续）

农药	用途	ADI (mg/kg bw)	残留物	产品	最大残留限量 (mg/kg)
甲苯氟磺胺 tolylfluanid	杀菌剂	0.08	甲苯氟磺胺	仁果类水果	5
				黑莓	5
				加仑子	0.5
				醋栗	5
				葡萄	3
				草莓	5
甲磺隆 metsulfuron - methyl	除草剂	0.25	甲磺隆	柑橘类水果	0.01
				仁果类水果	0.01
				核果类水果	0.01
				浆果和其他小型类水果	0.01
				热带和亚热带类水果	0.01
				瓜果类水果	0.01
				干制水果	0.01
				坚果	0.02
甲基对硫磷 parathion - methyl	杀虫剂	0.003	甲基对硫磷	柑橘类水果	0.02
				仁果类水果	0.01
				核果类水果	0.02
				浆果和其他小型类水果	0.02
				热带和亚热带类水果	0.02
				瓜果类水果	0.02
甲基硫环磷 phosfolan - methyl	杀虫剂	—	甲基硫环磷	柑橘类水果	0.03*
				仁果类水果	0.03*
				核果类水果	0.03*
				浆果和其他小型类水果	0.03*
				热带和亚热带类水果	(0.03*)
				瓜果类水果	0.03*
甲基硫菌灵 thiophanate - methyl	杀菌剂	0.09	甲基硫菌灵和多菌灵之和，以多菌灵表示	柑	5
				橘	5
				橙	5
				苹果	5
				梨	3
				葡萄	3
				猕猴桃	5
				杧果	2
				香蕉	2
				西瓜	2

（续）

农药	用途	ADI （mg/kg bw）	残留物	产品	最大残留限量 （mg/kg）
甲基异柳磷 isofenphos - methyl	杀虫剂	0.003	甲基异柳磷	柑橘类水果	0.01*
				仁果类水果	0.01*
				核果类水果	0.01*
				浆果和其他小型类水果	0.01*
				热带和亚热带类水果	0.01*
				瓜果类水果	0.01*
				干制水果	0.01*
				枸杞（干）	0.02*
甲硫威 methiocarb	杀软体 动物剂	0.02	甲硫威、甲硫威砜和 甲硫威亚砜之和， 以甲硫威表示	草莓	1*
				甜瓜类水果	0.2*
				榛子	0.05*
甲氰菊酯 fenpropathrin	杀虫剂	0.03	甲氰菊酯	柑	5
				橘	5
				橙	5
				柠檬	5
				柚	5
				佛手柑	5
				金橘	5
				苹果	5
				梨	5
				山楂	5
				枇杷	5
				猕猴桃	5
				榅桲	5
				核果类水果（李子除外）	5
				李子	1
				浆果和其他小型类水果（草莓除外）	5
				草莓	2
				热带和亚热带类水果	5
				瓜果类水果	5
				李子干	3
				坚果	0.15
甲霜灵和精甲霜灵 metalaxyl and metalaxyl - M	杀菌剂	0.08	甲霜灵	柑橘类水果	5
				仁果类水果	1
				醋栗	0.2

（续）

农药	用途	ADI （mg/kg bw）	残留物	产品		最大残留限量 （mg/kg）
甲霜灵和精甲霜灵 metalaxyl and metalaxyl－M	杀菌剂	0.08	甲霜灵	杨梅		0.5
				葡萄		1
				荔枝		0.5
				鳄梨		0.2
				西瓜		0.2
				甜瓜类水果		0.2
甲氧虫酰肼 methoxyfenozide	杀虫剂	0.1	甲氧虫酰肼	柑橘类水果		2
				仁果类水果（苹果除外）		2
				苹果		3
				核果类水果		2
				蓝莓		4
				越橘		0.7
				葡萄		1
				草莓		2
				荔枝		5
				龙眼		2
				鳄梨		0.7
				番木瓜		1
				李子干		2
				葡萄干		2
				坚果		0.1
甲氧滴滴涕 methoxychlor	杀虫剂	0.005	甲氧滴滴涕	柑橘类水果		0.01
				仁果类水果		0.01
				核果类水果		0.01
				浆果和其他小型类水果		0.01
				热带和亚热带类水果		0.01
				瓜果类水果		0.01
				干制水果		0.01
				坚果		0.01
				枸杞（干）		0.01
腈苯唑 fenbuconazole	杀菌剂	0.03	腈苯唑	柑橘类水果（柠檬除外）		0.5
				柠檬		1
				仁果类水果		0.1
				桃		0.5
				杏		0.5

（续）

农药	用途	ADI （mg/kg bw）	残留物	产品	最大残留限量 （mg/kg）
腈苯唑 fenbuconazole	杀菌剂	0.03	腈苯唑	李子	0.3
				樱桃	1
				蓝莓	0.5
				越橘	1
				葡萄	1
				香蕉	0.05
				甜瓜类水果	0.2
				柑橘脯	4
				坚果	0.01
腈菌唑 myclobutanil	杀菌剂	0.03	腈菌唑	柑	5
				橘	5
				橙	5
				苹果	0.5
				梨	0.5
				山楂	0.5
				枇杷	0.5
				榅桲	0.5
				核果类水果（桃、油桃、杏、李子、樱桃除外）	2
				桃	3
				油桃	3
				杏	3
				李子	0.2
				樱桃	3
				加仑子	0.9
				醋栗	0.5
				葡萄	1
				草莓	1
				荔枝	0.5
				香蕉	2
				李子干	0.5
				葡萄干	6
井冈霉素 jiangangmycin	杀菌剂	0.1	井冈霉素 A	苹果	1

（续）

农药	用途	ADI（mg/kg bw）	残留物	产品	最大残留限量（mg/kg）
久效磷 monocrotophos	杀虫剂	0.000 6	久效磷	柑橘类水果	0.03
				仁果类水果	0.03
				核果类水果	0.03
				浆果和其他小型类水果	0.03
				热带和亚热带类水果	0.03
				瓜果类水果	0.03
抗蚜威 pirimicarb	杀虫剂	0.02	抗蚜威	柑橘类水果	3
				仁果类水果	1
				桃	0.5
				油桃	0.5
				杏	0.5
				枣（鲜）	0.5
				李子	0.5
				樱桃	0.5
				瓜果类水果（甜瓜类水果除外）	1
				甜瓜类水果	0.2
				浆果和其他小型类水果	1
克百威 carbofuran	杀虫剂	0.001	克百威及3-羟基克百威之和，以克百威表示	柑橘类水果	0.02
				仁果类水果	0.02
				核果类水果	0.02
				浆果和其他小型类水果	0.02
				热带和亚热带类水果	0.02
				瓜果类水果	0.02
				枸杞（干）	0.02
克菌丹 captan	杀菌剂	0.1	克菌丹	柑	5
				橘	5
				橙	5
				苹果	15
				梨	15
				山楂	15
				枇杷	15
				榅桲	15
				桃	20
				油桃	3
				李子	10

（续）

农药	用途	ADI（mg/kg bw）	残留物	产品	最大残留限量（mg/kg）
克菌丹 captan	杀菌剂	0.1	克菌丹	樱桃	25
				蓝莓	20
				醋栗	20
				葡萄	5
				草莓	15
				甜瓜类水果	10
				李子干	10
				葡萄干	2
				杏仁	0.3
苦参碱 matrine	杀虫剂	0.1	苦参碱	柑	1*
				橘	1*
				橙	1*
				梨	5*
喹禾灵和精喹禾灵 quizalofop - ethyl and quizalofop - P - ethyl	除草剂	0.009	喹禾灵与喹禾灵酸之和，以喹禾灵酸表示	西瓜	0.2*
喹啉铜 oxine - copper	杀菌剂	0.02	喹啉铜	柑	5
				橘	5
				橙	5
				苹果	2
				梨	5
				葡萄	3
				猕猴桃	0.5
				杨梅	5
				荔枝	5
				西瓜	0.2
				山核桃	0.5
喹硫磷 quinalphos	杀虫剂	0.000 5	喹硫磷	柑	0.5*
				橘	0.5*
				橙	0.5*
喹螨醚 fenazaquin	杀螨剂	0.05	喹螨醚	苹果	0.3
				樱桃	2
喹氧灵 quinoxyfen	杀菌剂	0.2	喹氧灵	樱桃	0.4
				葡萄	2

（续）

农药	用途	ADI （mg/kg bw）	残留物	产品	最大残留限量 （mg/kg）
喹氧灵 quinoxyfen	杀菌剂	0.2	喹氧灵	草莓	1
				甜瓜类水果	0.1
				加仑子	1
乐果 dimethoate	杀虫剂	0.002	乐果	柑橘类水果	0.01
				仁果类水果	0.01
				核果类水果	0.01
				浆果和其他小型类水果	0.01
				热带和亚热带类水果	0.01
				瓜果类水果	0.01
				干制水果	0.01
				枸杞（干）	0.05
乐杀螨 binapacryl	杀螨剂/ 杀菌剂	—	乐杀螨	柑橘类水果	0.05*
				仁果类水果	0.05*
				核果类水果	0.05*
				浆果和其他小型类水果	0.05*
				热带和亚热带类水果	0.05*
				瓜果类水果	0.05*
				干制水果	0.05*
				坚果	0.05*
				枸杞（干）	0.05*
联苯肼酯 bifenazate	杀螨剂	0.01	联苯肼酯	柑	0.7
				橘	0.7
				橙	0.7
				仁果类水果（苹果除外）	0.7
				苹果	0.2
				核果类水果	2
				黑莓	7
				醋栗	7
				露莓（包括波森莓和罗甘莓）	7
				葡萄	0.7
				草莓	2
				番木瓜	1
				菠萝	3
				瓜果类水果	0.5
				葡萄干	2
				坚果	0.2

（续）

农药	用途	ADI （mg/kg bw）	残留物	产品	最大残留限量 （mg/kg）
联苯菊酯 bifenthrin	杀虫剂/ 杀螨剂	0.01	联苯菊酯 （异构体之和）	柑	0.05
				橘	0.05
				橙	0.05
				柠檬	0.05
				柚	0.05
				苹果	0.5
				梨	0.5
				黑莓	1
				蓝莓	3
				醋栗	1
				露莓（包括波森莓和罗甘莓）	1
				葡萄	0.3
				猕猴桃	2
				草莓	1
				香蕉	0.1
				坚果	0.05
联苯三唑醇 bitertanol	杀菌剂	0.01	联苯三唑醇	仁果类水果	2
				桃	1
				油桃	1
				杏	1
				李子	2
				樱桃	1
				香蕉	0.5
				李子干	2
邻苯基苯酚 2 - phenylphenol	杀菌剂	0.4	邻苯基苯酚和 邻苯基苯酚钠之和， 以邻苯基苯酚表示	柑橘类水果	10
				梨	20
				柑橘脯	60
磷胺 phosphamidon	杀虫剂	0.000 5	磷胺	柑橘类水果	0.05
				仁果类水果	0.05
				核果类水果	0.05
				浆果和其他小型类水果	0.05
				热带和亚热带类水果	0.05
				瓜果类水果	0.05
磷化氢 hydrogen phosphide	杀虫剂	0.011	磷化氢	干制水果	0.01
				坚果	0.01

（续）

农药	用途	ADI（mg/kg bw）	残留物	产品	最大残留限量（mg/kg）
硫丹 endosulfan	杀虫剂	0.006	α-硫丹和β-硫丹及硫丹硫酸酯之和	柑橘类水果	0.05
				仁果类水果	0.05
				核果类水果	0.05
				浆果和其他小型类水果	0.05
				热带和亚热带类水果	0.05
				瓜果类水果	0.05
				干制水果	0.05
				坚果（榛子、澳洲坚果除外）	0.05
				榛子	0.02
				澳洲坚果	0.02
				枸杞（干）	0.05
硫环磷 phosfolan	杀虫剂	0.005	硫环磷	柑橘类水果	0.03
				仁果类水果	0.03
				核果类水果	0.03
				浆果和其他小型类水果	0.03
				热带和亚热带类水果	0.03
				瓜果类水果	0.03
硫酰氟 sulfuryl fluoride	杀虫剂	0.01	硫酰氟	干制水果	0.06*
				坚果	3*
硫线磷 cadusafos	杀虫剂	0.000 5	硫线磷	柑橘类水果	0.005
				仁果类水果	0.02
				核果类水果	0.02
				浆果和其他小型类水果	0.02
				热带和亚热带类水果	0.02
螺虫乙酯 spirotetramat	杀虫剂	0.05	螺虫乙酯及其代谢物顺式-3-（2,5-二甲基苯基）-4-羰基-8-甲氧基-1-氮杂螺[4,5]癸-3-烯-2-酮之和，以螺虫乙酯表示	柑橘类水果（柑、橘、橙、金橘除外）	0.5*
				柑	1*
				橘	1*
				橙	1*
				金橘	3*
				仁果类水果（苹果、山楂除外）	0.7*
				苹果	1*
				山楂	10*
				核果类水果[桃、枣（鲜）、李子、樱桃除外]	3*

（续）

农药	用途	ADI （mg/kg bw）	残留物	产品	最大残留限量 （mg/kg）
螺虫乙酯 spirotetramat	杀虫剂	0.05	螺虫乙酯及其代谢物 顺式-3-（2,5- 二甲基苯基）-4- 羟基-8-甲氧基-1- 氮杂螺［4,5］癸-3- 烯-2-酮之和， 以螺虫乙酯表示	桃	2*
				枣（鲜）	2*
				李子	5*
				樱桃	2*
				浆果和其他小型类水果［枸杞 （鲜）、越橘、葡萄、猕猴桃除外］	1.5*
				枸杞（鲜）	5*
				越橘	0.2*
				葡萄	2*
				猕猴桃	0.02*
				柿子	5*
				杨梅	2*
				莲雾	0.1*
				荔枝	15*
				龙眼	7*
				杧果	0.3*
				鳄梨	0.4*
				番石榴	2*
				番木瓜	0.4*
				菠萝	0.5*
				瓜果类水果	0.2*
				李子干	5*
				葡萄干	4*
				坚果	0.5*
				枸杞（干）	10*
螺甲螨酯 spiromesifen	杀螨剂	0.03	螺甲螨酯与代谢物4- 羟基-3-均三甲苯基- 1-氧杂螺［4.4］壬- 3-烯-2-酮之和， 以螺甲螨酯表示	草莓	3*
				西瓜	0.09*
				香瓜茄	0.5*
				甜瓜类水果	0.3*
螺螨酯 spirodiclofen	杀螨剂	0.01	螺螨酯	柑橘类水果（柑、橘、橙除外）	0.4
				柑	0.5
				橘	0.5
				橙	0.5
				仁果类水果（苹果除外）	0.8

（续）

农药	用途	ADI （mg/kg bw）	残留物	产品	最大残留限量 （mg/kg）
螺螨酯 spirodiclofen	杀螨剂	0.01	螺螨酯	苹果	0.5
				桃	2
				油桃	2
				杏	2
				枣（鲜）	2
				李子	2
				樱桃	2
				青梅	2
				蓝莓	4
				醋栗	1
				葡萄	0.2
				猕猴桃	2
				草莓	2
				鳄梨	0.9
				番木瓜	0.03
				火龙果	3
				葡萄干	0.3
				坚果	0.05
氯苯甲醚 chloroneb	杀菌剂	0.013	氯苯甲醚	柑橘类水果	0.01
				仁果类水果	0.01
				核果类水果	0.01
				浆果和其他小型类水果	0.01
				热带和亚热带类水果	0.01
				瓜果类水果	0.01
				干制水果	0.01
				坚果	0.01
				枸杞（干）	0.05
氯苯嘧啶醇 fenarimol	杀菌剂	0.01	氯苯嘧啶醇	苹果	0.3
				梨	0.3
				山楂	0.3
				枇杷	0.3
				榅桲	0.3
				桃	0.5
				樱桃	1
				葡萄	0.3

（续）

农药	用途	ADI (mg/kg bw)	残留物	产品	最大残留限量 (mg/kg)
氯苯嘧啶醇 fenarimol	杀菌剂	0.01	氯苯嘧啶醇	草莓	1
				香蕉	0.2
				甜瓜类水果	0.05
				葡萄干	0.2
				山核桃	0.02
氯吡脲 forchlorfenuron	植物生长 调节剂	0.07	氯吡脲	橙	0.05
				枇杷	0.05
				葡萄	0.05
				猕猴桃	0.05
				西瓜	0.1
				甜瓜类水果	0.1
氯虫苯甲酰胺 chlorantraniliprole	杀虫剂	2	氯虫苯甲酰胺	柑橘类水果（金橘除外）	0.5*
				金橘	2*
				仁果类水果（苹果、山楂除外）	0.4*
				苹果	2*
				山楂	2*
				核果类水果（桃、李子除外）	1*
				桃	2*
				李子	0.3*
				浆果和其他小型类水果（猕猴桃除外）	1*
				猕猴桃	5*
				杨梅	3*
				莲雾	3*
				龙眼	1*
				杧果	1*
				石榴	0.4*
				香蕉	3*
				番木瓜	1*
				火龙果	2*
				瓜果类水果（甜瓜除外）	0.3*
				甜瓜	1*
				坚果	0.02*

（续）

农药	用途	ADI（mg/kg bw）	残留物	产品	最大残留限量（mg/kg）
氯氟氰菊酯和高效氯氟氰菊酯 cyhalothrin and lambda-cyhalothrin	杀虫剂	0.02	氯氟氰菊酯（异构体之和）	柑	0.2
				橘	0.2
				橙	0.2
				柠檬	1
				柚	0.2
				佛手柑	0.2
				金橘	2
				苹果	0.2
				梨	0.2
				山楂	0.2
				枇杷	0.2
				榅桲	0.2
				桃	0.5
				油桃	0.5
				杏	0.5
				李子	0.2
				樱桃	0.3
				浆果和其他小型类水果［枸杞（鲜）、猕猴桃除外］	0.2
				枸杞（鲜）	0.5
				猕猴桃	0.5
				橄榄	1
				莲雾	0.1
				荔枝	0.1
				杧果	0.2
				菠萝	0.05
				瓜果类水果（甜瓜除外）	0.05
				甜瓜	0.1
				李子干	0.2
				葡萄干	0.3
				坚果	0.01
				枸杞（干）	0.1
氯化苦 chloropicrin	熏蒸剂	0.001	氯化苦	草莓	0.05
				甜瓜类水果	0.05

（续）

农药	用途	ADI （mg/kg bw）	残留物	产品	最大残留限量 （mg/kg）
氯磺隆 chlorsulfuron	除草剂	0.2	氯磺隆	柑橘类水果	0.01
				仁果类水果	0.01
				核果类水果	0.01
				浆果和其他小型类水果	0.01
				热带和亚热带类水果	0.01
				瓜果类水果	0.01
				干制水果	0.01
				坚果	0.01
				枸杞（干）	0.05
氯菊酯 permethrin	杀虫剂	0.05	氯菊酯（异构体之和）	柑橘类水果	2
				仁果类水果	2
				核果类水果	2
				浆果和其他小型类水果［黑莓、醋栗、露莓（包括波森莓和罗甘莓）、草莓除外］	2
				黑莓	1
				醋栗	1
				露莓（包括波森莓和罗甘莓）	1
				草莓	1
				热带和亚热带类水果（柿子、橄榄除外）	2
				柿子	1
				橄榄	1
				瓜果类水果	2
				杏仁	0.1
				开心果	0.05
氯氰菊酯和 高效氯氰菊酯 cypermethrin and beta- cypermethrin	杀虫剂	0.02	氯氰菊酯 （异构体之和）	柑橘类水果（柑、橘、橙、柠檬、柚除外）	0.3
				柑	1
				橘	1
				橙	2
				柠檬	2
				柚	2
				仁果类水果（苹果、梨、山楂除外）	0.7
				苹果	2

（续）

农药	用途	ADI（mg/kg bw）	残留物	产品	最大残留限量（mg/kg）
氯氰菊酯和高效氯氰菊酯 cypermethrin and beta-cypermethrin	杀虫剂	0.02	氯氰菊酯（异构体之和）	梨	2
				山楂	1
				核果类水果（桃除外）	2
				桃	1
				葡萄	0.2
				草莓	0.07
				橄榄	0.05
				杨桃	0.2
				荔枝	0.5
				龙眼	0.5
				杧果	0.7
				番木瓜	0.5
				榴莲	1
				瓜果类水果	0.07
				葡萄干	0.5
				坚果	0.05
				枸杞（干）	2
氯噻啉 imidaclothiz	杀虫剂	0.025	氯噻啉	柑	0.2*
				橘	0.2*
				橙	0.2*
氯酞酸 chlorthal	除草剂	0.01	氯酞酸	柑橘类水果	0.01*
				仁果类水果	0.01*
				核果类水果	0.01*
				浆果和其他小型类水果	0.01*
				热带和亚热带类水果	0.01*
				瓜果类水果	0.01*
				干制水果	0.01*
				坚果	0.01*
				枸杞（干）	0.01*
氯酞酸甲酯 chlorthal-dimethyl	除草剂	0.01	氯酞酸甲酯	柑橘类水果	0.01
				仁果类水果	0.01
				核果类水果	0.01
				浆果和其他小型类水果	0.01
				热带和亚热带类水果	0.01
				瓜果类水果	0.01

（续）

农药	用途	ADI（mg/kg bw)	残留物	产品	最大残留限量（mg/kg)
氯酞酸甲酯 chlorthal-dimethyl	除草剂	0.01	氯酞酸甲酯	干制水果	0.01
				坚果	0.01
				枸杞（干）	0.01
氯硝胺 dicloran	杀菌剂	0.01	氯硝胺	桃	7
				油桃	7
				葡萄	7
氯唑磷 isazofos	杀虫剂	0.000 05	氯唑磷	柑橘类水果	0.01
				仁果类水果	0.01
				核果类水果	0.01
				浆果和其他小型类水果	0.01
				热带和亚热带类水果	0.01
				瓜果类水果	0.01
马拉硫磷 malathion	杀虫剂	0.3	马拉硫磷	柑	2
				橘	2
				橙	4
				柠檬	4
				柚	4
				苹果	2
				梨	2
				桃	6
				油桃	6
				杏	6
				枣（鲜）	6
				李子	6
				樱桃	6
				蓝莓	10
				越橘	1
				桑葚	1
				葡萄	8
				草莓	1
				无花果	0.2
				荔枝	0.5
				干制无花果	1
茅草枯 dalapon	除草剂	0.03	2,2-二氯丙酸及其盐类，以茅草枯计	柑橘类水果	0.01*
				仁果类水果	0.01*

（续）

农药	用途	ADI （mg/kg bw）	残留物	产品	最大残留限量 （mg/kg）
茅草枯 dalapon	除草剂	0.03	2,2-二氯丙酸及其 盐类，以茅草枯计	核果类水果	0.01*
				浆果和其他小型类水果	0.01*
				热带和亚热带类水果	0.01*
				瓜果类水果	0.01*
				干制水果	0.01*
				坚果	0.01*
				枸杞（干）	0.01*
咪鲜胺和 咪鲜胺锰盐 prochloraz and prochloraz- manganese chloride complex	杀菌剂	0.01	咪鲜胺及其含有 2,4,6-三氯苯酚 部分的代谢产物之和， 以咪鲜胺表示	柑橘类水果（柑、橘、橙、金橘 除外）	10
				柑	5
				橘	5
				橙	5
				金橘	7
				苹果	2
				梨	0.2
				枣（鲜）	3
				枸杞（鲜）	2
				葡萄	2
				猕猴桃	7
				柿子	2
				杨梅	7
				皮不可食热带和亚热带类水果（荔 枝、龙眼、杧果、香蕉、火龙果除外）	7
				荔枝	2
				龙眼	5
				杧果	2
				香蕉	5
				火龙果	2
				西瓜	0.1
咪唑菌酮 fenamidone	杀菌剂	0.03	咪唑菌酮	葡萄	0.6
				草莓	0.04
				瓜果类水果	0.2
醚菊酯 etofenprox	杀虫剂	0.03	醚菊酯	苹果	0.6
				梨	0.6
				桃	0.6

（续）

农药	用途	ADI（mg/kg bw）	残留物	产品	最大残留限量（mg/kg）
醚菊酯 etofenprox	杀虫剂	0.03	醚菊酯	油桃	0.6
				葡萄	4
				葡萄干	8
醚菌酯 kresoxim‑methyl	杀菌剂	0.4	醚菌酯	橙	0.5
				柚	0.5
				苹果	0.2
				梨	0.2
				山楂	0.2
				枇杷	0.2
				榅桲	0.2
				枣（鲜）	1
				枸杞（鲜）	0.1
				葡萄	1
				猕猴桃	5
				草莓	2
				橄榄	0.2
				香蕉	0.5
				西瓜	0.02
				甜瓜类水果	1
				葡萄干	2
嘧菌环胺 cyprodinil	杀菌剂	0.03	嘧菌环胺	苹果	2
				梨	1
				山楂	2
				枇杷	2
				榅桲	2
				核果类水果	2
				浆果和其他小型类水果（醋栗、葡萄、草莓除外）	10
				醋栗	0.5
				葡萄	20
				草莓	2
				杧果	2
				鳄梨	1
				瓜果类水果	0.5
				李子干	5

（续）

农药	用途	ADI（mg/kg bw）	残留物	产品	最大残留限量（mg/kg）
嘧菌环胺 cyprodinil	杀菌剂	0.03	嘧菌环胺	葡萄干	5
				杏仁	0.02
嘧菌酯 azoxystrobin	杀菌剂	0.2	嘧菌酯	柑	1
				橘	1
				橙	1
				苹果	0.5
				梨	1
				枇杷	2
				桃	2
				油桃	2
				杏	2
				枣（鲜）	2
				李子	2
				樱桃	2
				青梅	2
				浆果和其他小型类水果（越橘、草莓除外）	5
				越橘	0.5
				草莓	10
				杨桃	0.1
				荔枝	0.5
				杧果	1
				石榴	0.2
				香蕉	2
				番木瓜	0.3
				火龙果	0.3
				西瓜	1
				坚果（开心果除外）	0.01
				开心果	1
嘧霉胺 pyrimethanil	杀菌剂	0.2	嘧霉胺	柑橘类水果	7
				仁果类水果（梨除外）	7
				梨	1
				桃	4
				油桃	4
				杏	3

（续）

农药	用途	ADI （mg/kg bw）	残留物	产品	最大残留限量 （mg/kg）
嘧霉胺 pyrimethanil	杀菌剂	0.2	嘧霉胺	李子	2
				樱桃	4
				浆果和其他小型类水果（黑莓、蓝莓、覆盆子、葡萄、猕猴桃、草莓除外）	3
				黑莓	15
				蓝莓	8
				覆盆子	15
				葡萄	4
				猕猴桃	10
				草莓	7
				香蕉	0.1
				李子干	2
				葡萄干	5
				杏仁	0.2
灭草环 tridiphane	除草剂	0.003 （临时）	灭草环	柑橘类水果	0.05*
				仁果类水果	0.05*
				核果类水果	0.05*
				浆果和其他小型类水果	0.05*
				热带和亚热带类水果	0.05*
				瓜果类水果	0.05*
				干制水果	0.05*
				坚果	0.05*
				枸杞（干）	0.05*
灭多威 methomyl	杀虫剂	0.02	灭多威	仁果类水果	0.2
				柑橘类水果	0.2
				核果类水果	0.2
				浆果和其他小型类水果	0.2
				热带和亚热带类水果	0.2
				瓜果类水果	0.2
灭菌丹 folpet	杀菌剂	0.1	灭菌丹	苹果	10
				葡萄	10
				草莓	5
				甜瓜类水果	3
				葡萄干	40

（续）

农药	用途	ADI（mg/kg bw）	残留物	产品		最大残留限量（mg/kg）
灭螨醌 acequincyl	杀螨剂	0.023	灭螨醌及其代谢物羟基灭螨醌之和，以灭螨醌表示	柑橘类水果		0.01
				仁果类水果		0.01
				核果类水果		0.01
				浆果和其他小型类水果		0.01
				热带和亚热带类水果		0.01
				瓜果类水果		0.01
				干制水果		0.01
				坚果		0.01
				枸杞（干）		0.01
灭线磷 ethoprophos	杀线虫剂	0.000 4	灭线磷	柑橘类水果		0.02
				仁果类水果		0.02
				核果类水果		0.02
				浆果和其他小型类水果		0.02
				热带和亚热带类水果		0.02
				瓜果类水果		0.02
灭蝇胺 cyromazine	杀虫剂	0.06	灭蝇胺	杧果		0.5
				瓜果类水果（西瓜除外）		0.5
灭幼脲 chlorbenzuron	杀虫剂	1.25	灭幼脲	苹果		2
				桃		2
				龙眼		20
				香瓜		0.2
萘乙酸和萘乙酸钠 1 - naphthylacetic acid and sodium 1 - naphthalacitic acid	植物生长调节剂	0.15	萘乙酸	柑		0.05
				橘		0.05
				橙		0.05
				苹果		0.1
				葡萄		0.1
				荔枝		0.05
内吸磷 demeton	杀虫剂/杀螨剂	0.000 04	内吸磷	柑橘类水果		0.02
				仁果类水果		0.02
				核果类水果		0.02
				浆果和其他小型类水果		0.02
				热带和亚热带类水果		0.02
				瓜果类水果		0.02
宁南霉 ningnanmycin	杀菌剂	0.24	宁南霉素	苹果		1*
				香蕉		0.5*

（续）

农药	用途	ADI（mg/kg bw）	残留物	产品	最大残留限量（mg/kg）
嗪氨灵 triforine	杀菌剂	0.03	嗪氨灵和三氯乙醛之和，以嗪氨灵表示	苹果	2*
				桃	5*
				李子	2*
				樱桃	2*
				蓝莓	1*
				加仑子	1*
				悬钩子	1*
				草莓	1*
				瓜果类水果	0.5*
				李子干	2*
氰霜唑 cyazofamid	杀菌剂	0.2	氰霜唑	葡萄	1
				荔枝	0.02
				番木瓜	3
				西瓜	0.5
				甜瓜类水果	0.09
氰戊菊酯和 S-氰戊菊酯 fenvalerate and esfenvalerate	杀虫剂	0.02	氰戊菊酯（异构体之和）	柑橘类水果（柑、橘、橙除外）	0.2
				柑	1
				橘	1
				橙	1
				仁果类水果（苹果、梨除外）	0.2
				苹果	1
				梨	1
				枸杞（鲜）	0.7
				猕猴桃	1
				核果类水果（桃除外）	0.2
				桃	1
				浆果和其他小型类水果	0.2
				热带和亚热带类水果（杧果除外）	0.2
				杧果	1.5
				瓜果类水果	0.2
				枸杞（干）	3
炔螨特 propargite	杀螨剂	0.01	炔螨特	柑	5
				橘	5
				橙	5
				柠檬	5

（续）

农药	用途	ADI （mg/kg bw）	残留物	产品	最大残留限量 （mg/kg）
炔螨特 propargite	杀螨剂	0.01	炔螨特	柚	5
				苹果	5
				梨	5
				枸杞（鲜）	5
				桑葚	10
				枸杞（干）	10
噻苯隆 thidiazuron	植物生长 调节剂	0.04	噻苯隆	苹果	0.05
				枣（鲜）	0.05
				葡萄	0.05
				甜瓜类水果	0.05
噻草酮 cycloxydim	除草剂	0.07	噻草酮及其可以被氧化成3-(3-磺酰基-四氢噻喃基)-戊二酸-S-二氧化物和3-羟基-3-(3-磺酰基-四氢噻喃基)-戊二酸-S-二氧化物的代谢物和降解产物，以噻草酮表示	仁果类水果	0.09*
				核果类水果	0.09*
				葡萄	0.3*
				草莓	3*
噻虫胺 clothianidin	杀虫剂	0.1	噻虫胺	柑橘类水果（柑、橘、橙除外）	0.07
				柑	0.5
				橘	0.5
				橙	0.5
				仁果类水果（梨除外）	0.4
				梨	2
				核果类水果	0.2
				浆果和其他小型类水果（葡萄除外）	0.07
				葡萄	0.7
				杜果	0.04
				鳄梨	0.03
				香蕉	0.02
				番木瓜	0.01
				菠萝	0.01
				李子干	0.2
				葡萄干	1
				山核桃	0.01

（续）

农药	用途	ADI （mg/kg bw）	残留物	产品	最大残留限量 （mg/kg）
噻虫啉 thiacloprid	杀虫剂	0.01	噻虫啉	柑	0.5
				橘	0.5
				橙	0.5
				仁果类水果	0.7
				核果类水果	0.5
				浆果和其他小型类水果（猕猴桃除外）	1
				猕猴桃	0.2
				西瓜	0.2
				甜瓜类水果	0.2
				坚果	0.02
噻虫嗪 thiamethoxam	杀虫剂	0.08	噻虫嗪	柑橘类水果	0.5
				苹果	0.3
				梨	0.3
				山楂	0.3
				枇杷	0.3
				榅桲	0.3
				核果类水果	1
				浆果和其他小型类水果（猕猴桃除外）	0.5
				猕猴桃	2
				杧果	0.2
				鳄梨	0.5
				香蕉	0.02
				番木瓜	0.01
				菠萝	0.01
				火龙果	0.2
				西瓜	0.2
				甜瓜类水果（香瓜除外）	0.5
				香瓜	2
				山核桃	0.01
噻菌灵 thiabendazole	杀菌剂	0.1	噻菌灵	柑	10
				橘	10
				橙	10

（续）

农药	用途	ADI （mg/kg bw）	残留物	产品	最大残留限量 （mg/kg）
噻菌灵 thiabendazole	杀菌剂	0.1	噻菌灵	柠檬	10
				柚	10
				仁果类水果	3
				葡萄	5
				杧果	5
				鳄梨	15
				香蕉	5
				番木瓜	10
噻螨酮 hexythiazox	杀螨剂	0.03	噻螨酮	柑	0.5
				橘	0.5
				橙	0.5
				柠檬	0.5
				柚	0.5
				仁果类水果（苹果、梨除外）	0.4
				苹果	0.5
				梨	0.5
				核果类水果［枣（鲜）除外］	0.3
				枣（鲜）	2
				葡萄	1
				草莓	0.5
				瓜果类水果	0.05
				李子干	1
				葡萄干	1
				坚果	0.05
噻霉酮 benziothiazolinone	杀菌剂	0.017	噻霉酮	苹果	0.05 *
噻嗪酮 buprofezin	杀虫剂	0.009	噻嗪酮	柑	0.5
				橘	0.5
				橙	0.5
				柠檬	0.5
				柚	0.5
				佛手柑	1
				金橘	1
				苹果	3
				梨	6

（续）

农药	用途	ADI （mg/kg bw）	残留物	产品	最大残留限量 （mg/kg）
噻嗪酮 buprofezin	杀虫剂	0.009	噻嗪酮	桃	9
				油桃	9
				李子	2
				樱桃	2
				葡萄	1
				猕猴桃	10
				草莓	3
				杨梅	5
				橄榄	5
				杧果	0.1
				鳄梨	0.1
				香蕉	0.3
				火龙果	0.2
				柑橘脯	2
				李子干	2
				葡萄干	2
				杏仁	0.05
噻唑膦 fosthiazate	杀线虫剂	0.004	噻唑膦	香蕉	0.05
				西瓜	0.1
噻唑锌 zinc thiazole	杀菌剂	0.01	2-氨基-5-巯基- 1,3,4-噻二唑， 以噻唑锌表示	柑	0.5*
				橘	0.5*
				橙	0.5*
				桃	1*
三氟硝草醚 fluorodifen	除草剂	—	三氟硝草醚	柑橘类水果	0.01*
				仁果类水果	0.01*
				核果类水果	0.01*
				浆果和其他小型类水果	0.01*
				热带和亚热带类水果	0.01*
				瓜果类水果	0.01*
				干制水果	0.01*
				坚果	0.01*
				枸杞（干）	0.05*
三环锡 cyhexatin	杀螨剂	0.003	三环锡	橙	0.2
				加仑子	0.1
				葡萄	0.3

（续）

农药	用途	ADI（mg/kg bw）	残留物	产品	最大残留限量（mg/kg）
三氯杀螨醇 dicofol	杀螨剂	0.002	三氯杀螨醇（o，p'-异构体和 p，p'-异构体之和）	柑橘类水果	0.01
				仁果类水果	0.01
				核果类水果	0.01
				浆果和其他小型类水果	0.01
				热带和亚热带类水果	0.01
				瓜果类水果	0.01
				干制水果	0.01
				坚果	0.02
				枸杞（干）	0.02
三氯杀螨砜 tetradifon	杀螨剂	0.02	三氯杀螨砜	苹果	2
三乙膦酸铝 fosetyl-aluminium	杀菌剂	1	乙基磷酸和亚磷酸及其盐之和，以乙基磷酸表示	苹果	30*
				葡萄	10*
				荔枝	1*
三唑醇 triadimenol	杀菌剂	0.03	三唑醇	苹果	1
				加仑子	0.7
				葡萄	0.3
				草莓	0.7
				香蕉	1
				菠萝	5
				瓜果类水果	0.2
				葡萄干	10
三唑磷 triazophos	杀虫剂	0.001	三唑磷	柑	0.2
				橘	0.2
				橙	0.2
				苹果	0.2
				荔枝	0.2
三唑酮 triadimefon	杀菌剂	0.03	三唑酮和三唑醇之和	柑	1
				橘	1
				橙	1
				苹果	1
				梨	0.5
				枣（鲜）	2
				加仑子	0.7
				葡萄	0.3

（续）

农药	用途	ADI（mg/kg bw）	残留物	产品	最大残留限量（mg/kg）
三唑酮 triadimefon	杀菌剂	0.03	三唑酮和三唑醇之和	草莓	0.7
				荔枝	0.05
				香蕉	1
				菠萝	5
				瓜果类水果	0.2
				葡萄干	10
三唑锡 azocyclotin	杀螨剂	0.003	三环锡	柑	2
				橘	2
				橙	0.2
				柠檬	0.2
				柚	0.2
				苹果	0.5
				梨	0.2
				加仑子	0.1
				葡萄	0.3
杀草强 amitrole	除草剂	0.002	杀草强	仁果类水果	0.05
				核果类水果	0.05
				葡萄	0.05
杀虫单 thiosultap-monosodium	杀虫剂	0.01	沙蚕毒素	苹果	1*
杀虫脒 chlordimeform	杀虫剂	0.001	杀虫脒	柑橘类水果	0.01
				仁果类水果	0.01
				核果类水果	0.01
				浆果和其他小型类水果	0.01
				热带和亚热带类水果	0.01
				瓜果类水果	0.01
杀虫双 thiosultap-disodium	杀虫剂	0.01	沙蚕毒素	苹果	1
杀虫畏 tetrachlorvinphos	杀虫剂	0.002 8	杀虫畏	柑橘类水果	0.01
				仁果类水果	0.01
				核果类水果	0.01
				浆果和其他小型类水果	0.01
				热带和亚热带类水果	0.01

（续）

农药	用途	ADI （mg/kg bw）	残留物	产品	最大残留限量 （mg/kg）
杀虫畏 tetrachlorvinphos	杀虫剂	0.002 8	杀虫畏	瓜果类水果	0.01
				干制水果	0.01
				坚果	0.01
				枸杞（干）	0.01
杀铃脲 triflumuron	杀虫剂	0.014	杀铃脲	柑	0.05
				橘	0.05
				橙	0.05
				苹果	0.1
杀螟丹 cartap	杀虫剂	0.1	杀螟丹	柑	3
				橘	3
				橙	3
杀螟硫磷 fenitrothion	杀虫剂	0.006	杀螟硫磷	柑橘类水果	0.5
				仁果类水果	0.5
				核果类水果	0.5
				浆果和其他小型类水果	0.5
				热带和亚热带类水果	0.5
				瓜果类水果	0.5
杀扑磷 methidathion	杀虫剂	0.001	杀扑磷	柑橘类水果	0.05
				仁果类水果	0.05
				核果类水果	0.05
				浆果和其他小型类水果	0.05
				热带和亚热带类水果	0.05
				瓜果类水果	0.05
				干制水果	0.05
				坚果	0.05
				枸杞（干）	0.05
杀线威 oxamyl	杀虫剂	0.009	杀线威和杀线威肟之和，以杀线威表示	柑橘类水果	5*
				甜瓜类水果	2*
申嗪霉素 phenazino - 1 - carboxylic acid	杀菌剂	0.002 8	申嗪霉素	西瓜	0.02*
虱螨脲 lufenuron	杀虫剂	0.02	虱螨脲	柑	0.5
				橘	0.5
				橙	0.5
				苹果	1
				甜瓜类水果	0.4

（续）

农药	用途	ADI (mg/kg bw)	残留物	产品	最大残留限量 (mg/kg)
十三吗啉 tridemorph	杀菌剂	0.01	十三吗啉	枸杞（鲜）	0.2
				枸杞（干）	2
双胍三辛烷基 苯磺酸盐 iminoctadinetris （albesilate）	杀菌剂	0.009	双胍辛胺	柑	3*
				橘	3*
				橙	3*
				苹果	2*
				葡萄	1*
				西瓜	0.2*
双甲脒 amitraz	杀螨剂	0.01	双甲脒及 N-(2,4- 二甲苯基)-N′- 甲基甲脒之和， 以双甲脒表示	柑	0.5
				橘	0.5
				橙	0.5
				柠檬	0.5
				柚	0.5
				苹果	0.5
				梨	0.5
				山楂	0.5
				枇杷	0.5
				榅桲	0.5
				桃	0.5
				樱桃	0.5
双炔酰菌胺 mandipropamid	杀菌剂	0.2	双炔酰菌胺	葡萄	2*
				荔枝	0.2*
				西瓜	0.2*
				甜瓜类水果	0.5*
				葡萄干	5*
霜霉威和 霜霉威盐酸盐 propamocarb and propamocarb hydrochloride	杀菌剂	0.4	霜霉威	葡萄	2
				瓜果类水果	5
霜脲氰 cymoxanil	杀菌剂	0.013	霜脲氰	葡萄	0.5
				荔枝	0.1
水胺硫磷 isocarbophos	杀虫剂	0.003	水胺硫磷	柑橘类水果	0.02
				仁果类水果	0.01
				核果类水果	0.05
				浆果和其他小型类水果	0.05

（续）

农药	用途	ADI（mg/kg bw）	残留物	产品	最大残留限量（mg/kg）
水胺硫磷 isocarbophos	杀虫剂	0.003	水胺硫磷	热带和亚热带类水果	0.05
				瓜果类水果	0.05
四氟醚唑 tetraconazole	杀菌剂	0.004	四氟醚唑	草莓	3
				甜瓜	0.1
四聚乙醛 metaldehyde	杀螺剂	0.1	四聚乙醛	猕猴桃	0.1
				火龙果	0.1
四螨嗪 clofentezine	杀螨剂	0.02	四螨嗪	柑	0.5
				橘	0.5
				橙	0.5
				柠檬	0.5
				柚	0.5
				佛手柑	0.5
				金橘	0.5
				苹果	0.5
				梨	0.5
				山楂	0.5
				枇杷	0.5
				榅桲	0.5
				核果类水果［枣（鲜）除外］	0.5
				枣（鲜）	1
				加仑子	0.2
				葡萄	2
				草莓	2
				甜瓜类水果	0.1
				葡萄干	2
				坚果	0.5
四霉素 tetramycin	杀菌剂	0.39	四霉素	苹果	0.5*
速灭磷 mevinphos	杀虫剂/杀螨剂	0.000 8	速灭磷（Z 型和 E 型异构体之和）	柑橘类水果	0.01
				仁果类水果	0.01
				核果类水果	0.01
				浆果和其他小型类水果	0.01
				热带和亚热带类水果	0.01
				瓜果类水果	0.01
				干制水果	0.01

（续）

农药	用途	ADI (mg/kg bw)	残留物	产品	最大残留限量 (mg/kg)
速灭磷 mevinphos	杀虫剂/ 杀螨剂	0.000 8	速灭磷 （Z型和E型异构体 之和）	坚果	0.01
				枸杞（干）	0.05
特丁硫磷 terbufos	杀虫剂	0.000 6	特丁硫磷及其氧 类似物（亚砜、砜） 之和，以特丁硫磷表示	柑橘类水果	0.01*
				仁果类水果	0.01*
				核果类水果	0.01*
				浆果和其他小型类水果	0.01*
				热带和亚热带类水果	0.01*
				瓜果类水果	0.01*
特乐酚 dinoterb	除草剂	—	特乐酚及其盐和酯类 之和，以特乐酚表示	柑橘类水果	0.01*
				仁果类水果	0.01*
				核果类水果	0.01*
				浆果和其他小型类水果	0.01*
				热带和亚热带类水果	0.01*
				瓜果类水果	0.01*
				干制水果	0.01*
				坚果	0.01*
				枸杞（干）	0.01*
涕灭威 aldicarb	杀虫剂	0.003	涕灭威及其氧类似物 （亚砜、砜）之和， 以涕灭威表示	柑橘类水果	0.02
				仁果类水果	0.02
				核果类水果	0.02
				浆果和其他小型类水果	0.02
				热带和亚热带类水果	0.02
				瓜果类水果	0.02
甜菜安 desmedipham	除草剂	0.04	甜菜安	草莓	0.05
肟菌酯 trifloxystrobin	杀菌剂	0.04	肟菌酯	柑	0.5
				橘	0.5
				橙	0.5
				柠檬	0.5
				柚	0.5
				佛手柑	0.5
				金橘	0.5
				苹果	0.7
				梨	0.7
				山楂	0.7

（续）

农药	用途	ADI（mg/kg bw）	残留物	产品	最大残留限量（mg/kg）
肟菌酯 trifloxystrobin	杀菌剂	0.04	肟菌酯	枇杷	0.7
				榅桲	0.7
				核果类水果	3
				葡萄	3
				草莓	1
				橄榄	0.3
				香蕉	0.1
				番木瓜	0.6
				西瓜	0.2
				葡萄干	5
				柑橘肉（干）	1
				坚果	0.02
五氯硝基苯 quintozene	杀菌剂	0.01	五氯硝基苯	西瓜	0.02
戊菌唑 penconazole	杀菌剂	0.03	戊菌唑	仁果类水果（梨除外）	0.2
				梨	0.1
				桃	0.1
				油桃	0.1
				加仑子	2
				葡萄	0.2
				草莓	0.1
				西瓜	0.05
				甜瓜类水果	0.1
				葡萄干	0.5
戊硝酚 dinosam	杀虫剂/除草剂	—	戊硝酚	柑橘类水果	0.01*
				仁果类水果	0.01*
				核果类水果	0.01*
				浆果和其他小型类水果	0.01*
				热带和亚热带类水果	0.01*
				瓜果类水果	0.01*
				干制水果	0.01*
				坚果	0.01*
				枸杞（干）	0.01*
戊唑醇 tebuconazole	杀菌剂	0.03	戊唑醇	柑	2
				橘	2

（续）

农药	用途	ADI（mg/kg bw）	残留物	产品	最大残留限量（mg/kg）
戊唑醇 tebuconazole	杀菌剂	0.03	戊唑醇	橙	2
				苹果	2
				梨	0.5
				山楂	0.5
				枇杷	0.2
				榅桲	0.5
				桃	2
				油桃	2
				杏	2
				李子	1
				樱桃	4
				桑葚	1.5
				葡萄	2
				猕猴桃	5
				西番莲	0.1
				草莓	2
				橄榄	0.05
				杧果	0.05
				香蕉	3
				番木瓜	2
				西瓜	0.1
				甜瓜类水果	0.15
				李子干	3
				葡萄干	7
				坚果	0.05
西玛津 simazine	除草剂	0.018	西玛津	苹果	0.2
				梨	0.05
烯虫炔酯 kinoprene	杀虫剂	—	烯虫炔酯	柑橘类水果	0.01*
				仁果类水果	0.01*
				核果类水果	0.01*
				浆果和其他小型类水果	0.01*
				热带和亚热带类水果	0.01*
				瓜果类水果	0.01*
				干制水果	0.01*
				坚果	0.01*
				枸杞（干）	0.01*

（续）

农药	用途	ADI（mg/kg bw）	残留物	产品	最大残留限量（mg/kg）
烯虫乙酯 hydroprene	杀虫剂	0.1	烯虫乙酯	柑橘类水果	0.01*
				仁果类水果	0.01*
				核果类水果	0.01*
				浆果和其他小型类水果	0.01*
				热带和亚热带类水果	0.01*
				瓜果类水果	0.01*
				干制水果	0.01*
				坚果	0.01*
				枸杞（干）	0.01*
烯啶虫胺 nitenpyram	杀虫剂	0.53	烯啶虫胺	柑	0.5
				橘	0.5
				橙	0.5
				猕猴桃	1
烯肟菌胺 fenaminstrobin	杀菌剂	0.069	烯肟菌胺	香蕉	0.5*
烯肟菌酯 enestroburin	杀菌剂	0.024	烯肟菌酯	苹果	1
				葡萄	1
烯酰吗啉 dimethomorph	杀菌剂	0.2	烯酰吗啉	葡萄	5
				草莓	0.05
				莲雾	3
				龙眼	7
				番木瓜	7
				菠萝	0.01
				瓜果类水果	0.5
				葡萄干	5
烯效唑 uniconazole	植物生长调节剂	0.02	烯效唑	柑	0.3
				橘	0.3
				橙	0.3
烯唑醇 diniconazole	杀菌剂	0.005	烯唑醇	柑	1
				橘	1
				橙	1
				苹果	0.2
				梨	0.1
				葡萄	0.2
				香蕉	2

（续）

农药	用途	ADI （mg/kg bw）	残留物	产品	最大残留限量 （mg/kg）
消螨酚 dinex	杀虫剂/ 杀螨剂	0.002	消螨酚	柑橘类水果	0.01*
				仁果类水果	0.01*
				核果类水果	0.01*
				浆果和其他小型类水果	0.01*
				热带和亚热带类水果	0.01*
				瓜果类水果	0.01*
				干制水果	0.01*
				坚果	0.01*
				枸杞（干）	0.01*
硝苯菌酯 meptyldinocap	杀菌剂	0.02	硝苯菌酯	葡萄	0.2*
				草莓	0.3*
				瓜果类水果（西瓜除外）	0.5*
硝虫硫磷 xiaochongliulin	杀虫剂	0.01	硝虫硫磷	柑	0.5*
				橘	0.5*
				橙	0.5*
硝磺草酮 mesotrione	除草剂	0.5	硝磺草酮	浆果和其他小型类水果	0.01
辛菌胺 xinjunan	杀菌剂	0.028	辛菌胺	苹果	0.1*
辛菌胺醋酸盐 xinjunan acetate	杀菌剂	—	辛菌胺	苹果	0.1*
辛硫磷 phoxim	杀虫剂	0.004	辛硫磷	柑橘类水果	0.05
				苹果	0.3
				梨	0.05
				山楂	0.05
				枇杷	0.05
				榅桲	0.05
				核果类水果	0.05
				浆果和其他小型类水果	0.05
				热带和亚热带类水果	0.05
				瓜果类水果	0.05
溴甲烷 methyl bromide	熏蒸剂	1	溴甲烷	柑橘类水果	0.02*
				仁果类水果	0.02*
				核果类水果	0.02*
				浆果和其他小型类水果	0.02*

（续）

农药	用途	ADI （mg/kg bw）	残留物	产品	最大残留限量 （mg/kg）
溴甲烷 methyl bromide	熏蒸剂	1	溴甲烷	热带和亚热带类水果	0.02*
				瓜果类水果	0.02*
				枸杞（干）	0.02*
溴菌腈 bromothalonil	杀菌剂	0.001	溴菌腈	柑	0.5*
				橘	0.5*
				橙	0.5*
				苹果	0.2*
				西瓜	0.2*
溴螨酯 bromopropylate	杀螨剂	0.03	溴螨酯	柑	2
				橘	2
				橙	2
				柠檬	2
				柚	2
				苹果	2
				梨	2
				山楂	2
				枇杷	2
				榅桲	2
				李子	2
				葡萄	2
				草莓	2
				甜瓜类水果	0.5
				李子干	2
溴氰虫酰胺 cyantraniliprole	杀虫剂	0.03	溴氰虫酰胺	柑橘类水果	0.7*
				仁果类水果	0.8*
				桃	1.5*
				李子	0.5*
				樱桃	6*
				浆果和其他小型类水果	4*
				石榴	0.01*
				西瓜	0.05
				瓜类水果	0.3*
				李子干	0.5*
				坚果	0.02*

（续）

农药	用途	ADI （mg/kg bw）	残留物	产品	最大残留限量 （mg/kg）
溴氰菊酯 deltamethrin	杀虫剂	0.01	溴氰菊酯 （异构体之和）	柑橘类水果（柑、橘、橙、柠檬、柚除外）	0.02
				柑	0.05
				橘	0.05
				橙	0.05
				柠檬	0.05
				柚	0.05
				苹果	0.1
				梨	0.1
				桃	0.05
				油桃	0.05
				杏	0.05
				枣（鲜）	0.05
				李子	0.05
				樱桃	0.05
				青梅	0.05
				葡萄	0.2
				猕猴桃	0.05
				草莓	0.2
				橄榄	1
				荔枝	0.05
				杧果	0.05
				香蕉	0.05
				菠萝	0.05
				李子干	0.05
				榛子	0.02
				核桃	0.02
蚜灭磷 vamidothion	杀虫剂	0.008	蚜灭磷	苹果	1
				梨	1
亚胺硫磷 phosmet	杀虫剂	0.01	亚胺硫磷	柑	5
				橘	5
				橙	5
				柠檬	5
				柚	5
				仁果类水果	3

（续）

农药	用途	ADI （mg/kg bw）	残留物	产品	最大残留限量 （mg/kg）
亚胺硫磷 phosmet	杀虫剂	0.01	亚胺硫磷	桃	10
				油桃	10
				杏	10
				蓝莓	10
				越橘	3
				葡萄	10
				坚果	0.2
亚胺唑 imibenconazole	杀菌剂	0.009 8	亚胺唑	柑	1*
				橘	1*
				橙	1*
				苹果	1*
				青梅	3*
				葡萄	3*
亚砜磷 oxydemeton- methyl	杀虫剂	0.000 3	亚砜磷、甲基内吸磷 和砜吸磷之和， 以亚砜磷表示	柠檬	0.2*
				梨	0.05*
烟碱 nicotine	杀虫剂	0.000 8	烟碱	柑	0.2
				橘	0.2
				橙	0.2
氧乐果 omethoate	杀虫剂	0.000 3	氧乐果	柑橘类水果	0.02
				仁果类水果	0.02
				核果类水果	0.02
				浆果和其他小型类水果	0.02
				热带和亚热带类水果	0.02
				瓜果类水果	0.02
依维菌素 ivermectin	杀虫剂	0.001	依维菌素	草莓	0.1*
乙基多杀菌素 spinetoram	杀虫剂	0.05	乙基多杀菌素	柑	0.15*
				橘	0.15*
				橙	0.07*
				仁果类水果	0.05*
				桃	0.3*
				油桃	0.3*
				杏	0.15*
				李子	0.09*

（续）

农药	用途	ADI （mg/kg bw）	残留物	产品	最大残留限量 （mg/kg）
乙基多杀菌素 spinetoram	杀虫剂	0.05	乙基多杀菌素	樱桃	0.09*
				枸杞（鲜）	1*
				蓝莓	0.2*
				覆盆子	0.8*
				加仑子	0.5*
				葡萄	0.3*
				西番莲	0.4*
				草莓	0.15*
				杨梅	1*
				橄榄	0.07*
				荔枝	0.015*
				杧果	0.1*
				鳄梨	0.3*
				西瓜	0.1*
				坚果	0.01*
				枸杞（干）	1*
乙螨唑 etoxazole	杀螨剂	0.05	乙螨唑	柑橘类水果（柑、橘、橙除外）	0.1
				柑	0.5
				橘	0.5
				橙	0.5
				仁果类水果（苹果除外）	0.07
				苹果	0.1
				枸杞（鲜）	0.2
				葡萄	0.5
				坚果	0.01
乙嘧酚 ethirimol	杀菌剂	0.035	乙嘧酚	苹果	0.1
				杧果	1
				番木瓜	2
				香瓜	0.2
乙嘧酚磺酸酯 bupirimate	杀菌剂	0.05	乙嘧酚磺酸酯	葡萄	0.5
乙蒜素 ethylicin	杀菌剂	0.001	乙蒜素	苹果	0.2*
乙烯利 ethephon	植物生长 调节剂	0.05	乙烯利	苹果	5
				樱桃	10

（续）

农药	用途	ADI （mg/kg bw）	残留物	产品	最大残留限量 （mg/kg）
乙烯利 ethephon	植物生长 调节剂	0.05	乙烯利	蓝莓	20
				葡萄	1
				猕猴桃	2
				柿子	30
				橄榄	7
				荔枝	2
				杧果	2
				香蕉	2
				菠萝	2
				哈密瓜	1
				葡萄干	5
				干制无花果	10
				无花果蜜饯	10
				榛子	0.2
				核桃	0.5
乙酰甲胺磷 acephate	杀虫剂	0.03	乙酰甲胺磷	柑橘类水果	0.02
				仁果类水果	0.02
				核果类水果	0.02
				浆果和其他小型类水果	0.02
				热带和亚热带类水果	0.02
				瓜果类水果	0.02
				干制水果	0.02
				枸杞（干）	0.05
乙氧氟草醚 oxyfluorfen	除草剂	0.03	乙氧氟草醚	柑	0.05
				橘	0.05
				橙	0.05
				苹果	0.05
乙氧喹啉 ethoxyquin	杀菌剂	0.005	乙氧喹啉	梨	3
乙酯杀螨醇 chlorobenzilate	杀螨剂	0.02	乙酯杀螨醇	柑橘类水果	0.01
				仁果类水果	0.01
				核果类水果	0.01
				浆果和其他小型类水果	0.01
				热带和亚热带类水果	0.01
				瓜果类水果	0.01

（续）

农药	用途	ADI（mg/kg bw）	残留物	产品	最大残留限量（mg/kg）
乙酯杀螨醇 chlorobenzilate	杀螨剂	0.02	乙酯杀螨醇	干制水果	0.01
				坚果	0.01
				枸杞（干）	0.05
乙唑螨腈 cyetpyrafen	杀螨剂	0.1	乙唑螨腈	柑	1*
				橘	1*
				橙	1*
				苹果	1*
异丙甲草胺和精异丙甲草胺 metolachlor and S-metolachl	除草剂	0.1	异丙甲草胺	枣（鲜）	0.05
异丙噻菌胺 isofetamid	杀菌剂	0.05	异丙噻菌胺	越橘	4*
				葡萄	3*
				猕猴桃	3*
				草莓	4*
				葡萄干	7*
				杏仁	0.01*
异菌脲 iprodione	杀菌剂	0.06	异菌脲	苹果	5
				梨	5
				山楂	5
				枇杷	5
				榲桲	5
				桃	10
				樱桃	10
				黑莓	30
				醋栗	30
				葡萄	10
				猕猴桃	5
				香蕉	10
				西瓜	0.5
				香瓜	1
				杏仁	0.2
抑草蓬 erbon	除草剂	—	抑草蓬	柑橘类水果	0.05*
				仁果类水果	0.05*
				核果类水果	0.05*

（续）

农药	用途	ADI （mg/kg bw）	残留物	产品	最大残留限量 （mg/kg）
抑草蓬 erbon	除草剂	—	抑草蓬	浆果和其他小型类水果	0.05*
				热带和亚热带类水果	0.05*
				瓜果类水果	0.05*
				干制水果	0.05*
				坚果	0.05*
				枸杞（干）	0.05*
抑霉唑 imazalil	杀菌剂	0.03	抑霉唑	柑	5
				橘	5
				橙	5
				柠檬	5
				柚	5
				苹果	5
				梨	5
				山楂	5
				枇杷	5
				榅桲	5
				醋栗	2
				葡萄	5
				草莓	2
				柿子	2
				香蕉	2
				甜瓜类水果	2
抑霉唑硫酸盐 imazalil sulfate	杀菌剂	0.03	抑霉唑	柑	5
				橘	5
				橙	5
茚草酮 indanofan	除草剂	0.003 5	茚草酮	柑橘类水果	0.01*
				仁果类水果	0.01*
				核果类水果	0.01*
				浆果和其他小型类水果	0.01*
				热带和亚热带类水果	0.01*
				瓜果类水果	0.01*
				干制水果	0.01*
				坚果	0.01*
				枸杞（干）	0.01*

（续）

农药	用途	ADI (mg/kg bw)	残留物	产品	最大残留限量 (mg/kg)
茚虫威 indoxacarb	杀虫剂	0.01	茚虫威	苹果	0.5
				梨	0.2
				核果类水果	1
				越橘	1
				葡萄	2
				猕猴桃	5
				李子干	3
				葡萄干	5
蝇毒磷 coumaphos	杀虫剂	0.000 3	蝇毒磷	柑橘类水果	0.05
				仁果类水果	0.05
				核果类水果	0.05
				浆果和其他小型类水果	0.05
				热带和亚热带类水果	0.05
				瓜果类水果	0.05
莠灭净 ametryn	除草剂	0.072	莠灭净	菠萝	0.2
莠去津 atrazine	除草剂	0.02	莠去津	苹果	0.05
				梨	0.05
				葡萄	0.05
增效醚 piperonyl butoxide	增效剂	0.2	增效醚	柑橘类水果	5
				瓜果类水果	1
				干制水果	0.2
治螟磷 sulfotep	杀虫剂	0.001	治螟磷	柑橘类水果	0.01
				仁果类水果	0.01
				核果类水果	0.01
				浆果和其他小型类水果	0.01
				热带和亚热带类水果	0.01
				瓜果类水果	0.01
仲丁灵 butralin	除草剂	0.2	仲丁灵	西瓜	0.1
唑虫酰胺 tolfenpyrad	杀虫剂	0.006	唑虫酰胺	山核桃	0.01*
唑螨酯 fenpyroximate	杀螨剂	0.01	唑螨酯	柑橘类水果（柑、橘、橙除外）	0.5
				柑	0.2
				橘	0.2

（续）

农药	用途	ADI （mg/kg bw）	残留物	产品	最大残留限量 （mg/kg）
唑螨酯 fenpyroximate	杀螨剂	0.01	唑螨酯	橙	0.2
				苹果	0.3
				梨	0.3
				山楂	0.3
				枇杷	0.3
				榅桲	0.3
				核果类水果（樱桃除外）	0.4
				樱桃	2
				枸杞（鲜）	0.5
				葡萄	0.1
				草莓	0.8
				鳄梨	0.2
				李子干	0.7
				葡萄干	0.3
				坚果	0.05
				枸杞（干）	2
唑嘧菌胺 ametoctradin	杀菌剂	10	唑嘧菌胺	葡萄	2*
艾氏剂 aldrin	杀虫剂	0.000 1	艾氏剂	柑橘类水果	0.05
				仁果类水果	0.05
				核果类水果	0.05
				浆果和其他小型类水果	0.05
				热带和亚热带类水果	0.05
				瓜果类水果	0.05
滴滴涕 DDT	杀虫剂	0.01	p,p′-滴滴涕、 o,p′-滴滴涕、 p,p′-滴滴伊和 p,p′-滴滴滴之和	柑橘类水果	0.05
				仁果类水果	0.05
				核果类水果	0.05
				浆果和其他小型类水果	0.05
				热带和亚热带类水果	0.05
				瓜果类水果	0.05
狄氏剂 dieldrin	杀虫剂	0.000 1	狄氏剂	柑橘类水果	0.02
				仁果类水果	0.02
				核果类水果	0.02
				浆果和其他小型类水果	0.02
				热带和亚热带类水果	0.02
				瓜果类水果	0.02

（续）

农药	用途	ADI （mg/kg bw）	残留物	产品	最大残留限量 （mg/kg）
毒杀芬 camphechlor	杀虫剂	0.000 25	毒杀芬	柑橘类水果	0.05*
				仁果类水果	0.05*
				核果类水果	0.05*
				浆果和其他小型类水果	0.05*
				热带和亚热带类水果	0.05*
				瓜果类水果	0.05*
六六六 HCH	杀虫剂	0.005	α-六六六、 β-六六六、 γ-六六六和 δ-六六六之和	柑橘类水果	0.05
				仁果类水果	0.05
				核果类水果	0.05
				浆果和其他小型类水果	0.05
				热带和亚热带类水果	0.05
				瓜果类水果	0.05
氯丹 chlordane	杀虫剂	0.000 5	顺式氯丹、 反式氯丹之和	柑橘类水果	0.02
				仁果类水果	0.02
				核果类水果	0.02
				浆果和其他小型类水果	0.02
				热带和亚热带类水果	0.02
				瓜果类水果	0.02
				坚果	0.02
灭蚁灵 mirex	杀虫剂	0.000 2	灭蚁灵	柑橘类水果	0.01
				仁果类水果	0.01
				核果类水果	0.01
				浆果和其他小型类水果	0.01
				热带和亚热带类水果	0.01
				瓜果类水果	0.01
七氯 heptachlor	杀虫剂	0.000 1	七氯与环氧七氯之和	柑橘类水果	0.01
				仁果类水果	0.01
				核果类水果	0.01
				浆果和其他小型类水果	0.01
				热带和亚热带类水果	0.01
				瓜果类水果	0.01
异狄氏剂 endrin	杀虫剂	0.000 2	异狄氏剂与 异狄氏剂醛、酮之和	柑橘类水果	0.05
				仁果类水果	0.05

（续）

农药	用途	ADI （mg/kg bw）	残留物	产品	最大残留限量 （mg/kg）
异狄氏剂 endrin	杀虫剂	0.000 2	异狄氏剂与 异狄氏剂醛、酮之和	核果类水果	0.05
				浆果和其他小型类水果	0.05
				热带和亚热带类水果	0.05
				瓜果类水果	0.05

注：标＊的最大残留限量为临时限量。

表 5-3　果品类别及农药残留测定部位

果品类别	类别说明		测定部位
柑橘类水果	柑、橘、橙、柠檬、柚、佛手柑、金橘等		全果（去柄）
仁果类水果	苹果、梨、山楂、枇杷、榅桲等		全果（去柄），枇杷、山楂参照核果类水果
核果类水果	桃、油桃、杏、枣（鲜）、李子、樱桃、青梅等		全果（去柄和果核），残留量计算应计入果核的重量
浆果和其他 小型类水果	藤蔓和灌木类 枸杞（鲜）、黑莓、蓝莓、覆盆子、越橘、加仑子、悬钩子、醋栗、桑葚、唐棣、露莓（包括波森莓和罗甘莓）等		全果（去柄）
	小型攀缘类 皮可食：葡萄（鲜食葡萄和酿酒葡萄）、树番茄、五味子等 皮不可食：猕猴桃、西番莲等		全果（去柄）
	草莓		全果（去柄）
热带和 亚热带类水果	皮可食 柿子、杨梅、橄榄、无花果、杨桃、莲雾等		全果（去柄），杨梅、橄榄检测果肉部分，残留量计算应计入果核的重量
	皮不可食 小型果：荔枝、龙眼、红毛丹等 中型果：杧果、石榴、鳄梨、番荔枝、番石榴、黄皮、山竹等 大型果：香蕉、番木瓜、椰子等 带刺果：菠萝、菠萝蜜、榴莲、火龙果等		全果（去柄和果核），残留量计算应计入果核的重量 全果，鳄梨和杧果去除核，山竹测定果肉，残留量计算应计入果核的重量 香蕉测定全蕉；番木瓜测定去除果核的所有部分，残留量计算应计入果核的重量；椰子测定椰汁和椰肉 菠萝、火龙果去除叶冠部分；菠萝蜜、榴莲测定果肉，残留量计算应计入果核的重量
瓜果类水果	西瓜		全瓜
	甜瓜类 薄皮甜瓜、网纹甜瓜、哈密瓜、白兰瓜、香瓜、香瓜茄等		全瓜
干制水果	柑橘脯、柑橘肉（干）、李子干、葡萄干、干制无花果、无花果蜜饯、枣（干）、苹果干等		全果（测定果肉，残留量计算应计入果核的重量）

（续）

果品类别	类别说明	测定部位
坚果	小粒坚果 杏仁、榛子、腰果、松仁、开心果等	全果（去壳）
	大粒坚果 核桃、板栗、山核桃、澳洲坚果等	全果（去壳）
药用植物	枸杞（干）	果实部分

表5-4　中国豁免制定食品中最大残留限量标准的农药名单

农药中文通用名称	农药英文通用名称
苏云金杆菌	*Bacillus thuringiensis*
荧光假单胞杆菌	*Pseudomonas fluorescens*
枯草芽孢杆菌	*Bacillus subtilis*
蜡质芽孢杆菌	*Bacillus cereus*
地衣芽孢杆菌	*Bacillus lincheniformis*
短稳杆菌	*Empedobacter brevis*
多粘类芽孢杆菌	*Paenibacillus polymyza*
放射土壤杆菌	*Agrobacterium radibacter*
木霉菌	*Trichoderma* spp.
白僵菌	*Beauveria* spp.
淡紫拟青霉	*Paecilomyces lilacinus*
厚孢轮枝菌（厚垣轮枝孢菌）	*Verticillium chlamydosporium*
耳霉菌	*Conidioblous thromboides*
绿僵菌	*Metarhizium anisopliae*
寡雄腐霉菌	*Pythium oligandrum*
菜青虫颗粒体病毒	Pieris rapae granulosis virus（PrGV）
茶尺蠖核型多角体病毒	Ectropis obliqua nucleo polyhedro virus（EcobNPV）
松毛虫质型多角体病毒	Dendrolimus punctatus cypovirus（DpCPV）
甜菜夜蛾核型多角体病毒	Spodoptera exigua nucleopolyhedrovirus（SeMNPV）
黏虫颗粒体病毒	Pseudaletia unipuncta granulo virus（PuGV）
小菜蛾颗粒体病毒	Plutella xylostella granulo virus（PxGV）
斜纹夜蛾核型多角体病毒	Spodoptera litura nuclo polyhedrovirus（SlNPV）
棉铃虫核型多角体病毒	Helicoverpa armigera nucleo polyhedrovirus（HaNPV）
苜蓿银纹夜蛾核型多角体病毒	Autographa californica multiple nucleo polyhedro virus（AcMNPV）
三十烷醇	triacontanol

（续）

农药中文通用名称	农药英文通用名称
地中海实蝇引诱剂	trimedlure
聚半乳糖醛酸酶	polygalacturonase
超敏蛋白	harpin protein
S-诱抗素	S - abscisic acid
香菇多糖	lentinan
几丁聚糖	chltosan
葡聚烯糖	glucosan
氨基寡糖素	oligosaccharins
解淀粉芽孢杆菌	*Bacillus amyloliquefaciens*
甲基营养型芽孢杆菌	*Bacillus methylotrophicus*
甘蓝夜蛾核型多角体病毒	Mamestra brassicae nucleo polyhedro virus（MbMNPV）
极细链格孢激活蛋白	Plant activeator protein
蝗虫微孢子虫	*Nosema locustae*
低聚糖素	oligosaccharide
小盾壳霉	*Coniothyrium minitans*
Z-8-十二碳烯乙酯	Z - 8 - dodecen - 1 - yl acetate
E-8-十二碳烯乙酯	E - 8 - dodecen - 1 - yl acetate
Z-8-十二碳烯醇	Z - 8 - dodecen - 1 - ol
混合脂肪酸	mixed fatty acids

2022年11月11日又发布了《食品安全国家标准 食品中2,4-滴丁酸钠盐等112种农药最大残留限量》（GB 2763.1—2022），并于2023年5月11日开始实施。该标准制定了果品中39种农药62项最大残留限量，涵盖草莓、枸杞（鲜）、橙、柑、橘、蓝莓、梨、李子、荔枝、龙眼、枇杷、苹果、葡萄、桑葚、桃、西瓜、香蕉、杏、杨梅、樱桃、枣（鲜）21种果品（表5-5）。

表5-5 GB 2763.1—2022规定的果品农药最大残留限量一览表

农药	用途	ADI（mg/kg bw）	残留物	产品	最大残留限量（mg/kg）
2,4-滴二甲胺盐	除草剂	0.01	2,4-滴	柑	0.1
				橘	0.1
				橙	0.1
2甲4氯异丙胺盐	除草剂	0.1	2甲4氯	柑	0.1
				橘	0.1
				橙	0.1

（续）

农药	用途	ADI（mg/kg bw）	残留物	产品	最大残留限量（mg/kg）
阿维菌素	杀虫剂	0.001	阿维菌素 B1a	杏	0.02
苯醚甲环唑	杀菌剂	0.01	苯醚甲环唑	杏	0.5
				枇杷	5
				枣（鲜）	5
				蓝莓	5
苯酞胺酸	植物生长调节剂	0.024	苯酞胺酸	枣（鲜）	0.02*
吡虫啉	杀虫剂	0.06	吡虫啉	猕猴桃	2
吡噻菌胺	杀菌剂	0.1	吡噻菌胺	葡萄	1
哒螨灵	杀螨剂	0.01	哒螨灵	樱桃	2
代森锌	杀菌剂	0.03	二硫代氨基甲酸盐（或酯），以二硫化碳表示	梨	5
单氰胺	植物生长调节剂	0.002	单氰胺	樱桃	0.1
对氯苯氧乙酸钠	植物生长调节剂	0.009 6	对氯苯氧乙酸	荔枝	0.05*
多菌灵	杀菌剂	0.03	多菌灵	龙眼	10
多抗霉素	杀菌剂	10	多抗霉素 B	草莓	0.5*
氟啶虫胺腈	杀虫剂	0.05	氟啶虫胺腈	猕猴桃	2
				西瓜	0.02
氟噻唑吡乙酮	杀菌剂	4	氟噻唑吡乙酮	葡萄	1*
氟唑菌酰胺	杀菌剂	0.02	氟唑菌酰胺	葡萄	1
氟唑菌酰胺羟胺	杀菌剂	0.1	氟唑菌酰羟胺	西瓜	0.02*
甲基硫菌灵	杀菌剂	0.09	甲基硫菌灵和多菌灵之和，以多菌灵表示	桑葚	3
腈吡螨酯	杀菌剂	0.05	腈吡螨酯	苹果	2*
井冈霉素	杀菌剂	0.1	井冈霉素 A	枇杷	0.2*
				杨梅	2*
螺虫乙酯	杀虫剂	0.05	螺虫乙酯及其代谢物顺式-3-（2,5-二甲基苯基）-4-羟基-8-甲氧基-1-氮杂螺［4,5］癸-3-烯-2-酮之和，以螺虫乙酯表示	枇杷	0.2
				杏	0.5
				西瓜	0.1
螺螨双酯	杀螨剂	0.015	螺螨双酯	柑	0.2*
				橘	0.2*
				橙	0.2*
氯虫苯甲酰胺	杀虫剂	2	氯虫苯甲酰胺	杏	2
				樱桃	1
				荔枝	1

（续）

农药	用途	ADI (mg/kg bw)	残留物	产品	最大残留限量 (mg/kg)
氯氟醚菌唑	杀菌剂	0.035	氯氟醚菌唑	苹果	3*
				葡萄	5*
氯氟氰菊酯	杀虫剂	0.02	氯氟氰菊酯（异构体之和）	香蕉	2
咪鲜胺	杀菌剂	0.01	咪鲜胺及其含有 2,4,6-三氯苯酚部分的代谢产物之和，以咪鲜胺表示	枇杷	5
				莲雾	2
嘧菌酯	杀菌剂	0.2	嘧菌酯	葡萄	10
噻虫胺	杀虫剂	0.1	噻虫胺	枣（鲜）	1
噻虫啉	杀虫剂	0.01	噻虫啉	苹果	0.5
噻虫嗪	杀虫剂	0.08	噻虫嗪	枣（鲜）	1
				桃	0.5
				葡萄	2
				枸杞（鲜）	1
噻菌铜	杀菌剂	0.00078	2-氨基-5-巯基-1,3,4-噻二唑，以噻菌铜表示	桃	3*
				猕猴桃	3*
噻霉酮	杀菌剂	0.017	噻霉酮	梨	0.2*
杀虫双	杀虫剂	0.01	杀蚕毒素	桃	1
				李子	2
				葡萄	2
双丙环虫酯	杀虫剂	0.08	双丙环虫酯	苹果	0.02*
甜菜宁	除草剂	0.03	甜菜宁	草莓	0.1
烯酰吗啉	杀菌剂	0.2	烯酰吗啉	荔枝	5
亚胺唑	杀菌剂	0.0098	亚胺唑	梨	2
依维菌素	杀虫剂	0.001	依维菌素	杨梅	0.1
乙螨唑	杀螨剂	0.05	乙螨唑	枇杷	0.5

注：标 * 的最大残留限量为临时限量。

为便于对农药最大残留限量标准的理解，这里介绍几个概念。残留物（residue definition），是指由于使用农药而在食品、农产品和动物饲料中出现的任何特定物质，包括被认为具有毒理学意义的农药衍生物，如农药转化物、代谢物、反应产物及杂质等。最大残留限量（maximum residue limit，MRL），是指在食品或农产品内部或表面法定允许的农药最大浓度，以每千克食品或农产品中农药残留的毫克数表示（mg/kg）。再残留限量（extraneous maximum residue limit，EMRL），是指一些持久性农药虽已禁用，但还长期存在环境中，从而再次在食品中形成残留，为控制这类农药残留物对食品的污染而制定其在食品中的残留限量，以每千克食品或农产品中农药残留的毫克数表示（mg/kg）。每日允许摄入量（acceptable daily intake，ADI），是指人类终生每日摄入某物质，而不产生可检测到的危害健康的估计量，以每千克体重可摄入的量表示（mg/kg bw）。

第二节 污 染 物

污染物是指食品在生产（包括农作物种植、动物饲养和兽医用药）、加工、包装、储存、运输、销售等过程中产生的或由环境污染带入的、非有意加入的化学性危害物质。通常所说的污染物是指除农药残留、兽药残留、生物毒素和放射性物质以外的污染物。所谓污染物限量，是指污染物在食品原料和（或）食品成品可食用部分中允许的最大含量水平。这里的可食用部分，是指食品原料经过机械手段（如谷物碾磨、水果剥皮、坚果去壳、肉去骨、鱼去刺、贝去壳等）去除非食用部分后，所得到的用于食用的部分。之所以引入可食用部分的概念，一是有利于重点加强食品可食用部分加工过程管理，防止和减少污染，提高了限量标准的针对性；二是可食用部分能客观反映了居民消费实际情况，提高了限量标准的科学性和可操作性。

我国非常重视食品中污染物限量标准的制修订，污染物限量国家标准先后经历了 6 个发展阶段（图 5-3）。《食品中污染物限量》（GB 2762—2005）发布实施前，我国制定有 10 项涉及果品的污染物限量国家标准，规定了果品中汞、氟、砷、硒、锌、稀土、铅、铬、铜、镉 10 种（类）元素的限量。其中，稀土指元素周期表中第Ⅲ类副族元素钪、钇和镧系元素的总称。2005 年 10 月 1 日，GB 2762—2005 开始实施，原来的 10 项标准中，除 GB 13106—1991 和 GB 15199—1994 继续有效外，其余 8 项标准均被 GB 2762—2005 所代替。该标准共制定了果品中汞、氟、砷、硒、稀土、铅、铬、镉 8 种（类）元素的限量，无机砷、硒、铅和镉的限量值均较之前进行了调整。2011 年 1 月 10 日，GB 13106—1991 和 GB 15199—1994 被废止。至此，GB 2762 成为我国唯一的食品污染物限量标准。

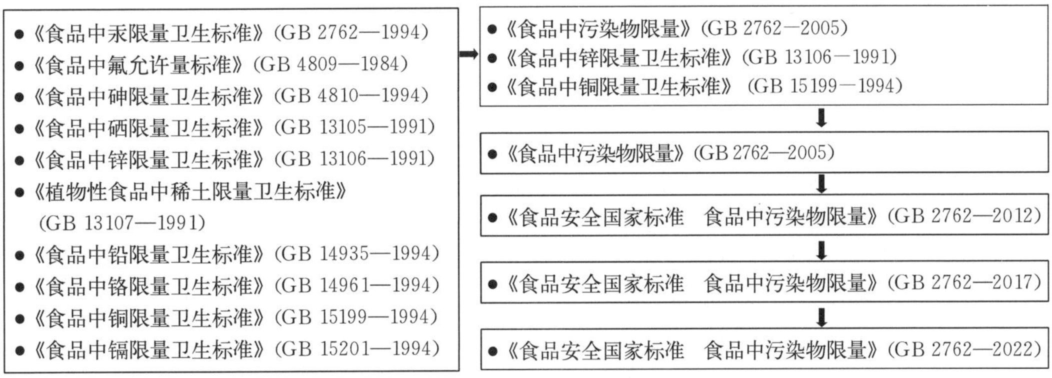

```
┌─────────────────────────────────────────┐     ┌─────────────────────────────────────────┐
│ ● 《食品中汞限量卫生标准》（GB 2762—1994） │  →  │ ● 《食品中污染物限量》（GB 2762—2005）    │
│ ● 《食品中氟允许量标准》（GB 4809—1984）  │     │ ● 《食品中锌限量卫生标准》（GB 13106—1991）│
│ ● 《食品中砷限量卫生标准》（GB 4810—1994）│     │ ● 《食品中铜限量卫生标准》（GB 15199—1994）│
│ ● 《食品中硒限量卫生标准》（GB 13105—1991）│    └─────────────────────────────────────────┘
│ ● 《食品中锌限量卫生标准》（GB 13106—1991）│                       ↓
│   《植物性食品中稀土限量卫生标准》        │     ┌─────────────────────────────────────────┐
│   （GB 13107—1991）                      │     │ ● 《食品中污染物限量》（GB 2762—2005）    │
│ ● 《食品中铅限量卫生标准》（GB 14935—1994）│    └─────────────────────────────────────────┘
│ ● 《食品中铬限量卫生标准》（GB 14961—1994）│                       ↓
│ ● 《食品中铜限量卫生标准》（GB 15199—1994）│    ┌─────────────────────────────────────────┐
│ ● 《食品中镉限量卫生标准》（GB 15201—1994）│    │ ● 《食品安全国家标准 食品中污染物限量》（GB 2762—2012）│
└─────────────────────────────────────────┘    └─────────────────────────────────────────┘
                                                                   ↓
                                                ┌─────────────────────────────────────────┐
                                                │ ● 《食品安全国家标准 食品中污染物限量》（GB 2762—2017）│
                                                └─────────────────────────────────────────┘
                                                                   ↓
                                                ┌─────────────────────────────────────────┐
                                                │ ● 《食品安全国家标准 食品中污染物限量》（GB 2762—2022）│
                                                └─────────────────────────────────────────┘
```

图 5-3 我国食品污染物限量标准变迁图

2013 年 6 月 1 日，《食品安全国家标准 食品中污染物限量》（GB 2762—2012）开始实施，代替 GB 2762—2005，规定了水果中铅、镉和稀土的限量。2017 年 3 月 17 日，国家卫生和计划生育委员会、国家食品药品监督管理总局联合发布了《食品安全国家标准 食品中污染物限量》（GB 2762—2017），2017 年 9 月 17 日开始实施，代替 GB 2762—2012，规定了新鲜水果中铅和镉的限量、水果制品和坚果及籽类中铅的限量。2022 年 6 月 30 日，国家卫生健康委员会、国家市场监督管理总局联合发布了《食品安全国家标准 食品中污染物限量》（GB 2762—2022），2023 年 6 月 30 日开始实施，代替 GB 2762—2017 及第 1 号修改单，规定了果品及相关食品中镉、铅和锡的限量（表 5 - 6）。

表 5 - 6　果品及相关食品中污染物限量

重金属	限量	食品类别
镉	0.05 mg/kg	新鲜水果
铅	0.1 mg/kg	新鲜水果（蔓越莓、醋栗除外）
	0.2 mg/kg	蔓越莓、醋栗
	0.2 mg/kg	水果制品［果酱（泥）、蜜饯、水果干类除外］
	0.4 mg/kg	果酱（泥）
	0.8 mg/kg	蜜饯
	0.5 mg/kg	水果干类
	0.03 mg/L	水果汁类及其饮料［含浆果及小粒水果的果汁类及其饮料、浓缩水果汁（浆）除外］
	0.05 mg/L	含浆果及小粒水果的果汁类及其饮料（葡萄汁除外）
	0.04 mg/L	萄汁
	0.5 mg/L	浓缩果汁（浆）
	0.2 mg/kg	坚果类
锡	250 mg/kg	果品制品（水果汁及其饮料除外）*
	150 mg/kg	水果汁及其饮料*

＊仅限于采用镀锡薄钢板容器包装的食品。

第三节　真菌毒素

我国非常重视食品中真菌毒素限量标准的制修订。我国涉及果品真菌毒素限量的标准最初为《苹果和山楂制品中展青霉素限量》（GB 14974—2003）。2005 年 10 月 1 日，《食品中真菌毒素限量》（GB 2761—2005）开始实施，代替 GB 14974—2003，规定苹果和山楂制品中展青霉素限量为 50 μg/kg。2011 年 10 月 20 日，《食品安全国家标准　食品中真菌毒素限量》（GB 2761—2011）发布实施，代替 GB 2761—2005，除规定水果制品及相关食品中展青霉素限量外，增加了熟制坚果中黄曲霉毒素 B₁ 的限量。2017 年 3 月 17 日，国家卫生和计划生育委员会、国家食品药品监督管理总局联合发布了《食品安全国家标准　食品中真菌毒素限量》（GB 2761—2017）。该标准于 2017 年 9 月 17 日开始实施，代替 GB 2761—2011，增加了葡萄酒中赭曲霉素 A 的限量（表 5 - 7）。根据 GB 2761—2017，水果制品包括水果罐头，水果干类，醋、油或盐渍水果，果酱（泥），蜜饯凉果（包括果丹皮），发酵的水果制品，煮熟的或油炸的水果，水果甜品，其他水果制品。

表 5-7　果品及相关食品中真菌毒素限量

真菌毒素	食品类别	限量（μg/kg）
黄曲霉毒素 B_1	熟制坚果	5
展青霉素	水果制品（果丹皮除外）*	50
	果汁类*	50
	酒类*	50
赭曲霉素 A	葡萄酒	2

＊仅限于以苹果、山楂为原料制成的产品。

第四节　致病菌

我国制定有《食品安全国家标准　预包装食品中致病菌限量》（GB 29921—2021），代替 GB 29921—2013，适用于预包装食品，不适用于执行商业无菌要求的食品。该标准于 2021 年 9 月 7 日发布，2021 年 11 月 22 日实施。根据该标准，无论是否规定致病菌限量，食品生产、加工、经营者均应采取控制措施，尽可能降低食品中的致病菌含量水平及导致风险的可能性。该标准规定了即食水果制品中 4 种致病菌、果汁类及其饮料和坚果类食品中沙门氏菌的限量，详见表 5-8。其中，坚果类食品包括坚果泥（酱）和其他即食类坚果食品（烘炒类、油炸类、膨化类熟制坚果食品除外）。

表 5-8　果品及相关食品中致病菌限量

单位：CFU/g

食品类别	致病菌指标	采样方案及限量[1]			
		n	c	m	M
果汁类及其饮料	沙门氏菌	5	0	0	—
即食水果制品	沙门氏菌	5	0	0	—
	金黄色葡萄球菌	5	1	100[3]	1 000[3]
	单核细胞增生李斯特菌[2]	5	0	0	—
	致泻大肠埃希氏菌[2]	5	0	0	—
坚果食品	沙门氏菌	5	0	0	—

[1]若非指定，均以 25 g 或 25 mL 为单位量计算表示；n 为同一批次产品应采集的样品件数，c 为最大允许超出 m 值的样品数，m 为致病菌指标值可接受水平的限量值，M 为致病菌指标的最高安全限量值。

[2]仅适于去皮或预切的水果及上述类别混合食品。

[3]单位均为 CFU/g（mL）。

第五节　放射性核素

我国于 1994 年 9 月 1 日开始实施《食品中放射性物质限制浓度标准》（GB 14882—1994）。该标准规定了粮食、薯类（包括红薯、马铃薯、木薯）、蔬菜、水果、肉鱼虾类、奶类等主要食品中 12 种放射性物质的导出限制浓度，简称限制浓度。在该标准中，我国规定了水果中 ^{3}H、^{89}Sr、^{90}Sr 等 12 种放射性核素的限制浓度（表 5-8）。其中，^{3}H、^{89}Sr、^{90}Sr、^{131}I、^{137}Cs、^{147}Pm、^{239}Pu 7 种放射性核素为人工放射性核素，^{210}Po、^{226}Ra、^{223}Ra、天然钍、天然铀 5 种放射性核素为天然放射性核素。这些限制浓度（X）都是用式（1）按单一水果被单一放射性核素污染的假设推导出来的。当多种水果和（或）被多种放射性核素同时污染时，应按式（2）进行放射卫生评价。

$$X = \frac{A}{365 \times B} \tag{1}$$

$$\sum_{i=1}^{m} \sum_{j=1}^{n} \frac{C_{ij}}{X_{ij}} \leqslant 1 \tag{2}$$

式中：

A——年摄入量限值，参见表 5-9；

B——我国食用最多人群的平均日食用量，单位为 kg/d；

C_{ij}——第 j 类水果中第 i 种放射性核素的浓度，单位根据放射性核素种类确定，同表 5-10；

X_{ij}——第 j 类水果对第 i 种放射性核素的限制浓度，单位根据放射性核素种类确定，同表 5-10。

表 5-9　各类人员放射性核素年摄入量限值

放射性核素	成人放射性核素年摄入量限值	儿童放射性核素年摄入量限值	婴儿放射性核素年摄入量限值
^{3}H	6.2×10^7 Bq	5.3×10^7 Bq	2.4×10^7 Bq
^{89}Sr	4.6×10^5 Bq	1.9×10^5 Bq	6.4×10^4 Bq
^{90}Sr	2.8×10^4 Bq	2.3×10^4 Bq	1.1×10^4 Bq
^{131}I	7.7×10^4 Bq	3.1×10^4 Bq	9.1×10^3 Bq
^{137}Cs	7.7×10^4 Bq	1.0×10^5 Bq	9.1×10^4 Bq
^{147}Pm	3.2×10^6 Bq	1.6×10^6 Bq	5.9×10^5 Bq
^{210}Po	2.2×10^3 Bq	1.0×10^3 Bq	3.3×10^2 Bq
^{226}Ra	4.0×10^3 Bq	2.5×10^3 Bq	1.0×10^3 Bq
^{223}Ra	2.0×10^3 Bq	2.1×10^3 Bq	7.7×10^2 Bq
天然钍	347 mg	297 mg	206 mg
天然铀	551 mg	358 mg	142 mg
^{239}Pu	1.0×10^3 Bq	1.0×10^3 Bq	7.1×10^2 Bq

表 5-10　我国水果放射性核素限制浓度

放射性核素	限制浓度（Bq/kg）	放射性核素	限制浓度
^{3}H	170 000	^{239}Pu	2.7 Bq/kg
^{89}Sr	970	^{210}Po	5.3 Bq/kg
^{90}Sr	77	^{226}Ra	11 Bq/kg
^{131}I	160	^{223}Ra	5.6 Bq/kg
^{137}Cs	210	天然钍	0.96 mg/kg
^{147}Pm	8 200	天然铀	1.5 mg/kg

附表1 涉及的现行有效的标准

序号	标准编号	标准名称	发布日期	实施日期
1	GB 2760—2014	食品安全国家标准　食品添加剂使用标准	2014-12-24	2015-05-24
2	GB 2761—2017	食品安全国家标准　食品中真菌毒素限量	2017-03-17	2017-09-17
3	GB 2762—2022	食品安全国家标准　食品中污染物限量	2022-06-30	2023-06-30
4	GB 2763—2021	食品安全国家标准　食品中农药最大残留限量	2021-03-03	2021-09-03
5	GB 2763.1—2022	食品安全国家标准　食品中2,4-滴丁酸钠盐等112种农药最大残留限量	2022-11-11	2023-05-11
6	GB/T 5835—2009	干制红枣	2009-03-28	2009-08-01
7	GB/T 9827—1988	香蕉	1988-09-20	1989-03-01
8	GB/T 10650—2008	鲜梨	2008-08-07	2008-12-01
9	GB/T 10651—2008	鲜苹果	2008-05-04	2008-10-01
10	GB/T 12947—2008	鲜柑橘	2008-08-07	2008-12-01
11	GB/T 13867—1992	鲜枇杷果	1992-11-12	1993-06-01
12	GB 14882—1994	食品中放射性物质限制浓度标准	1994-02-22	1994-09-01
13	GB 16325—2005	干果食品卫生标准	2005-01-25	2005-10-01
14	GB/T 18010—1999	腰果仁　规格	1999-11-10	2000-04-01
15	GB/T 18672—2014	枸杞	2014-06-09	2014-10-27
16	GB/T 18740—2008	地理标志产品　黄骅冬枣	2008-05-05	2008-10-01
17	GB/T 18846—2008	地理标志产品　沾化冬枣	2008-06-03	2008-12-01
18	GB/T 18965—2008	地理标志产品　烟台苹果	2008-06-25	2008-10-01
19	GB/T 19051—2008	地理标志产品　南丰蜜桔	2008-06-03	2008-12-01
20	GB 19300—2014	食品安全国家标准　坚果与籽类食品	2014-12-24	2015-05-24
21	GB/T 19332—2008	地理标志产品　常山胡柚	2008-06-25	2008-10-01
22	GB/T 19505—2008	地理标志产品　露水河红松籽仁	2008-07-31	2008-11-01
23	GB/T 19585—2008	地理标志产品　吐鲁番葡萄	2008-06-25	2008-10-01
24	GB/T 19586—2008	地理标志产品　吐鲁番葡萄干	2008-06-25	2008-10-01
25	GB 19641—2015	食品安全国家标准　食用植物油料	2015-11-13	2016-11-13
26	GB/T 19690—2008	地理标志产品　余姚杨梅	2008-06-25	2008-10-01
27	GB/T 19697—2008	地理标志产品　黄岩蜜桔	2008-06-25	2008-10-01
28	GB/T 19742—2008	地理标志产品　宁夏枸杞	2008-07-31	2008-11-01

（续）

序号	标准编号	标准名称	发布日期	实施日期
29	GB/T 19859—2005	地理标志产品　库尔勒香梨	2005 - 09 - 03	2006 - 01 - 01
30	GB/T 19908—2005	地理标志产品　塘栖枇杷	2005 - 09 - 26	2006 - 01 - 01
31	GB/T 19909—2005	地理标志产品　建瓯锥栗	2005 - 09 - 26	2006 - 01 - 01
32	GB/T 19958—2005	地理标志产品　鞍山南果梨	2005 - 11 - 17	2006 - 03 - 01
33	GB/T 19970—2005	无核白葡萄	2005 - 11 - 04	2006 - 11 - 01
34	GB/T 20355—2006	地理标志产品　赣南脐橙	2006 - 05 - 25	2006 - 10 - 01
35	GB/T 20357—2006	地理标志产品　永福罗汉果	2006 - 05 - 25	2006 - 10 - 01
36	GB/T 20397—2006	银杏种核质量等级	2006 - 05 - 25	2006 - 11 - 01
37	GB/T 20398—2021	核桃坚果质量等级	2021 - 10 - 11	2022 - 05 - 01
38	GB/T 20452—2021	仁用杏杏仁质量等级	2021 - 10 - 11	2022 - 05 - 01
39	GB/T 20453—2022	柿子产品质量等级	2022 - 12 - 30	2023 - 07 - 01
40	GB/T 20559—2006	地理标志产品　永春芦柑	2006 - 09 - 18	2007 - 02 - 01
41	GB/T 21142—2007	地理标志产品　泰兴白果	2007 - 11 - 12	2008 - 05 - 01
42	GB/T 21488—2008	脐橙	2008 - 02 - 15	2008 - 08 - 01
43	GB/T 22165—2022	坚果与籽类食品质量通则	2022 - 07 - 11	2023 - 08 - 01
44	GB/T 22345—2008	鲜枣质量等级	2008 - 09 - 02	2009 - 03 - 01
45	GB/T 22346—2008	板栗质量等级	2008 - 09 - 02	2009 - 03 - 01
46	GB/T 22439—2008	地理标志产品　寻乌蜜桔	2008 - 10 - 22	2009 - 01 - 01
47	GB/T 22440—2008	地理标志产品　琼中绿橙	2008 - 10 - 22	2009 - 01 - 01
48	GB/T 22441—2008	地理标志产品　丁岙杨梅	2008 - 10 - 22	2009 - 01 - 01
49	GB/T 22442—2008	地理标志产品　瓯柑	2008 - 10 - 22	2009 - 01 - 01
50	GB/T 22444—2008	地理标志产品　昌平苹果	2008 - 10 - 22	2009 - 03 - 01
51	GB/T 22445—2008	地理标志产品　房山磨盘柿	2008 - 10 - 22	2009 - 03 - 01
52	GB/T 22446—2008	地理标志产品　大兴西瓜	2008 - 10 - 22	2009 - 03 - 01
53	GB/T 22738—2008	地理标志产品　尤溪金柑	2008 - 12 - 28	2009 - 06 - 01
54	GB/T 22740—2008	地理标志产品　灵宝苹果	2008 - 12 - 28	2009 - 06 - 01
55	GB/T 22741—2008	地理标志产品　灵宝大枣	2008 - 12 - 28	2009 - 06 - 01
56	GB/T 23234—2009	中国沙棘果实质量等级	2009 - 02 - 23	2009 - 08 - 01
57	GB/T 23352—2009	苹果干　技术规格和试验方法	2009 - 03 - 28	2009 - 08 - 01
58	GB/T 23353—2009	梨干　技术规格和试验方法	2009 - 03 - 28	2009 - 08 - 01
59	GB/T 23398—2009	地理标志产品　哈密瓜	2009 - 03 - 30	2009 - 10 - 01
60	GB/T 23401—2009	地理标志产品　延川红枣	2009 - 03 - 30	2009 - 10 - 01
61	GB/T 23616—2009	加工用苹果分级	2009 - 04 - 27	2009 - 11 - 01

（续）

序号	标准编号	标准名称	发布日期	实施日期
62	GB/T 24306—2009	红松种仁	2009－09－30	2009－12－01
63	GB/T 24307—2009	山核桃产品质量等级	2009－09－30	2009－12－01
64	GB/T 26150—2019	免洗红枣	2019－08－30	2020－03－01
65	GB/T 26532—2011	地理标志产品 慈溪杨梅	2011－05－12	2011－11－01
66	GB/T 26906—2011	樱桃质量等级	2011－09－29	2011－12－01
67	GB/T 27633—2011	琯溪蜜柚	2011－12－30	2012－04－01
68	GB/T 27657—2011	树莓	2011－12－30	2012－04－01
69	GB/T 27658—2011	蓝莓	2011－12－30	2012－04－01
70	GB/T 27659—2011	无籽西瓜分等分级	2011－12－30	2012－04－01
71	GB/T 29370—2012	柠檬	2012－12－31	2013－07－13
72	GB/T 29572—2013	桑椹（桑果）	2013－07－19	2013－12－06
73	GB 29921—2021	食品安全国家标准 预包装食品中致病菌限量	2021－09－07	2021－11－22
74	GB/T 30761—2014	扁桃仁	2014－06－09	2014－10－27
75	GB/T 31735—2015	龙眼	2015－07－03	2015－11－02
76	GB/T 32714—2016	冬枣	2016－06－14	2016－10－01
77	GB/T 33470—2016	金桔	2016－12－30	2017－07－01
78	GB/T 35476—2017	罗汉果质量等级	2017－12－29	2018－07－01
79	GB/T 40492—2021	骏枣	2021－08－20	2021－08－20
80	GB/T 40631—2021	阿月浑子（开心果）坚果质量等级	2021－10－11	2022－05－01
81	GB/T 40634—2021	灰枣	2021－10－11	2021－10－11
82	GB/T 40743—2021	猕猴桃质量等级	2021－10－11	2022－05－01
83	GB/T 40748—2021	百香果质量分级	2021－10－11	2022－05－01
84	GB/T 41625—2022	山竹质量等级	2022－07－11	2023－02－01
85	GH/T 1029—2002	板栗	2002－11－04	2002－12－01
86	GH/T 1153—2021	西瓜	2021－03－11	2021－05－01
87	GH/T 1154—2021	鲜菠萝	2021－07－07	2021－10－01
88	GH/T 1159—2017	山楂	2017－06－22	2017－12－31
89	GH/T 1184—2020	哈密瓜	2020－12－07	2021－03－01
90	GH/T 1185—2020	鲜荔枝	2020－12－07	2021－03－01
91	GH/T 1229—2018	冷冻蓝莓	2018－06－20	2018－10－01
92	GH/T 1302—2020	鲜枸杞	2020－12－07	2021－03－01
93	GH/T 1358—2021	李 等级规格	2021－12－24	2022－03－01
94	GH/T 1363—2021	红肉蜜柚质量等级	2021－12－24	2022－03－01
95	GH/T 1364—2021	干制无花果	2021－12－24	2022－03－01
96	LS/T 3114—2017	长柄扁桃籽、仁	2017－10－27	2017－12－20
97	LS/T 3121—2019	油用核桃	2019－06－06	2019－12－06

（续）

序号	标准编号	标准名称	发布日期	实施日期
98	LY/T 1532—2021	油橄榄	2021 - 06 - 30	2022 - 01 - 01
99	LY/T 1650—2005	榛子坚果 平榛、平欧杂种榛	2005 - 08 - 16	2005 - 12 - 01
100	LY/T 1741—2018	酸角果实	2018 - 12 - 29	2019 - 05 - 01
101	LY/T 1747—2018	杨梅质量等级	2018 - 12 - 29	2019 - 05 - 01
102	LY/T 1773—2022	香榧	2022 - 09 - 07	2023 - 01 - 01
103	LY/T 1780—2018	干制红枣质量等级	2018 - 12 - 29	2019 - 05 - 01
104	LY/T 1920—2010	梨枣	2010 - 02 - 09	2010 - 06 - 01
105	LY/T 1921—2018	红松松籽	2018 - 12 - 29	2019 - 05 - 01
106	LY/T 1922—2010	核桃仁	2010 - 02 - 09	2010 - 06 - 01
107	LY/T 1941—2021	薄壳山核桃	2021 - 06 - 30	2022 - 01 - 01
108	LY/T 1963—2018	澳洲坚果果仁	2018 - 12 - 29	2019 - 05 - 01
109	LY/T 2135—2018	石榴质量等级	2018 - 12 - 29	2019 - 5 - 01
110	LY/T 2340—2014	西伯利亚杏杏仁质量等级	2006 - 07 - 12	2006 - 12 - 01
111	LY/T 3004.8—2018	核桃 第8部分：核桃坚果质量及检测	2018 - 12 - 29	2019 - 05 - 01
112	LY/T 3011—2018	榛仁质量等级	2018 - 12 - 29	2019 - 05 - 01
113	NY/T 426—2021	绿色食品 柑橘类水果	2021 - 05 - 07	2021 - 11 - 01
114	NY/T 427—2016	绿色食品 西甜瓜	2016 - 10 - 26	2017 - 04 - 01
115	NY/T 435—2021	绿色食品 水果、蔬菜脆片	2021 - 05 - 07	2021 - 11 - 01
116	NY/T 444—2001	草莓	2001 - 06 - 01	2001 - 10 - 01
117	NY/T 450—2001	菠萝	2001 - 08 - 20	2001 - 11 - 01
118	NY/T 453—2020	鲜红江橙	2020 - 11 - 12	2021 - 04 - 01
119	NY/T 484—2018	毛叶枣	2018 - 12 - 19	2019 - 06 - 01
120	NY/T 485—2002	红毛丹	2002 - 01 - 04	2002 - 02 - 01
121	NY/T 486—2002	腰果	2002 - 01 - 04	2002 - 02 - 01
122	NY/T 487—2002	槟榔干果	2002 - 01 - 04	2002 - 02 - 01
123	NY/T 488—2002	杨桃	2002 - 01 - 04	2002 - 02 - 01
124	NY/T 489—2002	木菠萝	2002 - 01 - 04	2002 - 02 - 01
125	NY/T 490—2002	椰子果	2002 - 01 - 04	2002 - 02 - 01
126	NY/T 491—2021	西番莲	2021 - 11 - 09	2022 - 05 - 01
127	NY/T 492—2002	芒果	2002 - 01 - 04	2002 - 02 - 01
128	NY/T 515—2002	荔枝	2002 - 08 - 27	2002 - 12 - 01
129	NY/T 517—2002	青香蕉	2002 - 08 - 27	2002 - 12 - 01
130	NY/T 518—2002	番石榴	2002 - 08 - 27	2002 - 12 - 01
131	NY/T 584—2002	西瓜（含无子西瓜）	2002 - 11 - 05	2002 - 12 - 20
132	NY/T 585—2002	库尔勒香梨	2002 - 11 - 05	2002 - 12 - 20

（续）

序号	标准编号	标准名称	发布日期	实施日期
133	NY/T 586—2002	鲜桃	2002 – 11 – 05	2002 – 12 – 20
134	NY/T 587—2002	常山胡柚	2002 – 11 – 05	2002 – 12 – 20
135	NY/T 588—2002	玉环柚（楚门文旦）鲜果	2002 – 11 – 05	2002 – 12 – 20
136	NY/T 589—2002	椪柑	2002 – 11 – 05	2002 – 12 – 20
137	NY/T 691—2018	番木瓜	2018 – 12 – 19	2019 – 06 – 01
138	NY/T 692—2020	黄皮	2020 – 11 – 12	2021 – 04 – 01
139	NY/T 693—2020	澳洲坚果　果仁	2020 – 11 – 12	2021 – 04 – 01
140	NY/T 694—2022	罗汉果	2022 – 11 – 11	2023 – 03 – 01
141	NY/T 696—2003	鲜杏	2003 – 12 – 01	2004 – 03 – 01
142	NY/T 697—2003	锦橙	2003 – 12 – 01	2004 – 03 – 01
143	NY/T 698—2003	垫江白柚	2003 – 12 – 01	2004 – 03 – 01
144	NY/T 699—2003	梁平柚	2003 – 12 – 01	2004 – 03 – 01
145	NY/T 700—2003	板枣	2003 – 12 – 01	2004 – 03 – 01
146	NY/T 705—2023	葡萄干	2023 – 02 – 17	2023 – 06 – 01
147	NY/T 709—2003	荔枝干	2003 – 12 – 01	2004 – 03 – 01
148	NY/T 750—2020	绿色食品　热带、亚热带水果	2020 – 08 – 26	2021 – 01 – 01
149	NY/T 786—2004	食用椰干	2004 – 04 – 16	2004 – 06 – 01
150	NY/T 839—2004	鲜李	2004 – 08 – 25	2004 – 09 – 01
151	NY/T 844—2017	绿色食品　温带水果	2017 – 06 – 12	2017 – 10 – 01
152	NY/T 865—2004	巴梨	2005 – 01 – 04	2005 – 02 – 01
153	NY/T 866—2004	水蜜桃	2005 – 01 – 04	2005 – 02 – 01
154	NY/T 867—2004	扁桃	2005 – 01 – 04	2005 – 02 – 01
155	NY/T 868—2004	沙田柚	2005 – 01 – 04	2005 – 02 – 01
156	NY/T 869—2004	沙糖橘	2005 – 01 – 04	2005 – 02 – 01
157	NY/T 871—2004	哈密大枣	2005 – 01 – 04	2005 – 02 – 01
158	NY/T 949—2006	木菠萝干	2006 – 01 – 26	2006 – 04 – 01
159	NY/T 950—2006	番荔枝	2006 – 01 – 26	2006 – 04 – 01
160	NY/T 955—2006	莱阳梨	2006 – 01 – 26	2006 – 04 – 01
161	NY/T 961—2006	宽皮柑橘	2006 – 01 – 26	2006 – 04 – 01
162	NY/T 1041—2018	绿色食品　干果	2018 – 05 – 07	2018 – 09 – 01
163	NY/T 1042—2017	绿色食品　坚果	2017 – 06 – 12	2017 – 10 – 01
164	NY/T 1051—2014	绿色食品　枸杞及枸杞制品	2014 – 10 – 17	2015 – 01 – 01
165	NY/T 1072—2013	加工用苹果	2013 – 05 – 20	2013 – 08 – 01
166	NY/T 1075—2006	红富士苹果	2006 – 07 – 10	2006 – 10 – 01
167	NY/T 1076—2006	南果梨	2006 – 07 – 10	2006 – 10 – 01

序号	标准编号	标准名称	发布日期	实施日期
168	NY/T 1077—2006	黄花梨	2006 - 07 - 10	2006 - 10 - 01
169	NY/T 1078—2006	鸭梨	2006 - 07 - 10	2006 - 10 - 01
170	NY/T 1190—2006	柑橘等级规格	2006 - 12 - 06	2007 - 02 - 01
171	NY/T 1191—2006	砀山酥梨	2006 - 12 - 06	2007 - 02 - 01
172	NY/T 1192—2006	肥城桃	2006 - 12 - 06	2007 - 02 - 01
173	NY/T 1265—2007	香柚	2007 - 04 - 17	2007 - 07 - 01
174	NY/T 1270—2007	五布柚	2007 - 04 - 17	2007 - 07 - 01
175	NY/T 1271—2007	丰都红心柚	2007 - 04 - 17	2007 - 07 - 01
176	NY/T 1396—2007	山竹子	2007 - 06 - 14	2007 - 09 - 01
177	NY/T 1436—2007	莲雾	2007 - 09 - 14	2007 - 12 - 01
178	NY/T 1437—2007	榴莲	2007 - 09 - 14	2007 - 12 - 01
179	NY 1440—2007	热带水果中二氧化硫残留限量	2007 - 09 - 14	2007 - 12 - 01
180	NY/T 1441—2007	椰子产品　椰青	2007 - 09 - 14	2007 - 12 - 01
181	NY/T 1521—2018	澳洲坚果　带壳果	2018 - 12 - 19	2019 - 06 - 01
182	NY/T 1648—2015	荔枝等级规格	2015 - 10 - 09	2015 - 12 - 01
183	NY/T 1789—2009	草莓等级规格	2009 - 12 - 22	2010 - 02 - 01
184	NY/T 1792—2009	桃等级规格	2009 - 12 - 22	2010 - 02 - 01
185	NY/T 1793—2009	苹果等级规格	2009 - 12 - 22	2010 - 02 - 01
186	NY/T 1794—2009	猕猴桃等级规格	2009 - 12 - 22	2010 - 02 - 01
187	NY/T 1986—2011	冷藏葡萄	2011 - 09 - 01	2011 - 12 - 01
188	NY/T 2260—2012	龙眼等级规格	2012 - 12 - 07	2013 - 03 - 01
189	NY/T 2276—2012	制汁甜橙	2012 - 12 - 24	2013 - 03 - 01
190	NY/T 2302—2013	农产品等级规格　樱桃	2013 - 05 - 20	2013 - 08 - 01
191	NY/T 2304—2013	农产品等级规格　枇杷	2013 - 05 - 20	2013 - 08 - 01
192	NY/T 2655—2014	加工用宽皮柑橘	2014 - 10 - 17	2015 - 01 - 01
193	NY/T 2860—2015	冬枣等级规格	2015 - 12 - 29	2016 - 04 - 01
194	NY/T 2983—2016	绿色食品　速冻水果	2016 - 10 - 26	2017 - 04 - 01
195	NY/T 3011—2016	芒果等级规格	2016 - 11 - 01	2017 - 04 - 01
196	NY/T 3033—2016	农产品等级规格　蓝莓	2016 - 12 - 23	2017 - 04 - 01
197	NY/T 3098—2017	加工用桃	2017 - 06 - 12	2017 - 10 - 01
198	NY/T 3103—2017	加工用葡萄	2017 - 06 - 12	2017 - 10 - 01
199	NY/T 3193—2018	香蕉等级规格	2018 - 03 - 15	2018 - 06 - 01
200	NY/T 3271—2018	甘蔗等级规格	2018 - 07 - 27	2018 - 12 - 01

（续）

序号	标准编号	标准名称	发布日期	实施日期
201	NY/T 3289—2018	加工用梨	2018 – 07 – 27	2018 – 12 – 01
202	NY/T 3338—2018	杏干产品等级规格	2018 – 12 – 19	2019 – 06 – 01
203	NY/T 3601—2020	火龙果等级规格	2020 – 03 – 20	2020 – 07 – 01
204	NY/T 3973—2021	澳洲坚果　等级规格	2021 – 11 – 09	2022 – 05 – 01
205	NY/T 4237—2022	菠萝等级规格	2022 – 11 – 11	2023 – 03 – 01
206	SB/T 10556—2009	熟制核桃和仁	2009 – 12 – 25	2010 – 07 – 01
207	SB/T 10557—2009	熟制板栗和仁	2009 – 12 – 25	2010 – 07 – 01
208	SB/T 10613—2011	熟制开心果（仁）	2011 – 07 – 07	2011 – 11 – 01
209	SB/T 10615—2011	熟制腰果（仁）	2011 – 07 – 07	2011 – 11 – 01
210	SB/T 10616—2011	熟制山核桃（仁）	2011 – 07 – 07	2011 – 11 – 01
211	SB/T 10617—2011	熟制杏核和杏仁	2011 – 07 – 07	2011 – 11 – 01
212	SB/T 10672—2012	熟制松籽和仁	2012 – 03 – 15	2012 – 06 – 01
213	SB/T 10673—2012	熟制扁桃（巴旦木）核和仁	2012 – 03 – 15	2013 – 04 – 01
214	SB/T 10884—2012	火龙果流通规范	2013 – 01 – 04	2013 – 07 – 01
215	SB/T 10885—2012	香蕉流通规范	2013 – 01 – 04	2013 – 07 – 01
216	SB/T 10886—2012	莲雾流通规范	2013 – 01 – 04	2013 – 07 – 01
217	SB/T 10890—2012	预包装水果流通规范	2013 – 01 – 04	2013 – 07 – 01
218	SB/T 10891—2012	预包装鲜梨流通规范	2013 – 01 – 04	2013 – 07 – 01
219	SB/T 10892—2012	预包装鲜苹果流通规范	2013 – 01 – 04	2013 – 07 – 01
220	SB/T 10894—2012	预包装鲜食葡萄流通规范	2013 – 01 – 04	2013 – 07 – 01
221	SB/T 11026—2013	浆果类果品流通规范	2013 – 06 – 14	2014 – 03 – 01
222	SB/T 11027—2013	干果类果品流通规范	2013 – 06 – 14	2014 – 03 – 01
223	SB/T 11028—2013	柑橘类果品流通规范	2013 – 06 – 14	2014 – 03 – 01
224	SB/T 11100—2014	仁果类果品流通规范	2013 – 06 – 14	2014 – 03 – 01
225	SB/T 11101—2014	荔果类果品流通规范	2014 – 07 – 30	2015 – 03 – 01
226	WM/T 2—2004	药用植物及制剂外经贸绿色行业标准	2005 – 02 – 16	2005 – 04 – 01

附表 2　涉及的已经废止的标准

序号	标准编号	标准名称	废止时间
1	GB 2760—2011	食品安全国家标准　食品添加剂使用标准	2015 - 05 - 24
2	GB 2761—2011	食品安全国家标准　食品中真菌毒素限量	2017 - 09 - 17
3	GB 2762—1994	食品中汞限量卫生标准	2005 - 10 - 01
4	GB 2762—2017	食品安全国家标准　食品中污染物限量	2023 - 06 - 03
5	GB 2763—1981	粮食、蔬菜等食品中六六六、滴滴涕残留量标准	2005 - 10 - 01
6	GB 2763—2012	食品安全国家标准　食品中农药最大残留限量	2014 - 08 - 01
7	GB 2763—2016	食品安全标准　食品农药最大残留限量	2021 - 09 - 03
8	GB 4788—1994	食品中甲拌磷、杀螟硫磷、倍硫磷最大残留限量标准	2005 - 10 - 01
9	GB 4809—1984	食品中氟允许量标准	2005 - 10 - 01
10	GB 4810—1994	食品中砷限量卫生标准	2005 - 10 - 01
11	GB 5009.38—1985	蔬菜、水果卫生标准的分析方法	1996 - 09 - 01
12	GB 5127—1998	食品中敌敌畏、乐果、马拉硫磷、对硫磷最大残留限量标准	2005 - 10 - 01
13	GB 5835—1986	红枣	2009 - 08 - 01
14	GB/T 10650—1989	鲜梨	2008 - 12 - 01
15	GB/T 10651—1989	鲜苹果	2008 - 10 - 01
16	GB 11671—2003	果、蔬罐头卫生标准	2016 - 11 - 13
17	GB/T 12947—1991	鲜柑橘	2008 - 12 - 01
18	GB 14868—1994	食品中辛硫磷最大残留限量标准	2005 - 10 - 01
19	GB 14869—1994	食品中百菌清最大残留限量标准	2005 - 10 - 01
20	GB 14870—1994	食品中多菌灵最大残留限量标准	2005 - 10 - 01
21	GB 14872—1994	食品中乙酰甲胺磷最大残留限量标准	2005 - 10 - 01
22	GB 14873—1994	稻谷中甲胺磷最大残留限量标准	2005 - 10 - 01
23	GB 14928.2—1994	食品中抗蚜威最大残留限量标准	2005 - 10 - 01
24	GB 14928.4—1994	食品中溴氰菊酯最大残留限量标准	2005 - 10 - 01
25	GB 14928.5—1994	食品中氰戊菊酯最大残留限量标准	2005 - 10 - 01
26	GB 14928.7—1994	稻谷中呋喃丹最大残留限量标准	2005 - 10 - 01
27	GB 14928.8—1994	稻谷、柑桔中水胺硫磷最大残留限量标准	2005 - 10 - 01
28	GB 14935—1994	食品中铅限量卫生标准	2005 - 10 - 01
29	GB 14971—1994	食品中西维因最大残留限量标准	2005 - 10 - 01
30	GB 14972—1994	食品中粉锈宁最大残留限量标准	2005 - 10 - 01

（续）

序号	标准编号	标准名称	废止时间
31	GB 16325—1996	干果食品卫生标准	2005 - 10 - 01
32	GB 16326—2005	坚果食品卫生标准	2015 - 05 - 24
33	GB 16333—1996	双甲脒等农药在食品中的最大残留量标准	2005 - 10 - 01
34	GB 18406.2—2001	农产品安全质量　无公害水果安全要求	2015 - 03 - 01
35	GB/T 18672—2002	枸杞（枸杞子）	2014 - 10 - 27
36	GB 18740—2002	黄骅冬枣	2008 - 10 - 01
37	GB 18846—2002	原产地域产品　沾化冬枣	2008 - 12 - 01
38	GB 18965—2003	原产地域产品　烟台苹果	2008 - 10 - 01
39	GB 19051—2003	原产地域产品　南丰蜜桔	2008 - 12 - 01
40	GB 19300—2003	烘炒食品卫生标准	2015 - 05 - 24
41	GB 19332—2003	原产地域产品　常山胡柚	2008 - 10 - 01
42	GB 19505—2004	原产地域产品　露水河红松籽仁	2008 - 11 - 01
43	GB 19585—2004	原产地域产品　吐鲁番葡萄	2008 - 10 - 01
44	GB 19586—2004	原产地域产品　吐鲁番葡萄干	2008 - 10 - 01
45	GB 19641—2005	植物油料卫生标准	2016 - 11 - 13
46	GB 19690—2008	原产地域产品　余姚杨梅	2008 - 10 - 01
47	GB 19697—2005	原产地域产品　黄岩蜜桔	2008 - 10 - 01
48	GB 19742—2005	原产地域产品　宁夏枸杞	2008 - 11 - 01
49	GB/T 20398—2006	核桃坚果质量等级	2022 - 05 - 01
50	GB/T 20452—2006	仁用杏杏仁质量要求	2022 - 05 - 01
51	GB/T 20453—2006	柿子产品质量等级	2023 - 07 - 01
52	GB/T 22165—2008	坚果炒货食品通则	2023 - 08 - 01
53	GB/T 26150—2010	免洗红枣	2020 - 03 - 01
54	GB 29921—2013	食品安全国家标准　食品中致病菌限量	2021 - 11 - 22
55	GH/T 1153—2017	西瓜	2021 - 10 - 01
56	GH/T 1154—2017	鲜菠萝	2021 - 03 - 01
57	GH/T 1184—2017	哈密瓜	2021 - 03 - 01
58	GH/T 1185—2017	鲜荔枝	2021 - 03 - 01
59	LY/T 1329—1999	核桃丰产与坚果品质	2019 - 05 - 01
60	LY/T 1532—1999	油橄榄鲜果	2022 - 01 - 01
61	LY/T 1741—2008	酸角果实	2019 - 05 - 01
62	LY/T 1747—2008	杨梅质量等级	2019 - 05 - 01
63	LY/T 1773—2008	香榧籽质量要求	2023 - 01 - 01
64	LY/T 1780—2008	干制红枣质量等级	2019 - 05 - 01
65	LY/T 2033—2016	薄壳山核桃坚果和果仁质量等级	2022 - 01 - 01

（续）

序号	标准编号	标准名称	废止时间
66	LY/T 1941—2011	美国山核桃栽培技术规程	2022 - 01 - 01
67	LY/T 1963—2011	澳洲坚果果仁	2019 - 05 - 01
68	LY/T 2135—2013	石榴质量等级	2019 - 05 - 01
69	NY 153—1989	玉环柚（楚门文旦）鲜果	2002 - 12 - 20
70	NY/T 426—2012	绿色食品　柑橘类水果	2021 - 11 - 01
71	NY/T 427—2007	绿色食品　西甜瓜	2017 - 04 - 01
72	NY/T 435—2012	绿色食品　水果、蔬菜脆片	2021 - 11 - 01
73	NY/T 453—2001	鲜红江橙	2021 - 04 - 01
74	NY/T 484—2002	毛叶枣	2019 - 06 - 01
75	NY/T 491—2002	西番莲	2022 - 05 - 01
76	NY/T 691—2003	番木瓜	2019 - 06 - 01
77	NY/T 692—2003	黄皮	2021 - 04 - 01
78	NY/T 693—2003	澳洲坚果　果仁	2021 - 04 - 01
79	NY/T 694—2003	罗汉果	2023 - 03 - 01
80	NY/T 705—2003	无核葡萄干	2023 - 06 - 01
81	NY/T 750—2011	绿色食品　热带、亚热带水果	2021 - 01 - 01
82	NY/T 844—2010	绿色食品　温带水果	2017 - 10 - 01
83	NY/T 1041—2010	绿色食品　干果	2018 - 09 - 01
84	NY/T 1042—2014	绿色食品　坚果	2017 - 10 - 01
85	NY/T 1051—2006	绿色食品　枸杞	2015 - 01 - 01
86	NY/T 1072—2006	加工用苹果	2013 - 08 - 01
87	NY/T 1521—2007	澳洲坚果　带壳果	2019 - 06 - 01
88	NY/T 1648—2008	荔枝等级规格	2015 - 12 - 01
89	NY 5011—2006	无公害食品　仁果类水果	2014 - 01 - 01
90	NY 5014—2005	无公害食品　柑果类果品	2014 - 01 - 01
91	NY 5109—2005	无公害食品　西甜瓜	2014 - 01 - 01
92	NY 5112—2005	无公害食品　落叶核果类果品	2014 - 01 - 01
93	NY 5173—2005	无公害食品　荔枝、龙眼、红毛丹	2014 - 01 - 01
94	NY 5179—2002	无公害食品　哈蜜瓜	2005 - 03 - 01
95	SB/T 10062—1992	西瓜	2017 - 12 - 31
96	SB/T 10063—1992	鲜菠萝	2017 - 12 - 31
97	SB/T 10092—1992	山楂	2017 - 12 - 31
98	WM 2—2001	药用植物及制品进出口绿色行业标准	2005 - 04 - 01

陈秋生，张强，谢蕴琳，等.2019. 我国葡萄质量安全标准体系现状、问题分析与对策 ［J］. 食品安全质量
　　检测学报，10（17）：5934－5939.

罗国光.2007. 果树词典 ［M］. 北京：中国农业出版社.

聂继云.2003. 果品标准化生产手册 ［M］. 北京：中国标准出版社.

聂继云.2014. 果品质量安全标准与评价指标 ［M］. 北京：中国农业出版社.

聂继云.2016. 我国果品标准体系存在问题及对策研究 ［J］. 农产品质量与安全，（6）：18－23.

聂继云.2020. 果品绿色生产与营养健康 ［M］. 北京：中国农业科学技术出版社.

聂继云.2020. 果品质量安全学 ［M］. 北京：中国质量标准出版传媒有限公司、中国标准出版社.

聂继云.2021. 世界苹果农药残留限量研究 ［M］. 北京：中国质量标准出版传媒有限公司、中国标准出版社.

聂继云，匡立学，沈友明.2019. 我国果品农药最大残留限量标准沿革与现状 ［J］. 中国果树，（3）：
　　107－109.

庞荣丽，成昕，谢汉忠，等.2016. 我国水果质量安全标准现状分析. 果树学报，33（5）：612－623.

庞荣丽，吴斯洋，郭琳琳，等.2019. 我国西瓜甜瓜质量安全标准现状及存在问题和建议 ［J］. 中国瓜菜，
　　32（6）：1－8.

滕园园，李菁，张崇燕，等.2019. 我国特色农产品枸杞标准体系现状研究 ［J］. 中国标准化，（1）：100－
　　104，111.

吴遥，聂卫东，等.2018. 我国柑橘类水果质量安全标准体系研究 ［J］. 江西化工，（6）：90－93.

郗荣庭.2009. 果树栽培学总论 ［M］. 北京：中国农业出版社.

郗荣庭，刘孟军.2005. 中国干果 ［M］. 北京：中国林业出版社.

图书在版编目（CIP）数据

果品质量安全标准手册 / 聂继云等主编 . —北京：
中国农业出版社，2024.1
ISBN 978 - 7 - 109 - 31288 - 3

Ⅰ.①果… Ⅱ.①聂… Ⅲ.①果品加工－质量标准－
中国－手册 Ⅳ.①TS255.7－62

中国国家版本馆 CIP 数据核字（2023）第 203568 号

中国农业出版社出版

地址：北京市朝阳区麦子店街 18 号楼
邮编：100125
责任编辑：胡烨芳
版式设计：书雅文化　　责任校对：吴丽婷
印刷：北京通州皇家印刷厂
版次：2024 年 1 月第 1 版
印次：2024 年 1 月北京第 1 次印刷
发行：新华书店北京发行所
开本：787mm×1092mm　1/16
印张：22.25
字数：555 千字
定价：86.00 元